工业和信息化部“十四五”规划教材

安徽省“十四五”高等职业教育规划教材
安徽省质量工程项目一流核心课配套教材
高等职业院校“互联网+”系列精品教材

省级在线开放
课程配套教材

自动控制技术及应用
（第2版）

主　编　陈慧蓉

副主编　李中望　丁美玲

電子工業出版社
Publishing House of Electronics Industry
北京 · BEIJING

美丽中国——广西桂林漓江风光

内 容 简 介

本书充分融入思政元素，突出高职教育特色，更好地贴近生产实际和岗位需求，融入国家职业技能鉴定标准、“1+X”职业技能等级证书培训等，以“典型自动控制系统的分析、调试与故障排除”为主线，结合编者多年的教学经验与校企“双元”合作成果课程改革进行修订。

本书针对实际自动控制系统分析、调试与维修过程中不同阶段所应具有的知识和能力进行介绍。本书设有 5 个单元，主要内容包括自动控制系统基础、自动控制系统数学模型建立、自动控制系统时域分析法、自动控制系统频域分析法、线性系统的校正与设计。本书将理论知识与实践技能有机融合，设有 18 个技能训练，同时通过大量的工程应用实例将 MATLAB 的应用贯穿各教学单元。本书各教学单元设有教学导航，以体现知识目标、技能目标及思政元素等。

本书为高等职业本专科院校自动化类相关专业的教材，也可作为开放大学、成人教育、自学考试、中职学校、培训班的教材，以及自动化工程技术人员的参考教材。

本书为省级在线开放课程配套教材，提供多种免费教学资源，详见前言。

图书在版编目（CIP）数据

自动控制技术及应用 / 陈慧蓉主编. —2 版. —北京：电子工业出版社，2023.4
高等职业院校“互联网+”系列精品教材
ISBN 978-7-121-29539-3

Ⅰ. ①自… Ⅱ. ①陈… Ⅲ. ①自动控制－高等职业教育－教材 Ⅳ. ①TP273

中国版本图书馆 CIP 数据核字（2019）第 256566 号

责任编辑：陈健德（E-mail:chenjd@phei.com.cn）
特约编辑：田学清
印　　刷：三河市良远印务有限公司
装　　订：三河市良远印务有限公司
出版发行：电子工业出版社
　　　　　北京市海淀区万寿路 173 信箱　邮编：100036
开　　本：787×1 092　1/16　印张：13.75　字数：352 千字
版　　次：2014 年 2 月第 1 版
　　　　　2023 年 4 月第 2 版
印　　次：2025 年 5 月第 5 次印刷
定　　价：59.00 元

凡所购买电子工业出版社图书有缺损问题，请向购买书店调换。若书店售缺，请与本社发行部联系，联系及邮购电话：（010）88254888，88258888。

质量投诉请发邮件至 zlts@phei.com.cn，盗版侵权举报请发邮件至 dbqq@phei.com.cn。

本书咨询联系方式：chenjd@phei.com.cn。

前　　言

随着科学技术的发展，自动控制技术广泛应用于制造业、农业、交通、航空及航天等领域，大大地提高了劳动生产率和产品质量，已成为推动经济发展、促进社会进步必不可少的一门技术。自动控制技术课程是自动化类专业的核心课程，是专业技能课程与岗位职业技能课程连接的桥梁与纽带。

为了适应自动控制技术的发展，适应现代社会的信息化及深化专业课程的思政教育功能，本书在第1版得到广泛使用的基础上进行了全面修订。根据企业岗位技能的实际需求，以“典型自动控制系统的分析、调试与故障排除”为主线，强调理论以够用为度，注重知识点的阐述浅显易懂、深入浅出、条理清晰。本书设有5个单元，主要内容包括自动控制系统基础、自动控制系统数学模型建立、自动控制系统时域分析法、自动控制系统频域分析法、线性系统的校正与设计。

为了适应现代职业教育对于学生实践能力与创新能力培养的要求，体现高职教育特色，本书内容紧密结合工程应用实践，与国家职业技能鉴定标准、“1+X”工业机器人操作与运维等职业技能等级证书培训等内容形成良好衔接，设有18个针对性很强的技能训练。在教学的组织与安排上注重理论与实践的紧密结合，建议采用“任务驱动：教、学、做一体”教学模式，将单元内容任务化。任务的选取原则是尽可能包含各单元知识点，尽可能体现趣味性、实用性和可操作性，任务由简单到复杂，从部分到整体。各院校可结合自身的教学环境条件选择适合的教学形式和学习任务，可通过控制原理试验箱和调速系统装置等来完成。

本书融入思政元素，找准专业教育与思政教育的契合点，将爱国主义教育、核心价值观、马克思主义哲学思想和职业素养等思政教育内容融入专业教学。梳理出各单元所蕴含的思政元素，实现“知识传授”与“价值引领”的充分融合。另外，通过封面的天舟四号货运飞船，书眉的东方红卫星、长城、高铁，扉页的美丽中国风景等图片，培养学生的制度自信、文化自信、奉献精神、爱国情怀等，使其成为德、智、体、美、劳全面发展的社会主义建设者和接班人。

本书各单元都设有教学导航，细致归纳出本单元的重难点、思政元素、技能训练，以及必须达到的知识、技能与素质目标，方便教师采用多任务引领，模块化、层次化教学，有重点地开展教学活动；每小节均设有思维导图，突显重难点，帮助学生理清层次和相互联系，方便学生高效率地学习总结；各单元后设有知识梳理与总结及思考与练习题，方便学生复习与巩固。

本书由芜湖职业技术学院陈慧蓉任主编并进行全书统稿，李中望、丁美玲任副主编。具体编写分工为：丁美玲编写单元2和单元3，陈慧蓉编写单元4，李中望编写单元1和单元5。陈蕊、徐琬婷、方忠、蒋玲、张松兰承担教学资源制作及思政元素的挖掘与整理。埃夫特智能装备股份有限公司肖永强参与编写技能训练并提供技术指导。全书由张学亮教授进行主审，并对书稿的编写思路及内容提出了许多宝贵意见和建议，在此表示衷心感谢。

由于编者水平和时间有限，书中难免有不足之处，敬请读者批评指正。

本书配套丰富的教学资源，包括电子教学课件、教学视频、微课视频、动画、仿真、习题、试题库等，扫一扫二维码可随时观看或下载相应资源，读者也可登录华信教育资源网免费注册后下载。可登录智慧职教网搜“自动控制技术（自动控制原理）”课程，进行在线测试、作业，在讨论区可与编者交流讨论等。

编　者

目 录

单元 1 自动控制系统基础

教学导航

知识目标	1. 自动控制系统的组成及分类；　2. 自动控制的发展及应用； 3. 开环控制与闭环控制；　4. 自动控制系统的性能要求； 5. 自动控制系统软件 MATLAB 的使用入门知识
技能目标	1. 自动控制系统的组成分析能力； 2. 自动控制系统软件 MATLAB 的应用能力； 3. 资料查询与自主学习能力
素质目标	1. 团队协作能力；　2. 组织沟通能力； 3. 严谨认真的学习及工作作风
重/难点	1. 自动控制系统的组成；　2. 自动控制系统的控制方式
技能训练	单闭环有静差直流调速系统组成框图绘制
思政元素	1. 自动控制理论的发展历史人物，引导学生并弘扬攻坚克难精神、创新精神、爱国主义精神； 2. 在讲授反馈控制系统各组成部分时融入“弘扬精益求精的工匠精神和团结协助精神”； 3. 在讲授正反馈时融入“弘扬社会主义核心价值观和中华民族传统美德”； 4. 在讲授性能要求时融入“大局意识、可持续发展与协调发展意识理念”； 5. 在讲授 MATLAB 时融入“爱国精神、实现中华民族伟大复兴中国梦”
推荐教学方法	任务引领线上线下相结合课堂教学，利用丰富的课程资源开展启发式、讨论式、参与式等多元化教学等

1.1 自动控制的概念及发展

扫一扫看本节内容思维导图

扫一扫看自动控制的概念及发展教学课件

1.1.1 自动控制的基本概念

扫一扫看自动控制的基本概念教学动画

随着社会经济的发展，越来越离不开自动控制技术，同时，自动控制的应用推动了经济发展，促进了社会进步。自动控制是相对人工控制而言的，二者的区别在于是由人还是机器来完成操作控制，如图 1-1 所示的液位控制系统，图中两个控制系统的目的都是使水箱液位保持一定的高度，图 1-1（a）是由人来进行操作控制的，属于人工控制；图 1-1（b）不需要人的参与，用自动控制代替人的操作，构成自动控制系统。

扫一扫看人工控制与自动控制教学动画

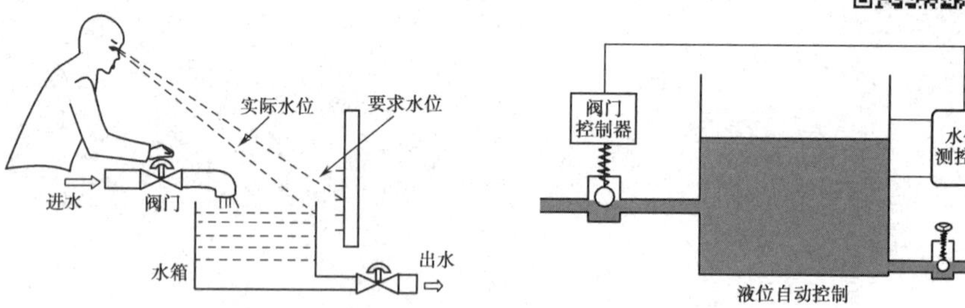

（a）人工控制　　（b）自动控制

图 1-1　液位控制系统

所谓自动控制，是指在无人参与的情况下，利用控制装置（或控制器）操纵受控对象，使生产设备和工艺过程按预定的规律运行，达到所要求的性能与指标，其示意图如图1-2 所示。

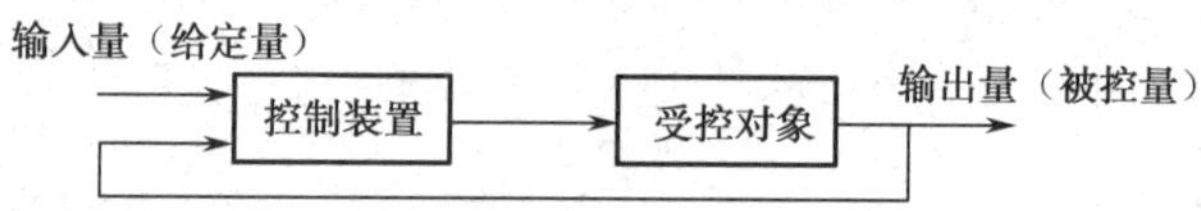

图 1-2　自动控制示意图

控制装置和受控对象是物理装置，而输入量和输出量是一定形式的物理量。在图 1-1 的液位控制系统中，受控对象为水箱，输出量是液位的高度，控制装置包括测量水位高度并与输入量进行比较的水位测控仪、控制阀门的阀门控制器。

为了进一步理解自动控制的基本概念，下面再举一例说明。

【实例 1-1】 水温控制系统如图 1-3 所示，水箱中流入的是冷水，热蒸汽经阀门并流经热传导器件，通过热传导器件将冷水加热，加热后的水流出水箱，热蒸汽冷却后也变成水由排水口排出。

此系统的受控对象为水箱，输出量为水箱中水的温度，控制装置包括温度测量装置、比较输入量与检测值并进行计算的自动控制器、执行控制命令的控制阀。其自动控制过程为温度测量装置（可采用热电偶）将检测的水温转换成一定形式的物理量

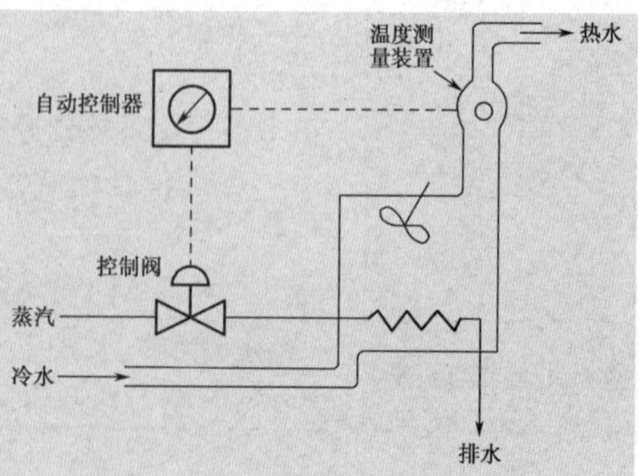

图 1-3　水温控制系统

（电信号）之后，反馈给自动控制器，自动控制器将给定水温与检测到的实际水温比较之后，发出控制信号，调节控制阀的开度，从而调节蒸汽的流量，直至实际水温与给定水温相符。可见系统中增加了能模仿人进行判断和操作的控制设备，即控制装置，实现了无人直接参与，利用控制装置对生产过程、工艺参数等进行自动调节，以达到预定的目标与要求。

扫一扫看水温控制系统教学动画

为了方便分析系统性能，一般应用框图来表示系统结构。水温控制系统的框图如图 1-4 所示。

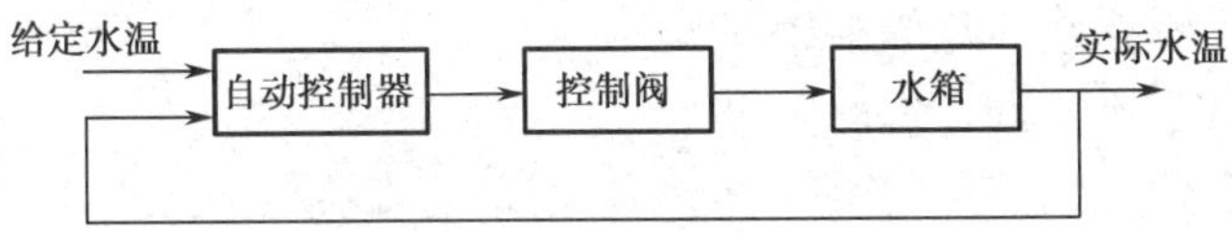

图 1-4　水温控制系统的框图

扫一扫看自动控制的发展阶段微课视频

1.1.2　自动控制的发展阶段

人类很早就进行了“自动控制”装置的探索，如我国发明的自动计时的“铜壶滴漏”装置、指南车等，这只是自动控制理论发展的胚胎与萌芽。自动控制的应用可以追溯到 18 世纪（1788 年）瓦特发明的蒸汽机上的离心式飞摆速控器，它是运用反馈原理进行设计并取得成功的首例；19 世纪（1868 年）麦克斯韦对离心式飞摆速控器的稳定性进行分析，并发表了论文《论调速器》。这些当属最早的自动控制理论工作，发展进度很慢，自动控制的真正发展是在 20 世纪，其发展分为以下三个阶段。

1. 经典控制理论阶段（20 世纪 20 年代至 50 年代）

经典控制理论以传递函数为基础，研究单输入单输出、线性定常系统。经典控制理论主要的分析方法有频率特性分析法、根轨迹分析法、描述函数法、相平面法等。控制策略仅局限于反馈控制、比例-积分-微分（PID）控制等。这种控制不能实现最优控制。

2. 现代控制理论阶段（20 世纪 50 年代末期至 70 年代初期）

现代控制理论是建立在状态空间上的一种分析方法，它的数学模型主要是状态方程，控制对象是单输入单输出或多输入多输出、线性定常或非线性时变、连续或离散控制系统，主要的控制策略有极点配置、状态反馈、输出反馈等，解决最优控制、随机控制、自适应控制问题。现代控制理论应用范围更广，能解决更为复杂的问题，但只能建立在已知系统的情况下，而大部分控制系统是完全未知或部分未知系统。

3. 大系统和人工智能阶段（20 世纪 70 年代以后）

大系统和人工智能主要研究结构复杂、变量众多、规模庞大、关联严重、信息不完备的系统，采用的理论方法主要来自自动控制理论、人工智能和运筹学等学科分支。内容包括最优控制、自适应控制、鲁棒控制、神经网络控制、模糊控制等。控制对象可以是已知系统，也可以是未知系统，大多数控制策略不仅能抑制外界干扰、环境变化、参数变化的影响，还能有效地消除模型化误差的影响。

总体来说，自动控制理论随着社会的发展而发展，同时它的发展促进了社会的发展。

本书所介绍的经典控制理论，是自动控制理论中最基本也最重要的内容。它为进一步学习自动控制理论打下了扎实的基础。

扫一扫看本节内容思维导图

1.2 自动控制系统的组成与控制方式

扫一扫看自动控制系统的组成与控制方式教学课件

1.2.1 自动控制系统的组成框图

自动控制系统是在无人参与的情况下，为实现某一控制目标所需的所有装置的有机组合。任何一个自动控制系统，尽管控制任务、使用元件结构等各不相同，但就其控制的职能来说必然包含控制装置与受控对象，不必画出具体结构，用方框来表示，并将各方框用有向线段依次连接，箭头表示传递方向，这样就可以简单明了地表示自动控制系统。所有自动控制系统可抽象成如图 1-5 所示的框图。

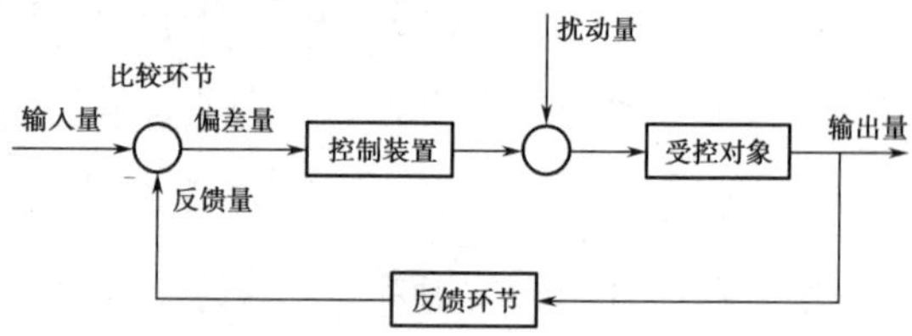

图 1-5　自动控制系统的典型组成框图

自动控制系统的组成框图主要包含一些信号量和基本环节（或元件）。信号量一般包含输入量（Input Variable）（又称为给定量或参考输入量）、输出量（Output Variable）（又称为被控量）、反馈量（Feedback Variable）、偏差量（Error Variable）（又称为控制量）、扰动量（Disturbance Variable）及中间变量（Middle Variable）。有关基本环节的介绍如下。

1. 比较环节

比较环节（Comparing Element）用“○”表示，表示信号量在此做代数运算，偏差量为输入量与反馈量的代数和，极性用“+”“-”表示正反馈与负反馈。图 1-5 所示为负反馈，偏差量为输入量与反馈量的差。

2. 控制装置

控制装置一般包含放大元件（Amplifying Element）与执行元件（Executive Element）。执行元件是驱动受控对象的环节；由于偏差量一般较小，为了驱动执行元件，偏差量必须经放大元件放大，如将电压偏差量放大，放大元件可采用晶体管放大器或集成运算放大器。

3. 受控对象

一般任何被控物体均可称为受控对象（Controlled Plant），如水温控制系统中的水箱就是受控对象。

4. 反馈环节

反馈环节（Feedback Element）将输出量引出并转换成相应的量后，反馈到输入端并与输入量进行比较。在闭环控制系统中，反馈环节一般包括检测、分压等装置，其中检测装置是关键性元件，其精度和特性直接影响控制系统品质，常用的检测装置有测量温度的热电偶、测量转速的测速发电机等。

1.2.2　自动控制系统组成框图绘制

组成框图可以直观地将复杂的自动控制系统组成、各环节之间关系及信号量的传递方向简单明了地表示出来，因此应用控制理论分析自动控制系统的首要工作就是绘制实际自动控制系统的组成框图（注：区别于传递函数构成的系统框图，文字构成的框图称为“组成框图”，按国家标准可统称为“框图”）。

绘制一个实际自动控制系统的组成框图，首先要弄清系统的工作原理，即对系统做定性分析。所谓定性分析，是指弄清系统各单元或各元件在系统中的地位与作用，以及它们之间的相互联系，从而弄清系统的工作原理。在定性分析的基础上明确以下三个问题，可绘制出其组成框图。

（1）控制的目的是什么？由此确定输出量及受控对象。

（2）控制装置是什么？由此确定偏差量、放大元件及驱动受控对象的执行元件。

（3）是否存在反馈？由此确定反馈量、检测装置及反馈类型。

下面举例说明如何分析系统组成并绘制出系统组成框图。

【实例 1-2】 图 1-6 所示为电炉箱恒温自动控制系统。

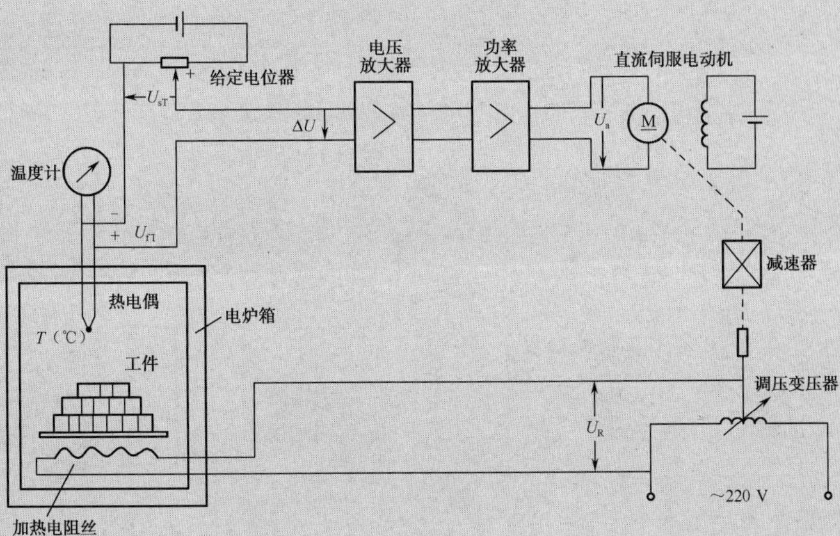

图 1-6　电炉箱恒温自动控制系统

1）工作原理与调节过程分析

电炉箱恒温自动控制系统的工艺要求是保持炉温恒定，采用热电偶检测温度，并将其转化为电压 U_{fT}，反馈到输入端，与输入端给定电压 U_{sT} 进行比较，采用负反馈控制，二者差值为偏差电压 $\Delta U = U_{sT} - U_{fT}$，系统稳态时，炉温为输入量，$\Delta U = 0$，电动机停转；当炉温偏高或偏低时，$\Delta U \neq 0$，此偏差电压经电压放大和功率放大后，驱动直流伺服电动机，电动机经减速器带动调压变压器的滑动触头，使电炉内加热电阻丝的供电电压 U_R 做出相应调整从而调节炉温。其自动调节过程如图 1-7 所示。

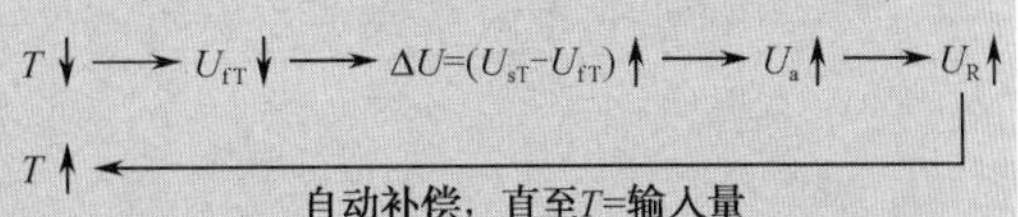

图 1-7　电炉箱恒温自动调节过程

2）绘制系统组成框图

要明确的三个问题如下。

（1）此控制系统的控制目的是保持炉温恒定。由此确定输出量为炉温；受控对象为电炉箱。

（2）此电炉箱是通过给电阻丝通电来加热的。由此确定执行元件为调压变压器、减速器与直流伺服电动机；放大元件为电压放大器、功率放大器；偏差量为 ΔU 。

（3）存在反馈，采用温度负反馈。由图 1-6 可见，检测装置为热电偶。反馈量为 U_{fT}；偏差量为 ΔU 。

另外考虑系统存在外界扰动，如炉壁散热及增减工件等。由以上分析，绘制出系统组成框图，如图 1-8 所示。

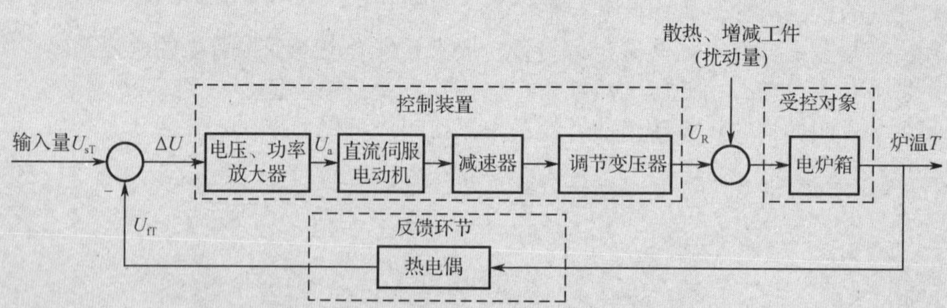

图 1-8　电炉箱恒温自动控制系统组成框图

【实例 1-3】 图 1-9 所示为雷达天线位置跟随系统。

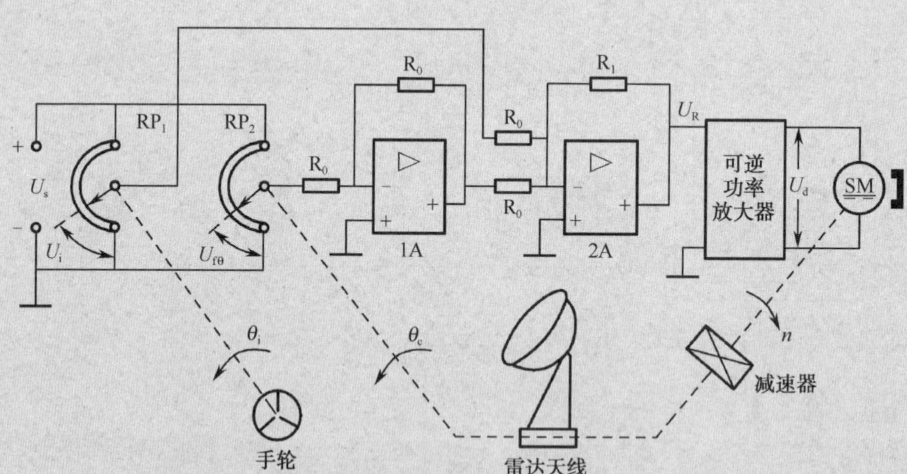

图 1-9　雷达天线位置跟随系统

1）工作原理与调节过程分析

雷达天线位置跟随系统是雷达天线随着手轮转动位置变化而变化。手轮转动给出给定指令 θ_i，经与手轮联动的给定电位器 RP_1 转化为电压信号 U_i；采用与雷达联动的检测电位器 RP_2 检测角位移 θ_c，并将其转化为电压 $U_{f\theta}$，采用负反馈控制（由图 1-9 可见，电位器 RP_1 与 RP_2 并联在同一电源上，并且具有公共接地端，故 $U_{f\theta}$ 与 U_i 极性相同，必须增设一个反相器 1 A)，二者差值为偏差电压 $\Delta U = U_i - U_{f\theta}$，系统稳态时，雷达天线转动的角位移等于手轮转动给出的输入量，$\Delta U = 0$，直流伺服电动机停转；当手轮转动变化时，出现偏差电压，$\Delta U \neq 0$，此偏差电压经电压放大和功率放大后，驱动直流伺服电动机，电动机经减速器带动雷达天线转动，从而跟随手轮转动。其自动调节过程如图 1-10 所示。

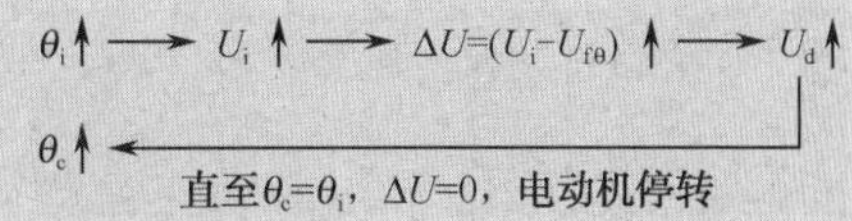

图 1-10　雷达天线位置跟随自动调节过程

2）绘制系统组成框图

要明确的三个问题如下。

(1) 此控制系统的控制目的是雷达天线跟随手轮转动。由此确定输出量为雷达天线的角位移 θ_c；受控对象为雷达天线。

(2) 此控制系统是通过直流伺服电动机带动雷达天线的。由此确定执行元件为直流伺服电动机、减速器；放大元件为电压放大器、功率放大器；偏差量为 ΔU。

(3) 存在反馈，采用位置负反馈。由图 1-9 可见，检测装置为检测电位器 RP_2 及反相器 1 A。反馈量为 $U_{f\theta}$；偏差量为 ΔU。

由以上分析，绘制出系统组成框图如图 1-11 所示。

图 1-11　雷达天线位置跟随系统组成框图

1.2.3　自动控制系统的控制方式

按照是否含有反馈环节，将自动控制系统分为两种控制方式，即开环控制与闭环控制。

扫一扫看自动控制系统的控制方式微课视频

1. 开环控制

控制装置与受控对象之间只有顺向作用而无反向联系，即输出对输入没有影响的控制称为开环控制。其系统组成框图如图 1-12 所示。

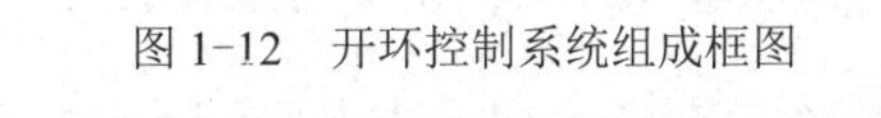

图 1-12　开环控制系统组成框图

【实例 1-4】 图 1-13 所示为电炉箱控制系统。

该系统的受控对象为电炉箱，控制装置为调压器与加热电阻丝，输出量为炉温。由预先设定的手柄位置来调节调压器的滑动触头，从而调节加在加热电阻丝上的电压，控制炉温。其系统组成框图如图 1-14 所示。

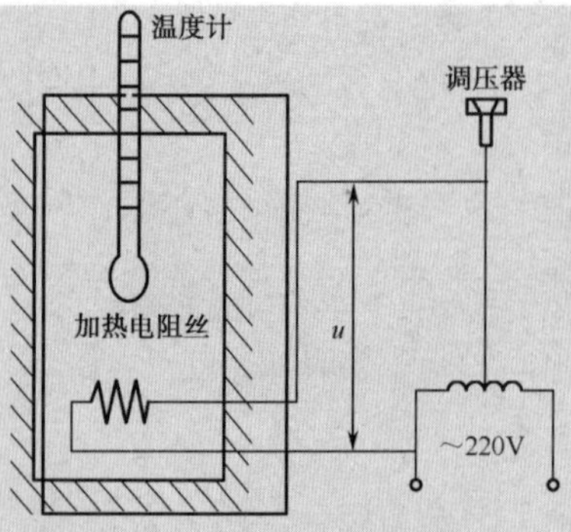

图 1-13　电炉箱控制系统

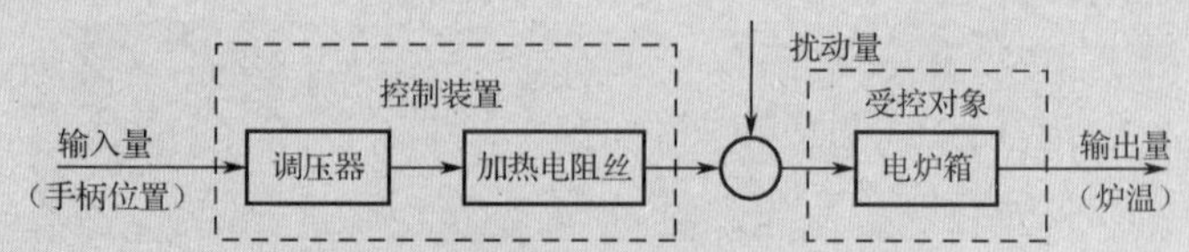

图 1-14　电炉箱控制系统组成框图

由图 1-14 可见，系统的输出量没有反馈到输入端与输入量进行比较，即输出对输入没有影响，故属于开环控制。由于采用开环控制，存在炉壁散热及增减工件等扰动而使炉温发生变化时，将无法自动补偿并保持炉温恒定，因此开环控制的抗扰性能比较差。

开环控制的优点是无反馈环节、结构简单、成本低；缺点是抗扰性能差、控制精度不高。因此，只有在输入与输出之间关系固定，且因扰动引起的误差可预先确定，对控制性能要求不高的场合可采用开环控制。当无法预先确定的扰动使输出量产生的偏差超过允许限度时，不能采用开环控制而应考虑闭环控制。在实例 1-4 的电炉箱控制系统中，炉壁散热及增减工件等扰动使炉温产生变化是无法预先确定的，因此本系统在实际应用时要采用闭环控制。

2. 闭环控制

控制装置与受控对象之间，不仅有顺向作用还有反向联系，即输出对输入有影响的控制称为闭环控制。其系统组成框图如图 1-5 所示。实例 1-2 和实例 1-3 为闭环控制系统，已做了详细介绍，在此不再赘述。

可见闭环控制系统存在反馈，利用偏差（输入量与反馈量之间的偏差）来实现控制，故闭环控制又常称为反馈控制或偏差控制。闭环控制的优点是可自动进行补偿，具有较高的控制精度和较强的抗扰性能。但由于闭环控制要增加检测与反馈比较环节等，故系统复杂、成本较高，另外闭环控制也会使系统稳定性变差，易产生振动甚至不能正常工作。

课堂练习　指出下列系统中哪些属于开环控制？哪些属于闭环控制？

家用电冰箱、家用空调、洗衣机、抽水马桶、普通车床、电饭煲、多速电风扇、高楼水箱、调光台灯、自动报时电子钟。

技能训练 1　单闭环有静差直流调速系统组成框图绘制

扫一扫看单闭环有静差直流调速系统组成框图绘制教学动画

1. 任务目标

学习定性分析一个自动控制系统，明确其工作原理，并按其功能转化成系统组成框图。

2. 任务内容

1）单闭环有静差直流调速系统组成及工作原理分析

单闭环有静差直流调速系统如图 1-15 所示。电位器 RP_1 提供给定电压 u_g，测速发电机

TG 和反馈电位器 RP_2 构成转速检测环节，系统的输出量转速经转速检测环节转化为与转速成正比的反馈电压 u_f，反馈到输入端并与输入量进行比较，采用的是负反馈控制。放大器的输入电压是 $\Delta U = u_g - u_f$，经放大器放大后为 u_c，是晶闸管触发电路的控制电压，改变 u_c 即改变触发角 α，可以改变晶闸管整流装置输出直流电压 u_{d0}，实现对电动机转速的控制，属于调压调速。

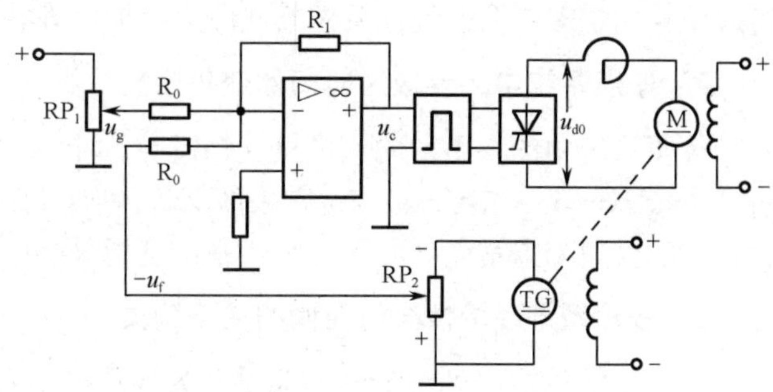

图 1-15　单闭环有静差直流调速系统

其自动调节过程如图 1-16 所示。

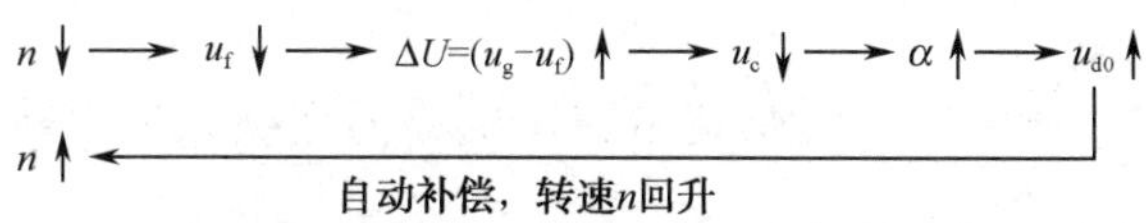

图 1-16　单闭环有静差直流调速系统的自动调节过程

由于本系统转速 n 虽然能自动回升，但不能回到原来的转速，因此本系统被称为单闭环有静差直流调速系统。

2）绘制系统组成框图

明确三个问题，并绘制系统组成框图。

3. 任务实现

（1）定性分析单闭环有静差直流调速系统，了解各环节或元件的功能和基本特性。

（2）明确如下三个问题。

① 控制的目的是什么？由此确定输出量及受控对象。

② 控制装置是什么？由此确定偏差量、放大元件及驱动受控对象的执行元件。

③ 是否存在反馈？由此确定反馈量、检测装置及反馈类型。

（3）绘制系统组成框图。

（4）撰写实训报告。

4. 拓展思考

进一步理解组成一个自动控制系统的主要元件或环节有哪些？它们的特点和作用是什么？举出现实生活中的一个例子，详细分析其组成，并绘制系统组成框图。

1.3 自动控制系统的分类

扫一扫看本节内容思维导图

扫一扫看自动控制系统的分类教学课件

1. 按照输入量和输出量之间的关系分类

自动控制系统按照输入量和输出量之间的关系分为线性系统（Linear System）和非线性系统（Nonlinear System）。线性系统输入量和输出量之间的关系是由线性微分方程或线性差分方程描述的；非线性系统输入量和输出量之间的关系是由非线性方程描述的。线性系统可应用叠加定理，而非线性系统不能应用叠加定理。

扫一扫看自动控制系统的分类微课视频

2. 按照系统中的参数对时间的变化情况分类

按照系统中的参数对时间的变化情况分为定常系统（Time-Invariant System）和时变系统（Time-Varying System）。定常系统又称为时不变系统，是指系统的全部参数不随时间变化，数学模型为定常微分方程；时变系统是指系统中有些参数随时间变化。

3. 按照系统传输信号对时间的关系分类

按照系统传输信号对时间的关系分为连续控制系统（Continuous Control System）和离散控制系统（Discrete Control System）。连续控制系统又称为模拟控制系统（Analogue Control System），是指系统中各环节的信号都是时间 t 的连续函数，即模拟量；离散控制系统又称为采样数据系统（Sampled-Date Control System），是指系统中一处或多处信号为时间的离散信号，如脉冲或数码信号。

若系统既是连续的、线性的，又是定常的，则称为连续线性定常系统。本书只讨论连续线性定常系统。

4. 按照输入量的变化规律分类

按照输入量的变化规律分为恒值控制系统（Fixed Set-Point Control System）、随动控制系统（Follow-Up Control System）和程序控制系统（Process Control System）。恒值控制系统是指系统的输入量是一定值，且要求系统的输出量相应保持恒值。它是最常见的一类控制系统，如电动机速度控制、恒温、恒压、水位控制等。随动控制系统又称为伺服控制系统（Servo Control System），是指系统的输入量是变化未知的时间函数（有时是随机的），且要求系统的输出量能跟随输入量的变化而做相应变化，如雷达自动跟踪系统、机器人控制系统等。程序控制系统是指系统的输入量按照预先确定的规律变化，且要求输出量随之变化，如数控机床的工作台移动系统、自动生产线等。

除了以上的分类方法，还有一些其他方法，如根据组成系统物理部件的类型分为电气控制系统、机械控制系统、液压控制系统、气动控制系统等。

扫一扫看本节内容思维导图

1.4 自动控制系统的性能及分析方法

扫一扫看自动控制系统的性能及分析方法教学课件

1.4.1 自动控制系统的性能要求

对于自动控制系统，在定性分析系统即掌握系统工作原理的基础上，绘制系统组成框图，建立系统数学模型后，将对系统做定量分析，即分析系统性能的优劣。工程上常从稳（稳定性）、准（准确性）、快（快速性）三个方面来分析系统的性能。

扫一扫看自动控制系统的性能要求微课视频

1. 稳定性

稳定性是指系统受到外部作用扰动后产生振荡，经过一段时间后，能抑制振荡，输出量可以达到某一稳定状态，即输出量收敛，如图 1-17（a）所示；反之称为不稳定，对于不稳定的系统，其输出量发散，如图 1-17（b）所示。

显然，不稳定系统是无法正常工作的。因此，对自动控制系统性能要求的首要条件是系统必须稳定，只有在稳定的前提条件下才能探讨准确性和快速性。

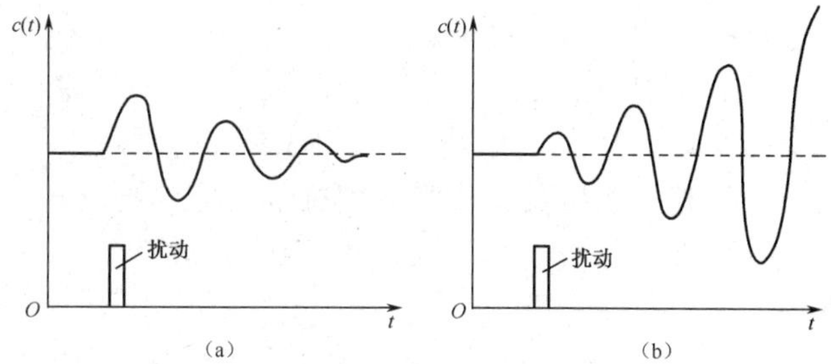

图 1-17　稳定系统和不稳定系统的动态过程

2. 准确性

准确性是指反映系统稳定的动态过程结束后，输出量的稳态值与期望值的接近程度，如图 1-18 所示。输出量的稳态值与期望值的差值称为稳态误差 e_{ss}，反映系统稳态精度，稳态误差 e_{ss} 越小，系统稳态精度越高，准确性越好。若系统稳态误差 e_{ss} 为零，则称为无差系统；否则称为有差系统。

3. 快速性

对于一个稳定系统，当系统输入量变化或有扰动信号作用时，输出量可能要经过一个逐渐变化的过程才能到达稳态值，这个逐渐变化的过程称为动态过程或过渡过程。快速性反映系统动态过程经历时间的长短，时间越短，快速性越好。通常系统的动态过程为衰减振荡过程，如图 1-19 所示，系统输出即系统响应经过几次振荡后，达到新的稳定状态。对于系统动态过程性能的优劣，除了快速性，还有反映系统动态过程的平稳性指标，故将快速性和平稳性作为表征系统动态性能的指标，统称为动态性能指标，动态性能指标将在单元 3 中详细介绍。

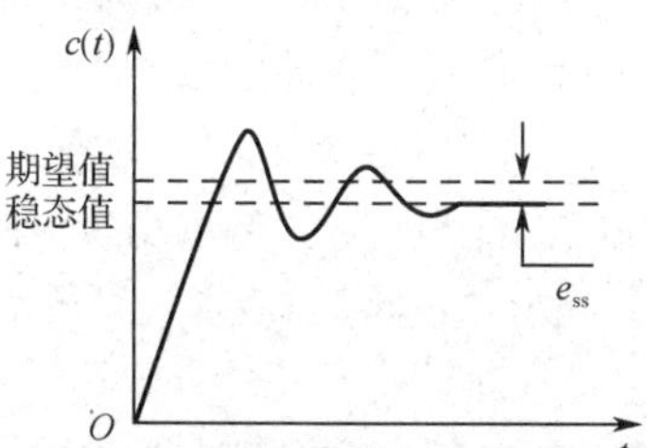

图 1-18　系统稳态精度

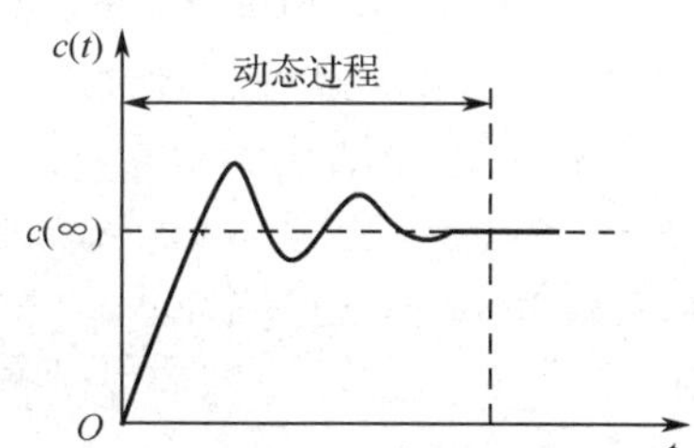

图 1-19　衰减振荡过程

工程上一般从系统的稳、准、快三个方面来评价系统性能，但这三个性能往往是相互制约的，过分注重稳定性，可能会引起快速性和准确性变差；反之，过分注重快速性，可能会引起系统振荡加剧，甚至不稳定。因此，根据具体工作任务提出的要求不同，在分析和设计自动控制系统时，对系统三大性能要有所侧重，并注意统筹兼顾，以满足其要求，这也正是本书讨论的重点内容。

1.4.2　自动控制系统的性能分析方法

自动控制理论是研究自动控制共同规律的技术学科，分为经典控制理论和现代控制理论。经典控制理论建立在传递函数基础上，研究单输入单输出系统；现代控制理论建立在状态变量基础上，研究多输入多输出系统及变参数非线性系统，适用于自适应控制和最优控制等。本书所研究的自动控制系统，基本上都是单输入单输出系统，应用的是工程实践中应用最多的经典控制理论。

经典控制理论分析与设计自动控制系统的具体步骤如下。

（1）对系统做定性分析，明确系统工作原理。

（2）建立系统数学模型。将前面介绍的自动控制系统组成框图中的框中文字部分用传递函数代替为系统用图形表示的复域数学模型。关于系统数学模型有不同的表示形式，将在单元2中详细介绍。

（3）根据不同的分析方法对自动控制系统做定量分析，即分析系统稳、准、快三大性能。常用的分析方法有时域分析法、频率响应分析法、根轨迹法等。由于这几种分析方法各有所长，故长期并行采用。近年来，随着计算机的发展，MATLAB 在自动控制系统分析与设计中得到了广泛应用，特别是 MATLAB 中的 Simulink 仿真，为自动控制系统分析与设计提供了强有力的工具。

（4）在自动控制系统分析的基础上，确定改善系统性能的有效途径，使系统满足所要求的性能和技术指标。

本书对于自动控制理论的介绍也是按照这样的思路和步骤进行的，单闭环直流调速系统是作为自动控制理论在电力拖动系统中的具体应用来进行介绍的。

扫一扫看本节内容思维导图

1.5 MATLAB 应用基础

MATLAB 是矩阵实验室（Matrix Laboratory）的英文缩写，是以矩阵运算为基础的，适用于科学计算、工程计算和仿真等需求的数学软件系统。它是美国 Math Works 公司推出的一个方便、实用、界面友好的具有强大计算功能和良好图形可视化功能的一套软件，被誉为“巨人肩上的工具”“第四代计算机语言”。它具有许多专门用途的工具箱软件，如控制系统工具箱（Control System Toolbox）、系统识别工具箱（System Identification Toolbox）、信号处理工具箱（Signal Processing Toolbox）、鲁棒控制工具箱（Robust Control Toolbox）等，使其在信号处理、控制系统识别、模糊控制及神经网络等领域得到了广泛应用。

本书以 MATLAB R2018a 版本为例，介绍其在自动控制系统性能分析中的应用。

1.5.1 MATLAB 工作环境

1. MATLAB 界面

扫一扫看 MATLAB 工作环境微课视频

启动 MATLAB，启动界面如图 1-20 所示，启动后，显示的界面如图 1-21 所示。

图 1-20　MATLAB 启动界面

MATLAB 的操作桌面（Desktop）默认设置下有 MATLAB 主窗口、命令窗口（Command Window）、工作空间窗口（Workspace）、当前目录窗口（Current Directory）。这些窗口可以像图 1-21 一样重叠在一起，也可以独立分离出来。

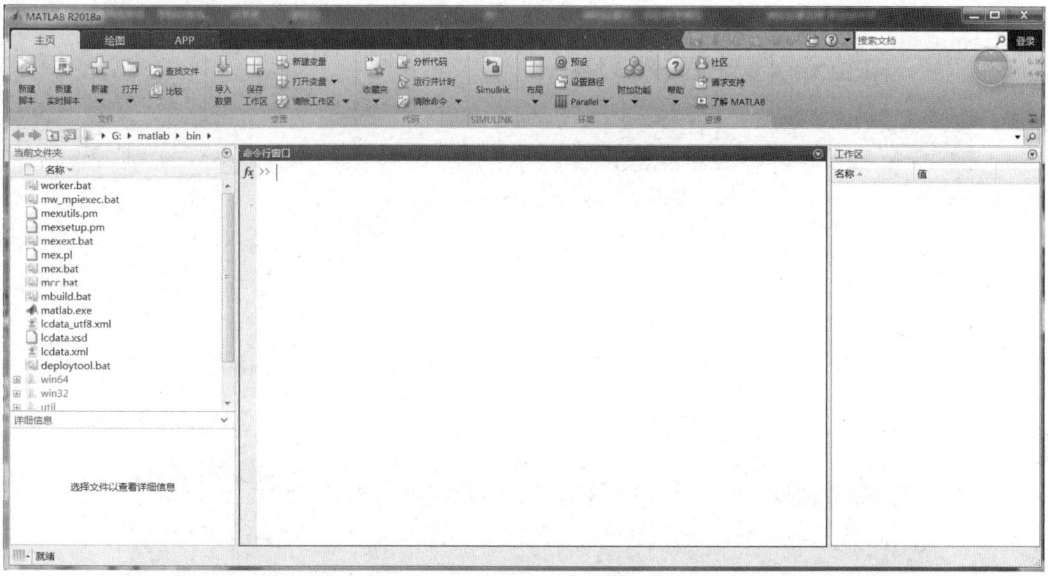

图 1-21　MATLAB 系统界面

（1）命令窗口是用户与 MATLAB 交互的窗口，用于输入命令或程序，运行函数或 m 文件。

（2）工作空间窗口用于临时保存 MATLAB 程序或命令执行后所产生的所有变量的相关信息，包含变量的值（Name）、变量类型（Class）及占用空间大小（Size）等。

（3）当前目录窗口显示当前目录下的所有文件，若想看到目录下某一文件内容，则选中这一文件并双击即可。

2. MATLAB 命令窗口

命令窗口在使用时需要注意以下几点。

（1）输入命令后按 Enter 键，立即显示命令执行结果；若不显示命令执行结果，则需要在输入命令后以分号结束。

（2）多条命令可以放在一行，用分号隔开。

（3）若一条完整的命令在一行中无法写下，则在语句行尾加上三个连续的点（…）表示续行。

（4）MATLAB 命令都为小写，且区分大小写。

（5）为程序加注释使用%，注释为单行型。

扫一扫看 m 文件微课视频

1.5.2　m 文件

MATLAB 是一款功能强大的科学计算软件，命令窗口可以输入命令运行。但是命令窗口一旦运行，不能随意修改代码，用起来很不方便，需要创建 m 文件编写代码。

1. m 文件的创建

打开 MATLAB，首先单击主界面窗口的“新建”按钮，如图 1-22（a）所示，再选择

“脚本”选项，如图 1-22（b）所示，新建一个脚本文件，如图 1-23 所示。

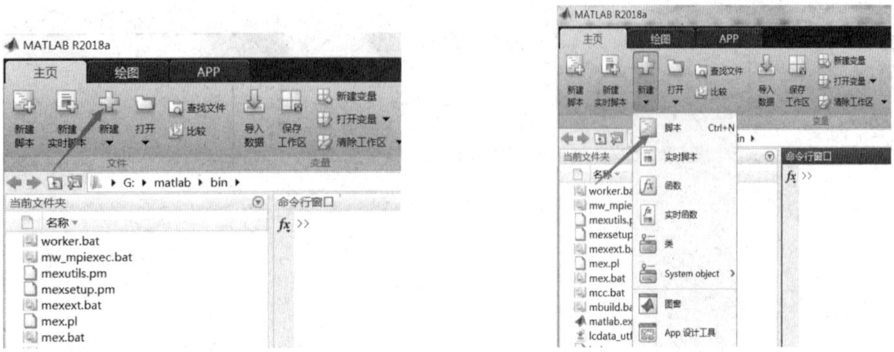

（a）　　　　（b）

图 1-22　MATLAB 新建窗口

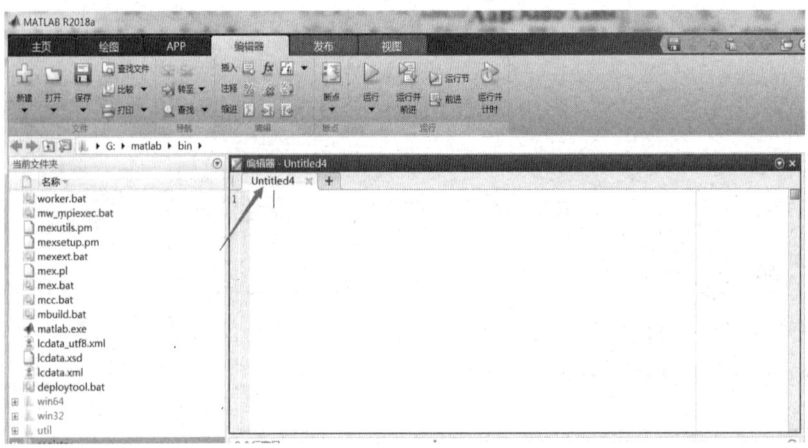

图 1-23　新建脚本文件

在新建的脚本文件里，输入如图 1-24（a）所示的绘制正弦函数 sin*x* 曲线的程序代码。单击菜单栏的“保存”按钮，弹出如图 1-24（b）所示的对话框，输入文件名（如“fzx”），单击“保存”按钮，即可保存文件。

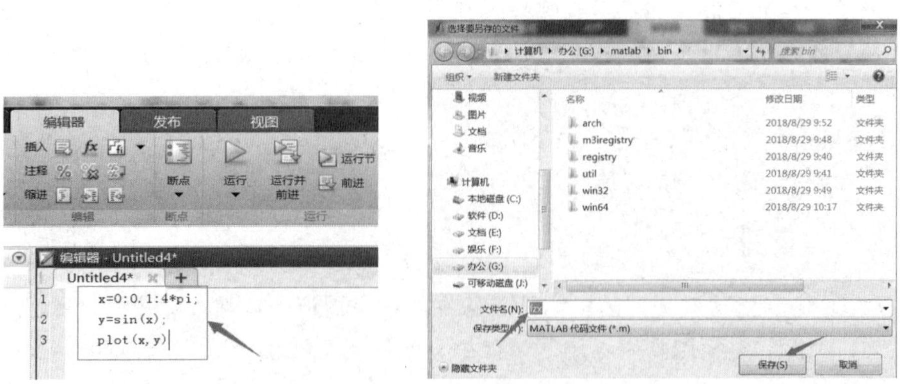

（a）　　　　（b）

图 1-24　m 文件的保存界面

保存的 m 文件，如图 1-25 所示。单击菜单栏的“运行”按钮，运行这个文件，运行结果如图 1-26 所示。

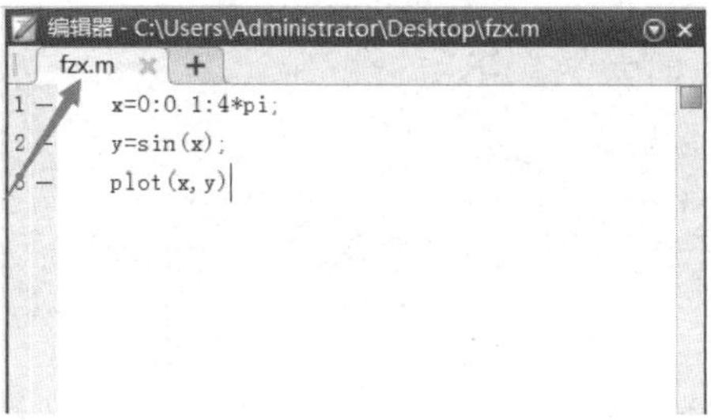

图 1-25　m 文件

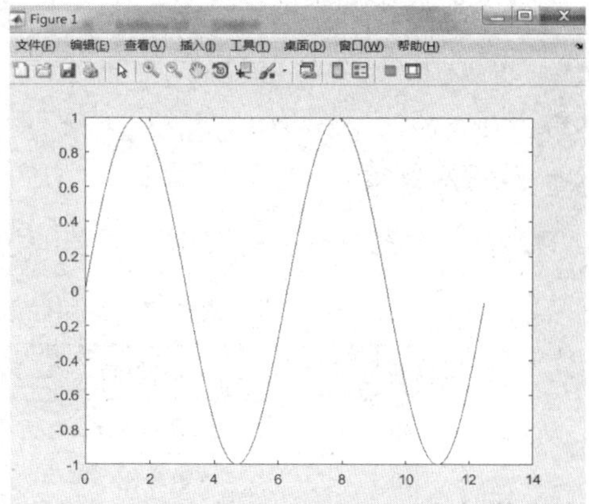

图 1-26　m 文件的运行结果

2. m 文件的调用

启动 MATLAB，单击主界面窗口的“打开”按钮，找到你想打开的 m 文件，如打开 fzx.m 文件，先选择“fzx.m”选项，然后单击“打开”按钮，打开文件，如图 1-27 所示。

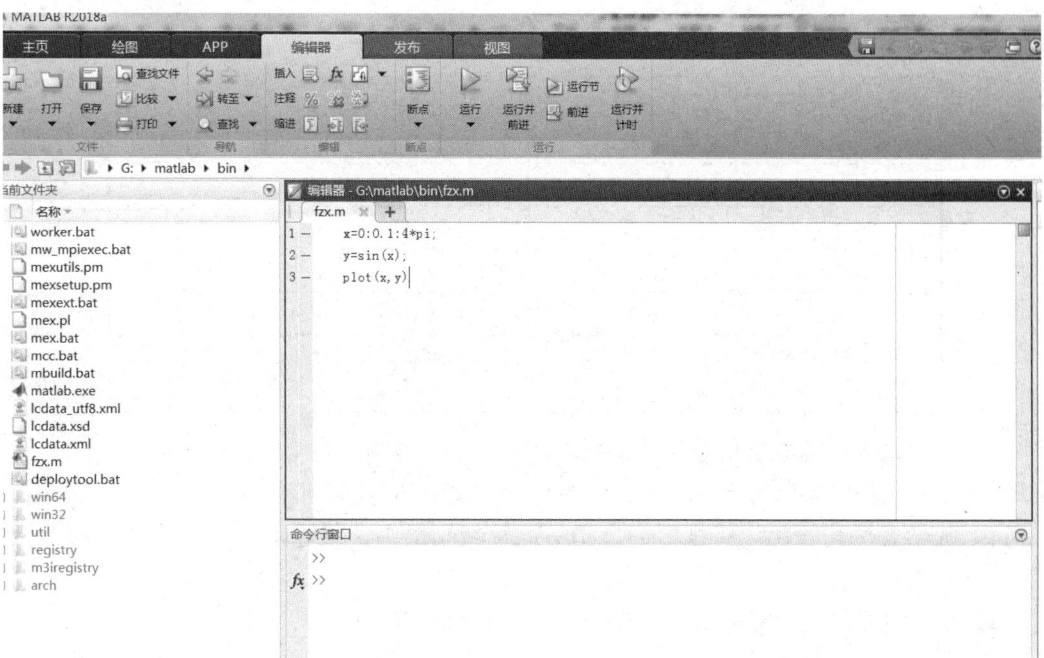

图 1-27　m 文件的调用界面

1.5.3　MATLAB 基本语句结构

扫一扫看 MATLAB 基本语句结构微课视频

1. 变量命名规则

MATLAB 中的变量可用来存放数据，也可用来存放向量或矩阵，其命名规则如下。

（1）变量命名时区分字母大小写，如 A 和 a 表示不同变量。

（2）变量名必须以字母开头，之后可以是任意字母、数字或下画线，如 A34 是合法变量名，而 3A4 不是合法变量名。

（3）变量名中不能包含标点符号和空格，如 A3_4 是合法变量名，而 A3,4 不是合法变量名。

2. 一些特殊变量

MATLAB 中存在一些特殊变量，其功能说明如表 1-1 所示。

表 1-1　常用特殊变量及功能说明

变量名	功 能 说 明	变量名	功 能 说 明
ans	计算结果默认变量名	inf	无穷大
i 或 j	虚数单位	nan	不定量
pi	圆周率		

3. MATLAB 的数学表达式

MATLAB 中数学表达式的输入基本同“手写算式”规则一致，具体如下。

（1）数学表达式由变量名、数学运算符和函数组成。常见的数学运算符和函数如表 1-2 所示。

表 1-2　常见的数学运算符和函数

MATLAB 数学运算符	功 能 说 明	MATLAB 函数	功 能 说 明
+	加	/或\	除
−	减	^	幂
*	乘	sin()	正弦函数
cos()	余弦函数	exp()	自然指数 e^x
sqrt()	开平方	log()	以 e 为底的对数 $\ln x$
说明：MATLAB 用左斜杠和右斜杠分别表示“左除”和“右除”运算。对标量而言，二者的作用没有区别；但对矩阵来说，“左除”和“右除”是不同的运算。			

（2）数值与变量或变量与变量相乘都不能连写，需要用“*”隔开。

（3）在相同的优先级下，按数学运算顺序自左向右执行。

（4）数学表达式的优先级规定为：指数运算级别最高，乘除运算级别次之，加减运算级别最低。

（5）括号可以改变运算的次序，按先内后外的原则执行。

1.5.4 MATLAB 的运算

扫一扫看 MATLAB 的运算微课视频 1

扫一扫看 MATLAB 的运算微课视频 2

1. 基本运算及矩阵输入

1）数值基本运算

在 MATLAB 下进行加、减、乘、除、幂等基本运算，只需在命令窗口的提示符“>>”之后，将运算式直接输入，输入完成后，按 Enter 键即可执行命令进行运算。

【实例 1-5】 求 $[10+2\times(4+5)]\div5^2$ 的运算结果。

用键盘在 MATLAB 命令窗口中输入

```
>>[10+2*(4+5)]/5^2
```

执行结果为

```
ans=1.1200
```

MATLAB 会将运算结果直接存入变量 ans，若要将上述运算式结果存入另一个变量 x，则输入应为

```
>>x=[10+2*(4+5)]/5^2
```

执行结果为

```
x=1.1200
```

若不想让 MATLAB 每次都显示运算结果，只需在运算式最后加分号即可。

2）矩阵的输入

在矩阵运算时，首先要进行矩阵输入，然后其基本运算同数值基本运算一致。对于矩阵的输入，通常有以下两种方法。

（1）方法 1：在命令窗口中直接输入。

任何矩阵（向量）都可以直接按行方式输入每个元素，同一行中的元素用逗号或空格符分隔；行与行之间用分号（或回车）分隔，矩阵的元素直接排在方括号内。

【实例 1-6】 建立向量 $\boldsymbol{A}=[1\quad 2\quad 3]$，$\boldsymbol{B}=\begin{bmatrix}1\\2\\3\end{bmatrix}$。

用键盘在 MATLAB 命令窗口中输入

```
>>A=[1，2，3]
```

回车后，执行结果为

```
A=
    1   2   3
```

用键盘在 MATLAB 命令窗口中输入

```
>>A=[1；2；3]
```

回车后，执行结果为

```
A= 1
    2
    3
```

【实例 1-7】 在 MATLAB 命令窗口中输入

```
>>a=1;b=2;c=3;
>>x=[5,b,c;a*b,a+c,c/b]
```

回车后，执行结果为

```
x=
    5.000   2.000   3.000
    2.000   4.000   1.500
```

（2）方法2：采用矩阵函数或语句生成。

① 用线性等间距生成向量矩阵（start:step:end），其中 start 为起始值，step 为步长，end 为终止值。当步长为1时可省略 step 参数；另外 step 也可以为负值。

【实例 1-8】 在 MATLAB 命令窗口中输入

```
>>a=1:2:10
```

回车后，显示结果为

```
a=1  3  5  7  9
```

② linspace(n1,n2,n)，产生线性等分向量，即在线性空间上，行矢量的值从 n1 到 n2，数据个数为 n，默认 n 为 100。

【实例 1-9】 在 MATLAB 命令窗口中输入

```
>>a= linspace(1,10,10)
```

回车后，显示结果为

```
a=1  2  3  4  5  6  7  8  9  10
```

③ logspace(n1,n2,n)，产生对数等分向量，即在对数空间上，行矢量的值从 10^{n1} 到 10^{n2}，数据个数为 n，默认 n 为 50。这个命令为建立对数频域轴坐标提供了方便。

【实例 1-10】 在 MATLAB 命令窗口中输入

```
>>a= logspace(1,3,3)
```

回车后，显示结果为

```
a=10  100  1000
```

④ MATLAB 中存在一些特殊矩阵函数，其功能说明如表 1-3 所示。

表 1-3 常用特殊矩阵函数及功能说明

函　数	功能说明
zeros(m,n)	生成 m×n 全零矩阵
eye(m,n)	生成 m×n 单位矩阵
ones(m,n)	生成 m×n 全 1 矩阵
rand(m,n)	生成 m×n 均匀分布随机矩阵

2. 多项式运算

在 MATLAB 中，多项式使用降幂系数的行向量表示。例如，多项式 $P(x)=x^4-12x^3+25x+116$，要在 MATLAB 中表示此多项式，只需用键盘在 MATLAB 命令窗口中输入 P=[1,-12,0,25,116]即可。

常见的多项式运算函数及功能说明如表 1-4 所示。

表 1-4 常见的多项式运算函数及功能说明

函　数	功能说明	函　数	功能说明
roots	多项式求根	conv	多项式乘积
poly	由根求多项式	deconv	多项式除法
polyval	多项式求值	polyfit	多项式曲线拟合

（1）多项式求根函数 roots()与由根求多项式函数 poly()。

【实例 1-11】 ① 求多项式 $P(x)=x^4-12x^3+25x+116$ 的根。

```
>>P=[1,-12,0,25,116];
>>r=roots(P)
```

回车后，显示结果为

```
r =
  11.7473
   2.7028
  -1.2251 + 1.4672i
  -1.2251 - 1.4672i
```

② 若已知多项式的根为 r，则求此根对应的多项式。

```
>>P=poly(r)
```

回车后，显示结果为

```
P=
     1   -12    0    25   116
```

（2）多项式乘积函数 conv()。

【实例 1-12】 求多项式 $A(s)=(s+1)(s+2)$ 的展开式。

```
>>A=conv([1   1], [1   2])
```

回车后，显示结果为

```
A=
     1   3   2
```

则 $A(s)=s^2+3s+2$。

注意： conv()函数只能用于两个多项式相乘，多个多项式相乘必须嵌套使用。

【实例 1-13】 求多项式 $A(s)=(s+1)(s+2)(s+3)$ 的展开式。

```
>>A=conv(conv([1   1], [1   2]), [1   3])
```

回车后，显示结果为

```
A=
     1   6   11   6
```

则 $A(s)=s^3+6s^2+11s+6$。

1.5.5　MATLAB 二维图形绘制

扫一扫看 MATLAB 二维图形绘制微课视频

MATLAB 最常用的绘制二维曲线的命令是 plot()。其调用格式如下。

```
plot( x1,y1,'option1',x2,y2,'option1',…)
```

命令功能是在二维坐标系 x 轴和 y 轴中分别绘制以函数关系 $y1=f(x1)$、$y2=f(x2)$ 等决定的曲线，可以同时绘制多条。选项参数 option 定义了图形曲线的颜色、线型及标记符号，由一对单引号括起来。表 1-5～表 1-7 分别给出了二维图形颜色、线型和标记的控制符说明。

表 1-5　颜色控制符说明

控制符	颜　色	控制符	颜　色
Y	黄色	R	红色
G	绿色	B	蓝色
W	白色	K	黑色
C	青色	M	紫红色

表 1-6 线型控制符说明

控制符	线 型	控制符	线 型
—	实线（默认）	..	点连线
—·	点画线	– –	虚线

表 1-7 标记控制符说明

控制符	标 记	控制符	标 记
.	点	+	十字符
o	圆圈	*	星号
×	叉号	s	正方形
d	菱形	h	六角形
<	左三角	>	右三角

【实例 1-14】 在 MATLAB 命令窗口中输入

```
>>x=0:0.5:10;
>>y=sin(x);
>>plot(x,y,'k:o')
```

执行后绘制的图形如图 1-28 所示。从图中可以看出，在 plot(x,y,'k:o')命令所加的字符串'k:o'中，第一个字符“k”表示曲线的颜色为黑色；第二个字符“:”表示曲线的线型采用点连线；而第三个字符“o”则表示在曲线上的每个数据点处都用圆圈标出。

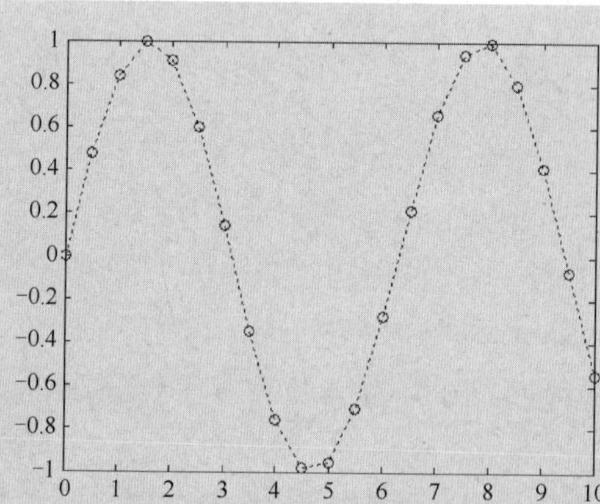

图 1-28 带颜色、线型及标记控制符的正弦曲线

1. 多窗口绘制图形

MATLAB 通过使用创建绘图窗口命令 figure(n)可以进行多窗口绘制图形，其中 n 为创建图形窗口的序号。

2. 多次重叠绘制图形

hold on 命令功能是把当前图形保持在屏幕上不变，同时允许在这个坐标内绘制另外一个图形。

hold off 命令功能是使新的图形覆盖旧的图形。

【实例 1-15】 同时绘制两个周期内的正弦曲线和余弦曲线。

解 MATLAB 程序为

```
t=0: 0.1 : 4*pi;
y1=sin(t) ;
y2=cos(t) ;
plot(t,y1,'–') ;
hold on
plot(t,y2, '––')
```

所绘制的图形如图 1-29 所示。

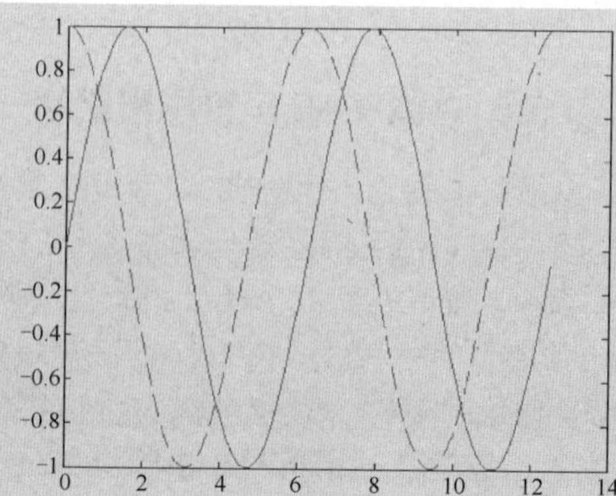

图 1-29 同时绘制正弦曲线与余弦曲线

3. 图形控制函数

grid on 命令功能是在所画出的图形坐标中加入网格线；grid off 命令功能是除去图形坐标中的网格线。

title（'字符串'）命令功能是在所画图形的最上端标注图形标题。

xlabel（'字符串'）、ylabel（'字符串'）命令功能是设置 x、y 坐标轴的名称。

axis（[xmin,xmax,ymin,ymax]）命令功能是设定坐标轴的范围。

text（x,y,'字符串'）命令功能是在图形的指定坐标位置 (x, y) 处，标示字符串。

gtext（'字符串'）命令功能是在交互方式下用鼠标指针添加文本。该函数只能在 MATLAB 命令窗口中执行。

【实例 1-16】 在实例 1-14 中，增加上述一些标记命令，程序为

```
x=0:0.5:10;
y=sin(x);
plot(x,y,'k:o') ;
grid on ;
title('正弦曲线') ;
xlabel('time') ;
ylabel('sin(t) ')
```

所绘制的图形如图 1-30 所示。

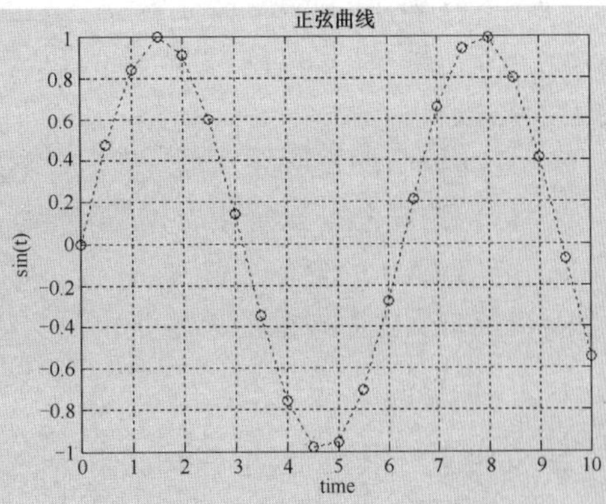

图 1-30　加有基本标注的图形样式

知识梳理与总结

（1）自动控制就是在无人参与的情况下，利用控制装置操纵受控对象，使其满足所要求的性能。

（2）典型自动控制系统的组成框图，定性分析系统，明确三个问题，绘制出系统组成框图。

（3）自动控制系统的基本控制方式有开环控制和闭环控制。开环控制系统结构简单、成本低，但抗扰性能差，控制精度不高。对于扰动而引起的误差可预先确定，对控制性能要求不高的场合可采用开环控制。闭环控制系统能自动进行补偿，具有较高的控制精度和较强的抗扰性能，但系统复杂、成本较高，存在稳定性问题。

（4）自动控制系统可按照不同的分类方法进行分类。

（5）工程上一般从系统的稳（稳定性）、准（准确性）、快（快速性）三个方面来评价系统性能，但这三个性能往往是相互制约的，因此根据具体工作任务提出的要求不同，在分析和设计自动控制系统时，对系统三大性能要有所侧重，并注意统筹兼顾，以满足其要求。

（6）自动控制系统仿真软件 MATLAB 介绍。

思考与练习题 1

扫一扫看思考与练习题1答案

1-1　填空题

1．对于自动控制系统的性能要求可以概括为三个方面，即__________、__________和__________，其中最基本的要求是__________。

2．自动控制系统按输入量变化的规律分为定值控制系统、__________和__________三类。

3．在自动控制系统组成框图中，用于产生输入信号的元件称为__________，直接对控制对象进行操作的元件称为__________。

4．控制装置与受控对象之间既有顺向作用，又有反向联系，这种控制方式称为__________。

5．自动控制的发展经历了__________、__________和智能控制三大阶段。

6．自动控制系统按是否含反馈环节，分为__________和__________。

7．MATLAB 中变量名必须以__________开头。

8．MATLAB 中虚部的单位是__________，圆周率用__________表示。

1-2　选择题

1．如果输出量随着输入量的变化而变化，则这种控制系统叫作（　　）。

A．恒值调节系统　　B．随动系统
C．连续控制系统　　D．数字控制系统

2．与开环控制系统相比，闭环控制系统通常对（　　）进行直接或间接地测量，通过反馈环节去影响控制信号。

A．输出量　　B．输入量　　C．扰动量　　D．设定量

3．对于代表两个或两个以上输入信号进行（　　）的元件称为比较器。

A．微分　　B．相乘　　C．加减　　D．相除

4．开环控制系统的特征是没有（　　）。

A．执行环节　　B．给定环节　　C．反馈环节　　D．放大环节

5．主要用来产生偏差的元件称为（　　）。

A．比较元件　　B．给定元件　　C．反馈元件　　D．放大元件

1-3　编程题

1．在同一图形界面中绘制正弦曲线和余弦曲线，并在上端完成图形名称的标注。

2．求多项式 $P(x)=x^4+2x^3+3x^2+4x+5$ 的根。

1-4　思考题

1．什么是开环控制与闭环控制？比较它们的特点。

2．组成自动控制系统的主要元件或环节有哪些？它们各有什么特点，起什么作用？

3．衡量一个自动控制系统的性能指标通常有哪些？它们是如何定义的？

1-5　综合分析题

1．图1-31所示为热水电加热器示意图，它向用户提供热水并向水箱补充冷水。为了保持电加热器的期望温度，由温控开关接通或断开电加热器的电源。试说明系统工作原理，并绘制出系统组成框图。

2．图 1-32 所示为仓库大门自动控制系统原理示意图。试说明系统自动控制大门开、关的工作原理，并绘制出系统组成框图。

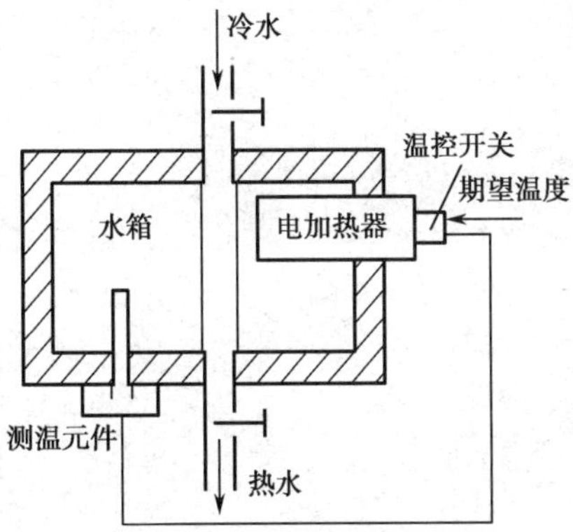

图1-31　热水电加热器示意图

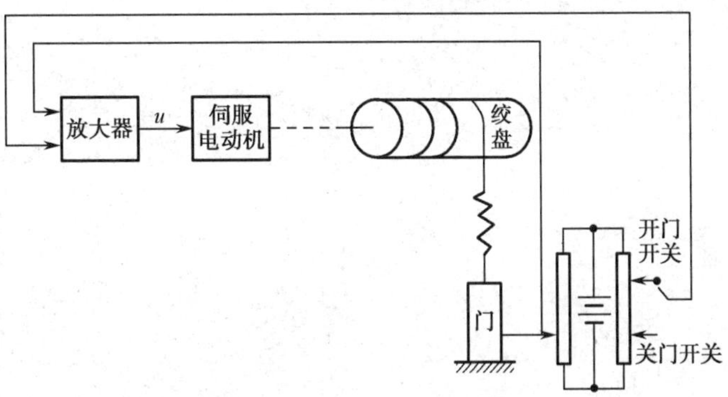

图1-32　仓库大门自动控制系统原理示意图

3．图 1-33 所示为太阳能自动跟踪装置角位移$\theta_0(t)$在三种情况下的阶跃响应曲线，试分析比较Ⅰ、Ⅱ、Ⅲ三种情况的技术性能优劣。

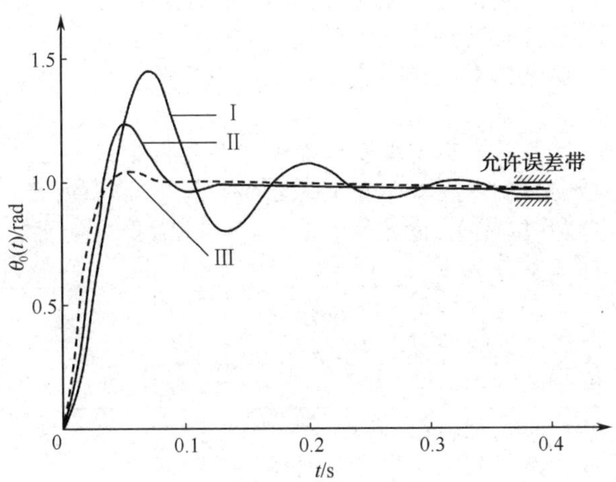

图1-33　太阳能自动跟踪装置角位移的阶跃响应曲线

单元 2 自动控制系统数学模型建立

教学导航

知识目标	1. 数学工具——拉普拉斯变换及应用； 2. 自动控制系统时域数学模型——微分方程； 3. 自动控制系统复域数学模型——传递函数； 4. 自动控制系统数学模型建立； 5. 典型环节数学模型； 6. 系统方框图建立与简化； 7. MATLAB 描述系统数学模型
技能目标	1. 系统各基本环节单元参数测试与特性测试能力； 2. 自动控制系统数学模型的建立与简化处理能力； 3. 自动控制系统仿真能力； 4. 资料的查询能力； 5. 自主学习能力
素质目标	1. 团队协作能力； 2. 组织沟通能力； 3. 严谨认真的学习及工作作风
重/难点	1. 传递函数； 2. 方框图的简化及梅逊公式
技能训练	1. 用 MATLAB 建立传递函数参数模型 2. 自动控制系统典型环节的模拟与测试 3. 基于 MATLAB 的模型等效变换与简化 4. 单闭环系统数学模型建立
思政元素	1. 讲授微分方程建立融入“辩证唯物主义认识论，发现科学、认识自我”； 2. 微分方程通过拉普拉斯变换得到传递函数所蕴含的“诚信、友爱、平等的思想”； 3. 引出点与比较点移动解除交叉，移动时不能改变系统内在本质所蕴含的“不能忘本的爱国主义精神”
推荐教学方法	任务引领线上线下相结合课堂教学、利用丰富的课程资源开展启发式、讨论式、参与式等多元化教学等

要对自动控制系统做定量分析，分析系统稳、准、快三大性能，就必须先把具体的系统抽象成数学模型，即建立系统的数学模型。所谓系统的数学模型是指描述系统（或元件）动态特性的数学表达形式。系统的数学模型有以下几种表达形式。

数学模型
- 微分方程：最基本的方法，时域数学模型
- 传递函数：复域数学模型，古典控制理论中最为重要，工程上用得最多
- 图形表示
  - 框图（方框图、动态结构图）
  - 信号流程图
- 频率特性：频域数学模型

扫一扫看数学模型的表达形式教学动画

时域数学模型借助拉普拉斯变换转换为复域数学模型，利用图形表示更为形象直观，而图形表示建立在传递函数（复域数学模型）基础之上，故拉普拉斯变换是经典控制理论的数学基础。为此，在介绍系统的数学模型之前，先介绍数学工具，即拉普拉斯变换。

拉普拉斯变换（Laplace Transform）简称拉氏变换，是一种函数的变换。经变换后，可将微分方程转化为代数方程，同时考虑外作用和初始条件，这样利用拉氏变换可使微分方程的求解大为简化。

扫一扫看本节内容思维导图

2.1 拉氏变换及其应用

扫一扫看拉氏变换定义教学课件

2.1.1 拉氏变换定义

对于定义在$[0,\infty)$区间上的时域函数$f(t)$，存在其拉普拉斯积分，得到一个新的复域函数$F(s)$，其表达式为

$$F(s)=\int_{0}^{+\infty} f(t)\mathrm{e}^{-st}\mathrm{d}t \tag{2-1}$$

式（2-1）称为拉氏变换的定义式，函数$F(s)$叫作函数$f(t)$的拉氏变换式，记作

$$L[f(t)]=F(s) \tag{2-2}$$

说明：

- s为复数变量，$s=\sigma+\mathrm{j}\omega$，因此拉氏变换是将时变量（时域）函数$f(t)$转化为复变量（复域）函数$F(s)$。
- 通常称$f(t)$为$F(s)$的原函数，$F(s)$为$f(t)$的象函数，也就是说拉氏变换是将原函数$f(t)$转化为象函数$F(s)$。
- 拉氏变换是一种单值变换，$f(t)$和$F(s)$之间具有一一对应关系。

2.1.2 常用函数的拉氏变换

扫一扫看常用函数的拉氏变换教学课件

1. 单位阶跃函数

单位阶跃函数表示为$1(t)$或$\varepsilon(t)$，如图 2-1 所示。它是自动控制系统的典型输入信号之一，相当于突加一个恒定信号，如开关的开断、阀门的开启和关闭等。其数学表达式为

$$f(t)=1(t)=\varepsilon(t)=\begin{cases}0 & (t<0)\\ 1 & (t\geqslant 0)\end{cases}$$

由式（2-1）求出其拉氏变换为

$$F(s)=L[1(t)]=\int_0^{+\infty}1\times \mathrm{e}^{-st}\mathrm{d}t=\frac{1}{s} \tag{2-3}$$

2. 单位斜坡函数

单位斜坡函数也称为等速度函数，如图 2-2 所示，它是一个随时间均匀变化的信号。它也是自动控制系统的典型输入信号之一，如随动系统中恒速变化的位置指令信号、数控机床加工斜面时的进给指令位置信号等。其数学表达式为

$$f(t)=\begin{cases}0 & (t<0)\\ t & (t\geqslant 0)\end{cases}$$

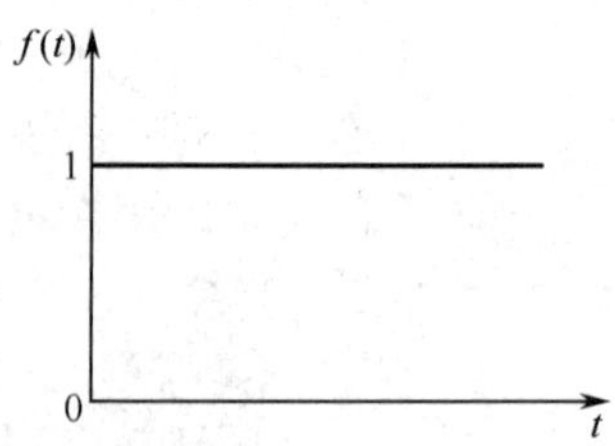

图 2-1　单位阶跃函数

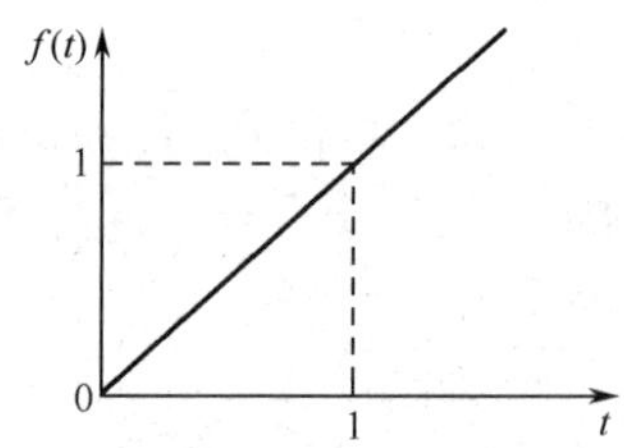

图 2-2　单位斜坡函数

由式（2-1）求出其拉氏变换为

$$F(s)=L[f(t)]=\frac{1}{s^2} \tag{2-4}$$

3. 单位抛物线函数

单位抛物线函数也称为等加速度函数，如图 2-3 所示，它是一个随时间以等加速度增长的信号。它也是自动控制系统的典型输入信号之一，如随动系统中做等加速度变化的位置指令信号等。其数学表达式为

$$f(t)=\begin{cases}0 & (t<0)\\ \dfrac{1}{2}t^2 & (t\geqslant 0)\end{cases}$$

由式（2-1）求出其拉氏变换为

$$F(s)=L[f(t)]=\frac{1}{s^3} \tag{2-5}$$

4. 单位脉冲函数

单位脉冲函数表示为$\delta(t)$，如图 2-4 所示，它是一个理想的单位脉冲函数（令脉宽趋近于 0）。其数学表达式为

$$\delta(t)=\begin{cases}0 & (t\neq 0)\\ \infty & (t=0)\end{cases}$$

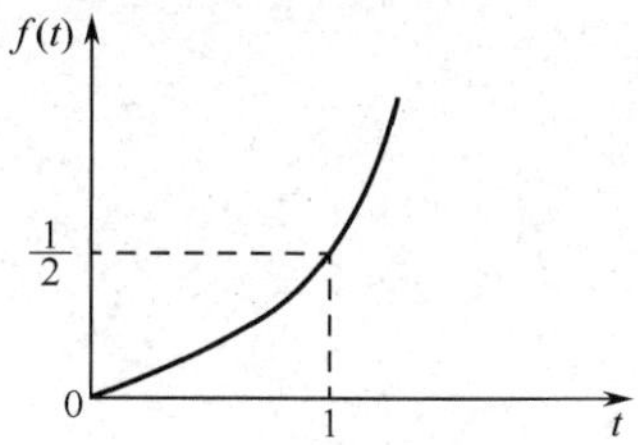

图 2-3　单位抛物线函数

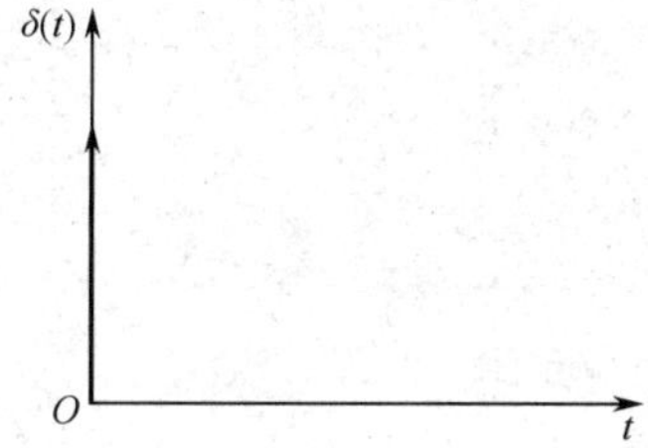

图 2-4　理想的单位脉冲函数

实际上无法得到理想的单位脉冲函数，在工程实际中，只要输入信号的强度足够大，并且持续时间（脉宽）远小于受控对象的时间常数，这种单位窄脉冲信号就可视为单位脉冲函数，如脉宽很窄的电压信号、瞬间作用的冲击力等。

由于 $\int_{-\infty}^{+\infty}\delta(t)\mathrm{d}t=1$，即脉冲面积为 1，相应地由式（2-1）求出其拉氏变换为

$$L[\delta(t)]=1 \tag{2-6}$$

5. 指数函数

指数函数表示为 $\mathrm{e}^{-\alpha t}$，由式（2-1）求出其拉氏变换为

$$L[\mathrm{e}^{-\alpha t}]=\int_{0}^{+\infty}\mathrm{e}^{-\alpha t}\cdot\mathrm{e}^{-st}\mathrm{d}t=\int_{0}^{+\infty}\mathrm{e}^{-(\alpha+s)t}\mathrm{d}t=\frac{1}{s+\alpha} \tag{2-7}$$

6. 正弦函数

已知欧拉公式 $\sin\omega t=\frac{1}{2\mathrm{j}}(\mathrm{e}^{\mathrm{j}\omega t}-\mathrm{e}^{-\mathrm{j}\omega t})$，由式（2-1）求出其拉氏变换为

$$L[\sin\omega t]=\int_{0}^{+\infty}\sin\omega t\cdot\mathrm{e}^{-st}\mathrm{d}t=\frac{1}{2\mathrm{j}}\int_{0}^{+\infty}(\mathrm{e}^{\mathrm{j}\omega t}-\mathrm{e}^{-\mathrm{j}\omega t})\mathrm{e}^{-st}\mathrm{d}t=\frac{\omega}{s^2+\omega^2} \tag{2-8}$$

同理，根据欧拉公式 $\cos\omega t=\frac{1}{2}(\mathrm{e}^{\mathrm{j}\omega t}+\mathrm{e}^{-\mathrm{j}\omega t})$ 可得

$$L[\cos\omega t]=\int_{0}^{+\infty}\cos\omega t\cdot\mathrm{e}^{-st}\mathrm{d}t=\frac{1}{2}\int_{0}^{+\infty}(\mathrm{e}^{\mathrm{j}\omega t}+\mathrm{e}^{-\mathrm{j}\omega t})\mathrm{e}^{-st}\mathrm{d}t=\frac{s}{s^2+\omega^2} \tag{2-9}$$

注意： 上面列举的这几个常用函数在自动控制理论中经常用到，需要记住它们的拉氏变换。

2.1.3　拉氏变换的运算定理

扫一扫看拉氏变换的运算定理教学课件

在应用拉氏变换时，常需要借助拉氏变换的运算定理，这些定理都可以通过拉氏变换定义式加以证明，本书仅介绍运算定理，证明省略。

1. 线性定理

若函数 $f_1(t)$、$f_2(t)$ 的象函数分别为 $F_1(s)$、$F_2(s)$，则对于常数 K_1、K_2，有

$$L[K_1f_1(t)\pm K_2f_2(t)]=K_1F_1(s)\pm K_2F_2(s) \tag{2-10}$$

【实例 2-1】 求 $L\left[\frac{1}{2}+t^2-\mathrm{e}^{-3t}\right]$。

解： $L\left[\frac{1}{2}+t^2-\mathrm{e}^{-3t}\right]=L\left[\frac{1}{2}\right]+L\left[2\times\frac{1}{2}t^2\right]-L[\mathrm{e}^{-3t}]=\frac{1}{2s}+\frac{2}{s^3}-\frac{1}{s+3}$

2. 微分定理

在零初始条件下，即

$$f(0)=f'(0)=\cdots=f^{(n-1)}(0)=0$$

则有

$$L[f^{(n)}(t)]=s^nF(s) \tag{2-11}$$

可见，它是拉氏变换能将微分运算转换成代数运算的依据。因此微分定理是十分重要的运算定理。

【实例 2-2】 试写出如图 2-5 所示的 RLC 串联电路在零初始条件下的输出象函数。

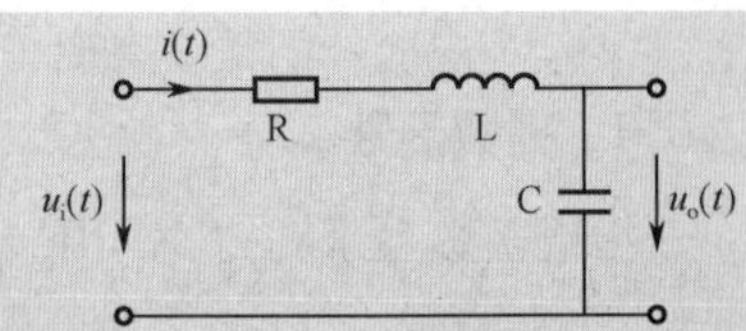

图 2-5 实例 2-2 电路

解： RLC 串联电路的微分方程为

$$LC\frac{\mathrm{d}^2u_o}{\mathrm{d}t^2}+RC\frac{\mathrm{d}u_o}{\mathrm{d}t}+u_o=u_i$$

可利用微分定理对上式进行拉氏变换，得

$$LCs^2U_o(s)+RCsU_o(s)+U_o(s)=U_i(s)$$

$$(LCs^2+RCs+1)U_o(s)=U_i(s)$$

这样微分方程转化为线性代数方程，易求出输出象函数为

$$U_o(s)=\frac{U_i(s)}{LCs^2+RCs+1}$$

若已知输入为单位阶跃函数，即 $u_i(t)=\varepsilon(t)$，可知其拉氏变换为 $U_i(s)=\frac{1}{s}$，则输出象函数为

$$U_o(s)=\frac{U_i(s)}{LCs^2+RCs+1}=\frac{1}{s(LCs^2+RCs+1)}$$

利用拉氏反变换即可求得输出的原函数 $u_o(t)$，可见利用拉氏变换解微分方程比直接解微分方程容易得多。

3. 积分定理

积分是微分的逆运算。在零初始条件下，即

$$\int f(t)\mathrm{d}t\Big|_{t=0}=\iint f(t)(\mathrm{d}t)^2\Big|_{t=0}=\cdots=\underbrace{\int\cdots\int}_{n-1}f(t)(\mathrm{d}t)^{n-1}\Big|_{t=0}$$

则

$$L\left[\int\cdots\int f(t)(\mathrm{d}t)^n\right]=\frac{F(s)}{s^n} \tag{2-12}$$

4. 位移定理（频域平移定理）

对于任一常数 α，都有

$$L[e^{-\alpha t}f(t)] = F(s+\alpha) \tag{2-13}$$

【实例 2-3】 求 $e^{-\alpha t}\sin\omega t$ 的拉氏变换。

解：直接运用位移定理可得

$$L[e^{-\alpha t}\sin\omega t] = \frac{\omega}{(s+\alpha)^2+\omega^2}$$

同理，可求得

$$L[e^{-\alpha t}\cos\omega t] = \frac{s+\alpha}{(s+\alpha)^2+\omega^2}$$

$$L[e^{-\alpha t}t^n] = \frac{n!}{(s+\alpha)^{n+1}} \quad (n=1,2,3,\cdots)$$

5. 延迟定理（时域平移定理）

将 $f(t)$ 沿横坐标右移 τ 时间后得到 $f(t-\tau)$， $f(t-\tau)$ 称为 $f(t)$ 的延迟函数，其拉氏变换式为

$$L[f(t-\tau)] = e^{-s\tau}F(s) \tag{2-14}$$

【实例 2-4】 求图 2-6（a）方波的拉氏变换。

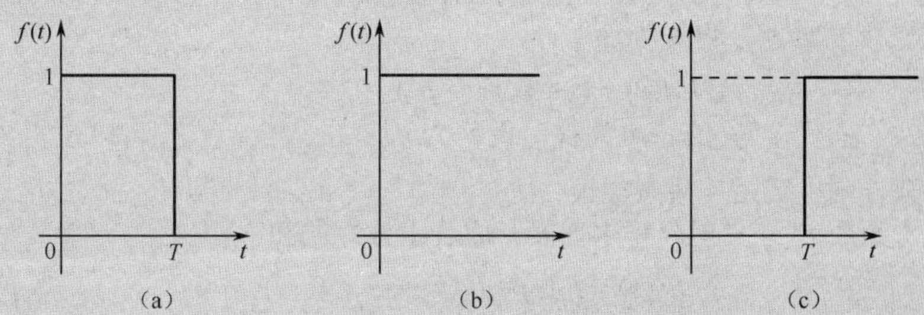

图 2-6　方波函数的分解变化过程

解：图 2-6（a）方波可表示为图 2-6（b）与图 2-6（c）之差，即

$$f(t) = \varepsilon(t) - \varepsilon(t-T)$$

故其拉氏变换为

$$L[f(t)] = \frac{1}{s} - \frac{1}{s}e^{-Ts} = \frac{1-e^{-Ts}}{s}$$

6. 终值定理

$$\lim_{t\to\infty} f(t) = \lim_{s\to 0} sF(s) \tag{2-15}$$

可见，原函数的终值（稳态值）可以通过先将象函数 $F(s)$ 乘以 s 后，再求 $s\to 0$ 的极限值来求得。

注意：终值定理的应用条件为 $sF(s)$ 的极点除坐标原点外应全部分布在 s 平面的左半平面。

终值定理在分析研究系统的稳态性能时有着很多的应用，因此终值定理也是一个经常

用到的运算定理。

扫一扫看拉氏反变换教学课件

2.1.4 拉氏反变换

1. 拉氏反变换定义

拉氏反变换是拉氏变换的逆运算，其定义式为

$$f(t)=\frac{1}{2\pi \mathrm{j}}\int_{\sigma-\mathrm{j}\omega}^{\sigma+\mathrm{j}\omega}F(s)\mathrm{e}^{st}\mathrm{d}s \tag{2-16}$$

记作

$$L^{-1}[F(s)]=f(t) \tag{2-17}$$

2. 利用分解定理求拉氏反变换

拉氏反变换的求解有多种方法，其中比较简单的方法是通过查拉氏变换表求取原函数，以及利用分解定理（部分分式法）求取。

在自动控制理论中常遇到的象函数 $F(s)$ 是复变量 s 的有理分式形式，即分母多项式阶次高于分子多项式阶次：

$$F(s)=\frac{B(s)}{A(s)}=\frac{b_m s^m+b_{m-1}s^{m-1}+\cdots+b_1 s+b_0}{s^n+a_{n-1}s^{n-1}+\cdots+a_1 s+a_0}$$

式中，a_0、a_1、…、a_{n-1} 和 b_0、b_1、…、b_m 均为实数；n、m 为正数，且 $n>m$。将 $F(s)$ 的分母 $A(s)$ 进行因式分解，可写为

$$A(s)=(s-p_1)(s-p_2)\cdots(s-p_n)$$

式中，p_1、p_2、…、p_n 为 $A(s)=0$ 的根，也称为 $F(s)$ 的极点，它们可以是实数，也可以是复数，若是复数，则一定是一对共轭根。

这样可将象函数 $F(s)$ 采用分解定理展开成若干分量的和，即

$$F(s)=F_1(s)+F_2(s)+\cdots+F_n(s)$$

$F_1(s)$、$F_2(s)$、…、$F_n(s)$ 的拉氏反变换很容易由拉氏变换表查得，即可得

$$f(t)=L^{-1}[F(s)]=L^{-1}[F_1(s)+F_2(s)+\cdots+F_n(s)]=f_1(t)+f_2(t)+\cdots+f_n(t)$$

下面分情况介绍。

（1）$A(s)=0$ 无重根情况。可将 $F(s)$ 展开成 n 个简单的分式之和，即

$$\begin{aligned}F(s)&=\frac{B(s)}{A(s)}=\frac{B(s)}{(s-p_1)(s-p_2)\cdots(s-p_n)}\\&=\frac{c_1}{s-p_1}+\frac{c_2}{s-p_2}+\cdots+\frac{c_n}{s-p_n}\\&=\sum_{i=1}^{n}\frac{c_i}{s-p_i}\end{aligned} \tag{2-18}$$

式中，$c_i\ (i=1,2,\cdots,n)$ 称为单根待定系数，其求法为

$$c_i=\lim_{s\to p_i}(s-p_i)F(s) \tag{2-19}$$

由于 $L[\mathrm{e}^{pt}]=\dfrac{1}{s-p}$，故象函数 $F(s)$ 的原函数为

$$f(t)=L^{-1}[F(s)]=\sum_{i=1}^{n}c_i\mathrm{e}^{p_i t} \tag{2-20}$$

【实例 2-5】 求 $F(s)=\dfrac{s+2}{s^2+4s+3}$ 的拉氏反变换。

解： 由式（2-18）展开得

$$F(s)=\frac{s+2}{s^2+4s+3}=\frac{s+2}{(s+1)(s+3)}=\frac{c_1}{s+1}+\frac{c_2}{s+3}$$

由式（2-19）可得

$$c_1=\lim_{s\to-1}(s+1)F(s)=\lim_{s\to-1}(s+1)\frac{s+2}{(s+1)(s+3)}=\frac{1}{2}$$

$$c_2=\lim_{s\to-3}(s+3)F(s)=\lim_{s\to-3}(s+3)\frac{s+2}{(s+1)(s+3)}=\frac{1}{2}$$

因此

$$f(t)=L^{-1}[F(s)]=L^{-1}\left[\frac{\frac{1}{2}}{s+1}\right]+L^{-1}\left[\frac{\frac{1}{2}}{s+3}\right]=\frac{1}{2}\mathrm{e}^{-t}+\frac{1}{2}\mathrm{e}^{-3t}$$

（2）$A(s)=0$ 有重根情况。假设 $A(s)=0$ 在 $s=p_1$ 处有 r 个重根，其余根均为单根，则 $F(s)$ 展开成 n 个分式之和，即

$$\begin{aligned}F(s)&=\frac{B(s)}{A(s)}=\frac{B(s)}{(s-p_1)^r(s-p_{r+1})\cdots(s-p_n)}\\&=\underbrace{\frac{c_{11}}{(s-p_1)^r}+\frac{c_{12}}{(s-p_1)^{r-1}}+\cdots+\frac{c_{1r}}{s-p_1}}_{\text{重根部分}}+\underbrace{\frac{c_{r+1}}{s+p_{r+1}}+\cdots+\frac{c_n}{s-p_n}}_{\text{单根部分}}\end{aligned} \tag{2-21}$$

式中，c_{11}、c_{12}、…、c_{1r} 为重根待定系数，求法如式（2-22）所示；c_{r+1}、…、c_n 为单根待定系数，求法如式（2-19）所示。

$$\begin{aligned}c_{11}&=\lim_{s\to p_1}(s-p_1)^r F(s)\\c_{12}&=\lim_{s\to p_1}\frac{\mathrm{d}}{\mathrm{d}s}[(s-p_1)^r F(s)]\\c_{13}&=\frac{1}{2!}\lim_{s\to p_1}\frac{\mathrm{d}^2}{\mathrm{d}s^2}[(s-p_1)^r F(s)]\\&\vdots\\c_{1r}&=\frac{1}{(r-1)!}\lim_{s\to p_1}\frac{\mathrm{d}^{r-1}}{\mathrm{d}s^{r-1}}[(s-p_1)^r F(s)]\end{aligned} \tag{2-22}$$

由于 $L\left[\dfrac{1}{r!}t^r\right]=\dfrac{1}{s^{r+1}}$，根据位移定理得 $L\left[\dfrac{1}{r!}t^r\mathrm{e}^{pt}\right]=\dfrac{1}{(s-p)^{r+1}}$，故象函数 $F(s)$ 的原函数为

$$f(t)=L^{-1}[F(s)]=\underbrace{\left[\frac{c_{11}}{(r-1)!}t^{r-1}+\frac{c_{12}}{(r-2)!}t^{r-2}+\cdots+c_{1r}\right]\mathrm{e}^{p_1 t}}_{\text{重根部分的原函数}}+\underbrace{c_{r+1}\mathrm{e}^{p_{r+1}t}+\cdots+c_n\mathrm{e}^{p_n t}}_{\text{单根部分的原函数}} \tag{2-23}$$

【实例 2-6】 求 $F(s)=\dfrac{1}{(s+1)^2(s+2)}$ 的拉氏反变换。

解：

$$F(s)=\frac{1}{(s+1)^2(s+2)}=\underbrace{\frac{c_{11}}{(s+1)^2}+\frac{c_{12}}{s+1}}_{\text{重根部分}}+\underbrace{\frac{c_2}{s+2}}_{\text{单根部分}}$$

先求重根待定系数，得

$$c_{11}=\lim_{s\to -1}(s+1)^2F(s)=1$$

$$c_{12}=\lim_{s\to -1}\frac{\mathrm{d}}{\mathrm{d}s}[(s+1)^2F(s)]=-1$$

再求单根待定系数，得

$$c_2=\lim_{s\to -2}(s+2)F(s)=1$$

所以

$$F(s)=\frac{1}{(s+1)^2(s+2)}=\underbrace{\frac{1}{(s+1)^2}+\frac{-1}{s+1}}_{\text{重根部分}}+\underbrace{\frac{1}{s+2}}_{\text{单根部分}}$$

求出拉氏反变换的原函数为

$$f(t)=L^{-1}[F(s)]=\underbrace{t\mathrm{e}^{-t}-\mathrm{e}^{-t}}_{\text{重根部分原函数}}+\underbrace{\mathrm{e}^{-2t}}_{\text{单根部分原函数}}$$

2.1.5 应用拉氏变换求解微分方程

扫一扫看应用拉氏变换求解微分方程教学课件

应用拉氏变换求解微分方程的步骤如下。

（1）利用拉氏变换将微分方程转化为以 s 为变量的线性代数方程。

（2）解代数方程得到输出量的象函数。

（3）利用拉氏反变换求出原函数即可得到微分方程的解。

解微分方程示意图如图 2-7 所示，下面举例说明。

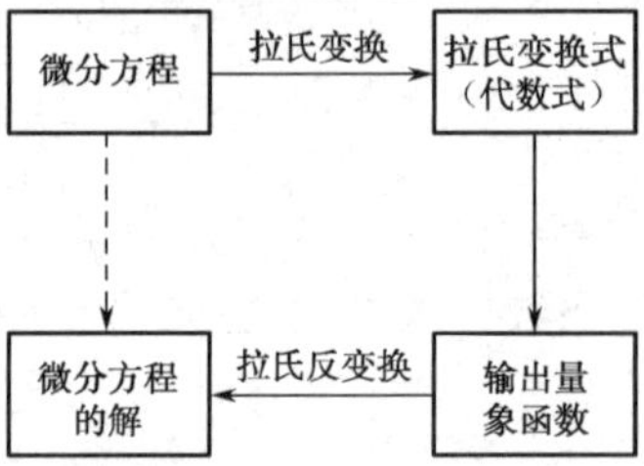

图 2-7 解微分方程示意图

【实例 2-7】 RC 网络如图 2-8 所示，在开关 S 闭合之前，电路处于零初始状态，即 $u_o(0_-)=0$，试求开关 S 闭合后，电容的端电压 $u_o(t)$。

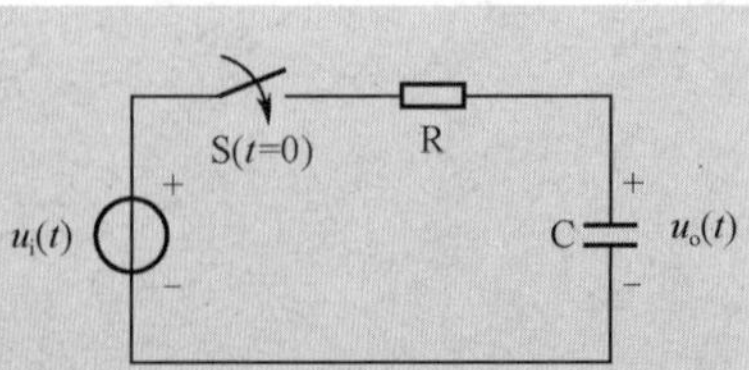

图 2-8 RC 网络

解：RC 网络的微分方程为

$$RC\frac{\mathrm{d}u_o(t)}{\mathrm{d}t}+u_o(t)=u_i(t)$$

开关 S 瞬时闭合，相当于网络有阶跃电压输入 $u_i(t)=U_s\cdot 1(t)$，故 RC 网络的微分方程为

$$RC\frac{\mathrm{d}u_o(t)}{\mathrm{d}t}+u_o(t)=U_s\cdot 1(t)$$

进行拉氏变换，可得

$$RCsU_o(s)+U_o(s)=\frac{U_s}{s}$$

解代数方程得到输出量的象函数为

$$U_o(s)=\frac{U_s}{s(RCs+1)}$$

利用分解定理展开，得到

$$U_o(s)=\frac{U_s}{s}-\frac{U_s}{\left(s+\frac{1}{RC}\right)}$$

进行拉氏反变换得到原函数为

$$u_o(t)=U_s(1-e^{-\frac{t}{RC}})$$

令 T=RC，响应曲线如图 2-9 所示。

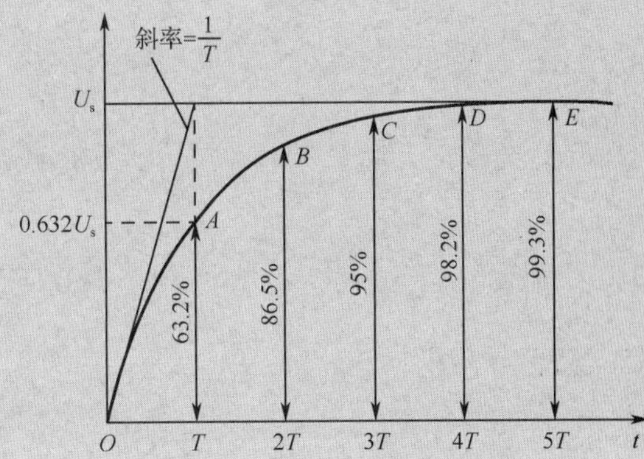

图 2-9　RC 网络响应曲线

2.2　时域数学模型——微分方程

扫一扫看本节内容思维导图

微分方程是系统最基本的数学模型，是描述自动控制系统（或元件）动态特性的最直接方法，本节着重介绍线性定常系统微分方程的建立。

2.2.1　自动控制系统微分方程的建立

扫一扫看自动控制系统微分方程的建立教学课件

建立自动控制系统微分方程的一般步骤如下。

（1）确定系统的输入量和输出量。

（2）根据相应的物理定义列方程。

（3）将各微分方程联立起来消去中间变量，只留下输入量和输出量。

（4）整理成标准形式，即与输出量有关的各项放在等式左侧，与输入量有关的各项放在等式的右侧，等式两端变量的导数项按降幂排列。

在微分方程的建立过程中，步骤（2）是关键，需要在定性分析的基础上进行。

【实例 2-8】 图 2-10 所示为机械位移系统，由弹簧、质量物体和阻尼器组成，试列写质量物体 m 在外力 $F(t)$的作用下位移 $y(t)$ 的运动方程。

（1）确定输入量、输出量。设外力 $F(t)$ 为输入量，质量物体位移 $y(t)$ 为输出量。

（2）根据相应物理定义列方程。分析质量物体受力情况，如图 2-11 所示。

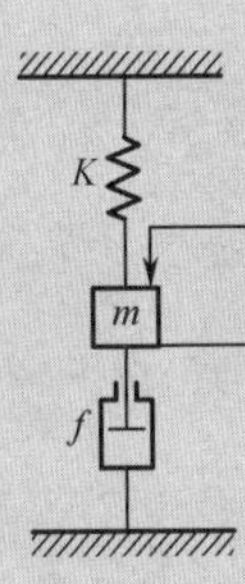

图 2-10　机械位移系统

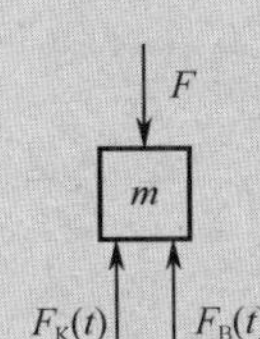

图 2-11　质量物体受力情况

根据牛顿第二定律 $ma=\sum F$ 可得

$$ma=F(t)-F_{\rm B}(t)-F_{\rm K}(t)$$

式中，$F_{\rm K}(t)$ 为弹簧阻力，与位移 $y(t)$ 成正比

$$F_{\rm K}(t)=Ky(t)$$

$F_{\rm B}(t)$ 为阻尼器的黏滞摩擦阻力，与位移的变化量成正比，也就是与物体运动的速度成正比

$$F_{\rm B}(t)=f\frac{{\rm d}y(t)}{{\rm d}t}$$

a 为物体的加速度

$$a=\frac{{\rm d}^2y(t)}{{\rm d}t^2}$$

（3）消除中间变量，并整理成标准形式：

$$m\frac{{\rm d}^2y(t)}{{\rm d}t^2}+f\frac{{\rm d}y(t)}{{\rm d}t}+y(t)=F(t)$$

【实例 2-9】 图 2-12 所示为 RLC 串联电路。设输入电压为 $u_{\rm i}(t)$，输出电压为 $u_{\rm o}(t)$，试列写其微分方程。

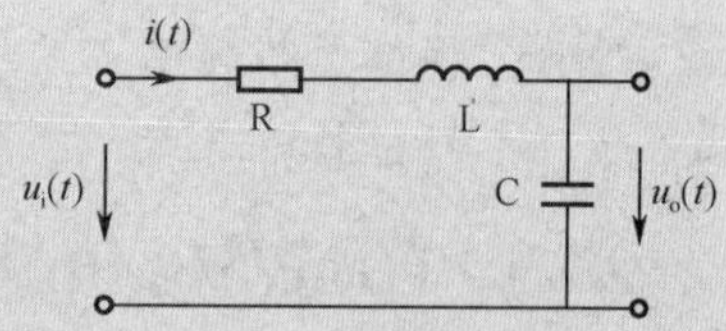

图 2-12　实例 2-9 电路

解：（1）确定输入量、输出量。设输入量为 $u_{\rm i}(t)$，输出量为 $u_{\rm o}(t)$。

（2）根据相应物理定义列方程。根据基尔霍夫定律可得

$$Ri(t)+L\frac{{\rm d}i(t)}{{\rm d}t}+u_{\rm o}(t)=u_{\rm i}(t)$$

电容的伏安关系表示为

$$i(t)=C\frac{{\rm d}u_{\rm o}(t)}{{\rm d}t}$$

（3）消除中间变量，并整理成标准形式：

$$LC\frac{{\rm d}^2u_{\rm o}(t)}{{\rm d}t^2}+RC\frac{{\rm d}u_{\rm o}(t)}{{\rm d}t}+u_{\rm o}(t)=u_{\rm i}(t)$$

【实例 2-10】 图 2-13 所示为他励直流电动机电路图。试写出以电枢电压 $u_{\rm a}(t)$ 为输入量，以电动机转速 n 为输出量的微分方程。

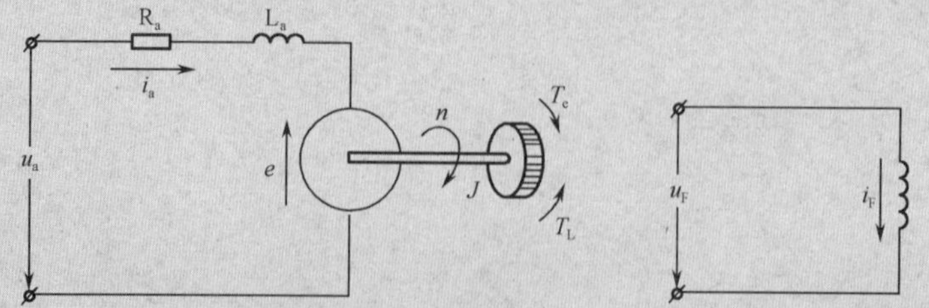

图 2-13　他励直流电动机电路图

解：（1）确定输入量、输出量。分析励磁电流 $i_{\rm F}$ 恒定，改变电枢电压 $u_{\rm a}(t)$ 对电动机转速 n 的影响，故以电枢电压 $u_{\rm a}(t)$ 为输入量，电动机转速 n 为输出量列写电动机的微分方

程，而将负载转矩 T_L 作为电动机的外界扰动量。

（2）根据相应物理定义列方程。

电动机有两个独立回路：一个是电枢回路，有关物理量的角标用 a 表示，u_a、i_a、R_a、L_a、e 分别为电枢电压、电流、电阻、电感和反电势，T_e 为电磁转矩，T_L 为负载转矩；另一个是励磁回路，有关物理量的角标用 F 表示。

直流电动机各物理量间的基本关系如下：

$$u_a = R_a i_a + L_a \frac{\mathrm{d}i_a}{\mathrm{d}t} + e \tag{2-24}$$

$$T_e = K_T \phi i_a \tag{2-25}$$

$$T_e - T_L = \frac{\mathrm{GD}^2}{375}\frac{\mathrm{d}n}{\mathrm{d}t} \tag{2-26}$$

$$e = K_e \phi n \tag{2-27}$$

式中，K_T 为转矩常量；ϕ 为磁通；K_e 为电动势常量；GD^2 为电机的飞轮惯量。

（3）消除中间变量，并整理成标准形式。

为了简化方程，不考虑电动机的负载转矩，即设 $T_L = 0$，将式（2-25）代入式（2-26）得

$$i_a = \frac{\mathrm{GD}^2}{375 K_T \phi} \cdot \frac{\mathrm{d}n}{\mathrm{d}t} \tag{2-28}$$

将式（2-28）和式（2-27）代入式（2-24），并整理得

$$\frac{L_a}{R_a} \cdot \frac{\mathrm{GD}^2}{375} \cdot \frac{R_a}{K_T K_e \phi^2} \cdot \frac{\mathrm{d}^2 n}{\mathrm{d}t^2} + \frac{\mathrm{GD}^2 R_a}{375 K_T K_e \phi^2} \cdot \frac{\mathrm{d}n}{\mathrm{d}t} + n = \frac{u_a}{K_e \phi}$$

令电枢回路的电磁时间常数为

$$T_a = \frac{L_a}{R_a}$$

电动机的机电时间常数为

$$T_m = \frac{\mathrm{GD}^2 R_a}{375 K_T K_e \phi^2}$$

则其微分方程可写为

$$T_m T_a \frac{\mathrm{d}^2 n}{\mathrm{d}t^2} + T_m \frac{\mathrm{d}n}{\mathrm{d}t} + n = \frac{1}{K_e \phi} u_a$$

通过以上三例微分方程的建立，可见物理环节不同的系统（或环节）可以有相同的微分方程。

扫一扫看运动的模态教学动画

2.2.2　运动的模态

在数学上，线性微分方程的解由齐次微分方程的通解和非齐次微分方程的特解组成。通解由微分方程的特征根决定，代表自由运动。

若 n 阶微分方程的特征根是 λ_1、λ_2、…、λ_n 且无重根，则该微分方程运动的模态（也称为振型）为 $\mathrm{e}^{\lambda_1 t}$、$\mathrm{e}^{\lambda_2 t}$、…、$\mathrm{e}^{\lambda_n t}$。

若微分方程的特征根中有多重根 λ，则该微分方程运动的模态会具有形如 $t\mathrm{e}^{\lambda t}$、$t^2\mathrm{e}^{\lambda t}$、… 的函数。

若微分方程的特征根中有共轭复数根 $\lambda=\sigma\pm \mathrm{j}\omega$，则该微分方程运动的模态会有共轭复模态 $\mathrm{e}^{(\sigma+\mathrm{j}\omega)t}$ 与 $\mathrm{e}^{(\sigma-\mathrm{j}\omega)t}$，可写成实函数模态 $\mathrm{e}^{\sigma t}\sin\omega t$ 与 $\mathrm{e}^{\sigma t}\cos\omega t$。

每一种模态代表一种类型的运动形态，齐次微分方程的通解则是它们的线性组合。

【实例 2-11】 设系统的微分方程为

$$\frac{\mathrm{d}^2c(t)}{\mathrm{d}t^2}+2\frac{\mathrm{d}c(t)}{\mathrm{d}t}+2c(t)=r(t)$$

式中，$r(t)$ 为输入量；$c(t)$ 为输出量，求系统运动的模态。

解： 由微分方程可写出其特征方程为

$$\lambda^2+2\lambda+2=0$$

得到其特征根为 $\lambda=-1\pm\mathrm{j}$，故其运动的模态为 $\mathrm{e}^{-t}\sin t$ 与 $\mathrm{e}^{-t}\cos t$，微分方程的齐次通解为

$$c(t)=c_1\mathrm{e}^{-t}\sin t+c_2\mathrm{e}^{-t}\cos t$$

式中，系数 c_1 和 c_2 是由初始条件决定的常数。

2.3 复域数学模型——传递函数

扫一扫看本节内容思维导图

利用拉氏变换这个数学工具，可将线性常微分方程转化为易处理的线性代数方程，可以将时域数学模型转化为复域数学模型，即传递函数。传递函数是一个非常重要的概念，它比微分方程简单明了且运算方便，是自动控制系统中最常用的数学模型。

2.3.1 传递函数的定义和性质

扫一扫看传递函数的定义和性质教学课件

1. 传递函数的定义

传递函数是指线性定常系统（或环节）在零初始条件下，其输出的拉氏变换 $C(s)$ 与输入的拉氏变换 $R(s)$ 之比。传递函数一般用 $G(s)$ 来表示，即

$$G(s)=\frac{C(s)}{R(s)} \tag{2-29}$$

由式（2-29）可得

$$C(s)=G(s)R(s) \tag{2-30}$$

由式（2-30）可见，输入信号经系统（或环节）传递后成为输出信号，也就是输入信号象函数 $R(s)$ 与 $G(s)$ 相乘后得到输出信号象函数 $C(s)$，故 $G(s)$ 称为传递函数。这种信息传递关系用如图 2-14 所示的方框图表示，功能框内是传递函数。

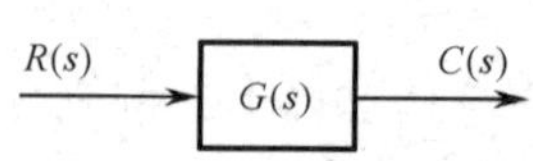

图 2-14　系统方框图

2. 传递函数的性质

（1）对于一个确定的系统（输入量与输出量也已确定），它的微分方程是唯一的，传递函数是由微分方程变换而来的，故其传递函数也是唯一的。

（2）传递函数是在零初始条件下定义的，因而不能反映非零初始条件下的全部运动规律。

（3）传递函数反映系统固有特性，只取决于系统（或环节）的结构和参数，而与系统的输入无关。

（4）传递函数是复变量 s 的有理分式，其分子和分母的各项系数均为实数，分子多项式

的最高次幂 m 小于或等于分母多项式的最高次幂 n。传递函数分母中的最高次幂 n 为系统的阶次，相应系统称为 n 阶系统。

（5）令传递函数分母多项式等于零的方程为系统的特征方程（系统特征方程的根就是传递函数的极点）。特征方程的根反映了系统动态过程的性质，也就是说传递函数的极点决定了系统自由运动的模态，故由传递函数可以研究系统的动态特性。

（6）传递函数一般有两种表示形式，即零极点形式和典型环节形式。

零极点形式的通式为

$$G(s)=\frac{K_{\mathrm{g}}(s-z_1)(s-z_2)\cdots(s-z_m)}{(s-p_1)(s-p_2)\cdots(s-p_n)}=\frac{K_{\mathrm{g}}\prod_{j=1}^{m}(s-z_j)}{\prod_{i=1}^{n}(s-p_i)} \tag{2-31}$$

式中，$z_j\ (j=1,2,\cdots,m)$ 为零点；$p_i\,(i=1,2,\cdots,n)$ 为极点。

扫一扫看零极点的概念教学动画

典型环节形式的通式为

$$G(s)=\frac{K\prod_{j=1}^{m}(T_j s+1)}{s^{\gamma}\prod_{i=1}^{n-\gamma}(T_i s+1)} \tag{2-32}$$

式中，T 为时间常数。

注意： 通常所说的系统增益是指典型环节形式下的增益 K，而不是零极点形式下的增益 K_{g}。

2.3.2 传递函数的求取

扫一扫看传递函数的求取教学课件

1. 由微分方程求取传递函数

由微分方程求取传递函数的过程如图 2-15 所示。具体步骤如下。

（1）建立系统（或环节）微分方程，根据拉氏变换的微分定理对此微分方程进行拉氏变换，将其转化为以 s 为变量的线性代数方程。

（2）根据传递函数定义求出系统（或环节）传递函数。

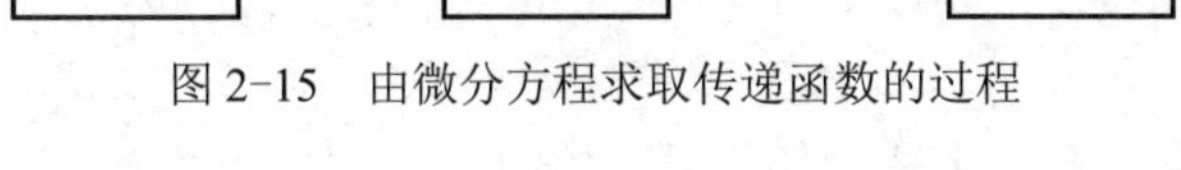

图 2-15　由微分方程求取传递函数的过程

下面举例说明。

【实例 2-12】 图 2-16 所示为 RLC 串联时域电路模型。设输入电压为 $u_{\mathrm{i}}(t)$，输出电压为 $u_{\mathrm{o}}(t)$，试求其传递函数。

解： 在实例 2-9 中，已经建立其微分方程为

$$LC\frac{\mathrm{d}^2u_{\mathrm{o}}(t)}{\mathrm{d}t^2}+RC\frac{\mathrm{d}u_{\mathrm{o}}(t)}{\mathrm{d}t}+u_{\mathrm{o}}(t)=u_{\mathrm{i}}(t) \tag{2-33}$$

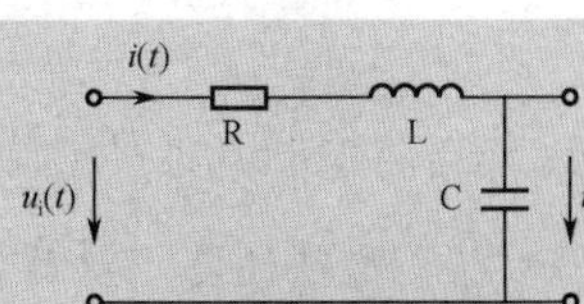

图 2-16　RLC 串联时域电路模型

根据拉氏变换的微分定理，对式（2-33）进行拉氏变换得

$$LCs^2U_o(s)+RCsU_o(s)+U_o(s)=U_i(s)$$

$$(LCs^2+RCs+1)U_o(s)=U_i(s)$$

根据传递函数定义，即可得 RLC 串联电路的传递函数为

$$G(s)=\frac{U_o(s)}{U_i(s)}=\frac{1}{LCs^2+RCs+1}$$

2．用复阻抗法求取传递函数

扫一扫看用复阻抗法求取传递函数教学动画

对于任一二端电路，设初始条件为零，电路两端电压的拉氏变换为 $U(s)$，通过元件的电流的拉氏变换为 $I(s)$，那么二端电路的复阻抗 $Z(s)=\dfrac{U(s)}{I(s)}$。可见，利用复阻抗的概念可将时域电路模型转化为复域电路模型，对于复域电路模型的分析如同电阻电路的分析，这就是复阻抗法。

利用复阻抗法分析电路，可使电路的分析大大简化。下面来推导常见的电阻元件 R、电感元件 L 和电容元件 C 的复阻抗及复域电路模型。

1）电阻元件的复阻抗及复域电路模型

电阻元件的时域电路模型如图 2-17（a）所示，电阻元件的伏安关系为

$$u(t)=Ri(t)$$

对上式进行拉氏变换，得到以 s 为变量的代数方程为

$$U(s)=RI(s)$$

根据复阻抗的概念，可知电阻元件的复阻抗为

$$Z(s)=\frac{U(s)}{I(s)}=R$$

这样可将电阻元件的时域电路模型转化为复域电路模型，如图 2-17（b）所示。

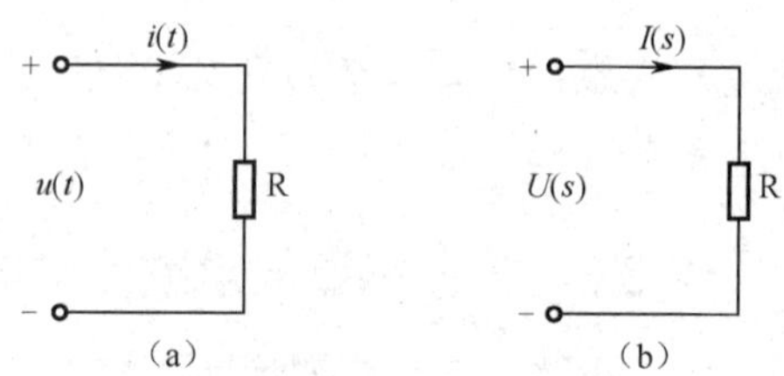

图 2-17　电阻元件的时域和复域电路模型

2）电感元件的复阻抗及复域电路模型

电感元件的时域电路模型如图 2-18（a）所示，电感元件的伏安关系为

$$u(t)=L\frac{\mathrm{d}i(t)}{\mathrm{d}t}$$

对上式进行拉氏变换，得到以 s 为变量的代数方程为

$$U(s)=sLI(s)$$

根据复阻抗的概念，可知电感元件的复阻抗为

$$Z(s)=\frac{U(s)}{I(s)}=sL$$

这样可将电感元件的时域电路模型转化为复域电路模型，如图 2-18（b）所示。

3）电容元件的复阻抗及复域电路模型

电容元件的时域电路模型如图 2-19（a）所示，电容元件的伏安关系为

$$i(t)=C\frac{\mathrm{d}u(t)}{\mathrm{d}t}$$

对上式进行拉氏变换，得到以 s 为变量的代数方程为

$$I(s)=sCU(s)$$

根据复阻抗的概念，可知电容元件的复阻抗为

$$Z(s)=\frac{U(s)}{I(s)}=\frac{1}{sC}$$

这样可将电容元件的时域电路模型转化为复域电路模型，如图 2-19（b）所示。

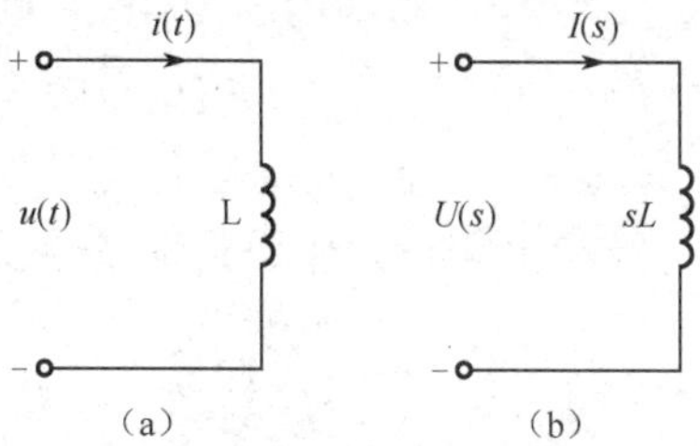

图 2-18　电感元件的时域和复域电路模型

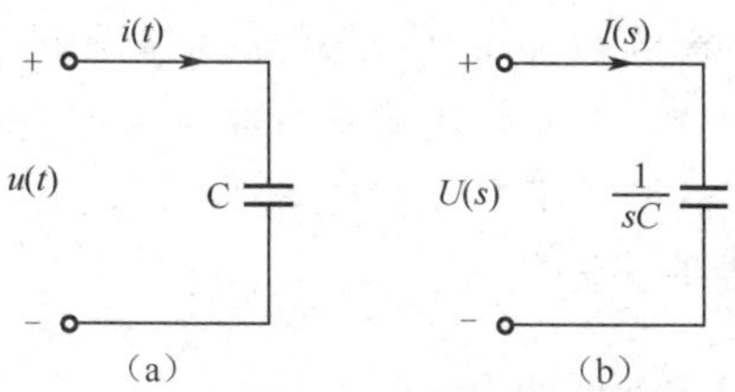

图 2-19　电容元件的时域和复域电路模型

可见，将一个电路的时域电路模型转化为复域电路模型，首先需要将电压 $u(t)$ 、电流 $i(t)$ 转化为以 s 为变量的复域形式，即进行拉氏变换，将电压用 $U(s)$ 表示，电流用 $I(s)$ 表示；然后将电阻 R、电感 L 和电容 C 换成复阻抗 R、sL 、$\frac{1}{sC}$，这样时域电路模型就可转化为复域电路模型。

分析复域电路模型，根据传递函数定义即可求取电路的传递函数。下面举例说明。

【实例 2-13】 对于如图 2-16 所示的 RLC 串联电路，试用复阻抗法求其传递函数。

解： 图 2-16 所示为 RLC 串联电路的时域电路模型，将其转化为复域电路模型，如图 2-20 所示。

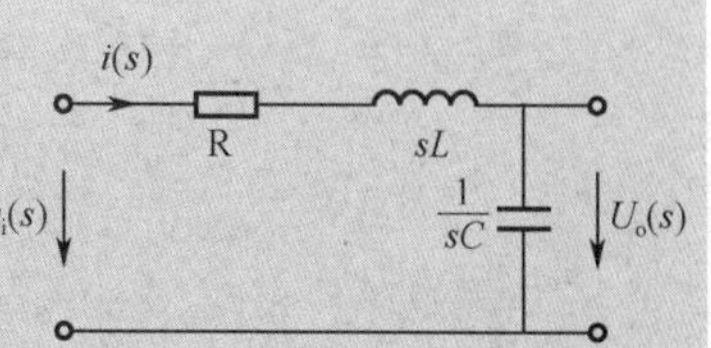

图 2-20　RLC 串联电路的复域电路模型

输出电压的拉氏变换为

$$U_o(s)=\frac{1}{sC}I(s)$$

输入电压的拉氏变换为

$$U_i(s)=(R+sL+\frac{1}{sC})I(s)$$

根据传递函数定义，即可得 RLC 串联电路的传递函数为

$$G(s)=\frac{U_o(s)}{U_i(s)}=\frac{\frac{1}{sC}I(s)}{(R+sL+\frac{1}{sC})I(s)}=\frac{1}{LCs^2+RCs+1}$$

显然，与实例 2-12 用微分方程拉氏变换后求取传递函数的结果一致。

技能训练 2 用 MATLAB 建立传递函数参数模型

1. 任务目标

（1）熟悉 MATLAB 实验环境，掌握 MATLAB 命令窗口的基本操作。

（2）掌握 MATLAB 建立自动控制系统数学模型的命令。

（3）掌握使用 MATLAB 命令进行模型相互转化的方法。

2. 任务内容

在 MATLAB 中，用于生成连续线性系统模型的函数有传递函数建模函数 tf()、零极点增益建模函数 zpk()和状态空间建模函数 ss()。状态空间模型属于现代控制理论范畴，这里不予讨论。传递函数建模函数生成系统多项式模型（TF 模型），零极点增益建模函数生成系统零极点增益模型（ZPK 模型），多项式模型和零极点增益模型统称为传递函数参数模型，下面分别介绍。

扫一扫看多项式模型建立教学动画

1）多项式模型建立

多项式模型也称为传递函数模型。连续系统的传递函数模型为

$$G(s)=\frac{b_1s^m+b_2s^{m-1}+\cdots+b_{m-1}s+b_m}{a_1s^n+a_2s^{n-1}+\cdots+a_{n-1}s+a_n}=\frac{\text{num}}{\text{den}}\quad(n\geqslant m)$$

在 MATLAB 中将分子、分母多项式用降幂系数的行向量表示为

$$\text{num}=[\text{b}_1,\text{b}_2,\cdots,\text{b}_\text{m}]$$

$$\text{den}=[\text{a}_1,\text{a}_2,\cdots,\text{a}_\text{n}]$$

用 tf( )函数来建立自动控制系统的传递函数模型，其命令调用格式为

$$\text{g}=\text{tf}(\text{num},\text{den})$$

【实例 2-14】 已知系统传递函数为

$$G(s)=\frac{12s^3+24s^2+20}{2s^4+4s^3+6s^2+2s+2}$$

在 MATLAB 中建立系统传递函数模型。

解： 新建一个 m 文件，编写程序，程序为

```
num=[ 12 ,24 ,0 ,20 ];
den=[ 2 ,4 ,6 ,2 ,2 ];
g=tf(num，den)
```

运行程序，在命令窗口中显示

```
Transfer function:
       12 s^3 + 24 s^2 + 20
   ____________________________________
   2 s^4 + 4 s^3 + 6 s^2 + 2 s + 2
```

2）零极点增益模型建立

零极点增益模型是传递函数模型的另一种表现形式，其表达形式如下：

扫一扫看零极点增益模型建立教学动画

$$G(s)=\frac{K(s-z_1)(s-z_2)\cdots(s-z_m)}{(s-p_1)(s-p_2)\cdots(s-p_n)}$$

式中，K 为零极点增益；$z_j\,(j=1,2,\cdots,m)$为零点；$p_i\,(i=1,2,\cdots,n)$为极点。

在 MATLAB 中，零极点增益模型用[z,p,k]矢量组表示，即

```
z=[z1,z2,…,zm]
p=[p1,p2,...,pn]
k=[K]
```

用 zpk( )函数来建立系统的零极点增益模型，其调用格式为

```
g=zpk(z, p, k)
```

【实例 2-15】 传递函数描述为

$$G(s)=\frac{11(s+3)(s+5)}{(s+1)(s+2)(s+4)}$$

在 MATLAB 中建立系统零极点增益模型。

解：新建一个 m 文件，编写程序，程序为

```
z=[-3,-5];
p=[-1,-2,-4];
k=[11];
g=zpk(z,p,k)
```

运行程序，在命令窗口中显示

```
Zero/pole/gain:
   11 (s+3) ( s+5)
-----------------------------

(s+1) (s+2) (s+4)
```

对于实例 2-15，在编写程序时，分子、分母多项式可调用多项式乘积函数 conv()建立，调用 tf()函数可建立系统多项式模型，调用 zpk()函数可建立系统零极点增益模型。m 文件程序为

```
num=11*conv([1,3],[1,5]);
den=conv([1,1],conv([1,2],[1,4]));
g=tf(num,den)
g1=zpk(g)
```

运行程序，在命令窗口中显示

```
Transfer function:
  11 s^2 + 88 s + 165
-----------------------

s^3 + 7 s^2 + 14 s + 8


Zero/pole/gain:
```

```
11 (s+5) (s+3)
-------------------
(s+4) (s+2) (s+1)
```

3）模型之间的相互转化

扫一扫看模型之间的相互转化教学动画

tf2zp( )函数将多项式模型转化为零极点增益模型，其调用格式为

```
[z, p, k]=tf2zp(num, den)
```

zp2tf( )函数将零极点增益模型转化为多项式模型，其调用格式为

```
[num, den]=zp2tf(z, p, k)
```

【实例 2-16】 已知系统传递函数 $G(s)=\dfrac{s^2+5s+6}{s^3+2s^2+s}$，求其等效的零极点增益模型。

解： 新建一个 m 文件，编写程序，程序为

```
num=[1, 5, 6];
den=[1, 2, 1, 0];
[z, p, k]=tf2zp(num, den);
g=zpk(z, p, k)
```

运行程序，在命令窗口中显示

```
Zero/pole/gain:
(s+3) (s + 2)
---------------------
s(s+1)^2
```

3．任务实现

（1）验证多项式模型建立实例 2-14、零极点增益模型建立实例 2-15 和模型之间的相互转化实例 2-16。

（2）熟练使用各函数命令，编写 m 文件，完成以下实践内容，并记录结果。

【实践 1】生成下列传递函数的 MATLAB 多项式模型，并转化为零极点增益模型。

① $G(s)=\dfrac{s^2+5s+6}{s^3+2s^2+s}$；　② $G(s)=\dfrac{3s^2+2s+8}{s(s^2+2)(s^2+2s+3)}$

【实践 2】生成下列传递函数的 MATLAB 零极点增益模型，并转化为多项式模型。

① $G(s)=\dfrac{10}{(s+1)(s+5)(s+10)}$；　② $G(s)=\dfrac{8(s+1-j)(s+1+j)}{s^2(s+5)(s+6)}$

（3）分析实践结果与数据，完成实训报告。

4．拓展思考

能直接按照数学表达式的形式建立系统的传递函数模型吗？如果可以，该如何编写程序，并验证结果的正确性。

扫一扫看典型环节的数学模型教学课件

扫一扫看典型环节的数学模型教学动画

2.3.3 典型环节的数学模型

任何一个复杂的自动控制系统，总可以看作由一些典型环节（Typical Elements）组合而

成，研究和掌握这些典型环节的特性有助于研究系统性能。典型环节有比例环节、惯性环节、积分环节、微分环节、振荡环节、延迟环节等，下面分别进行介绍。

1. 比例环节

比例环节又称为放大环节，其微分方程为

$$c(t)=Kr(t)$$

式中，K 为放大倍数。对微分方程等式两边进行拉氏变换，利用传递函数定义可得其传递函数为

$$G(s)=\frac{C(s)}{R(s)}=K \qquad (2\text{-}34)$$

其方框图和单位阶跃响应曲线如图 2-21 所示。

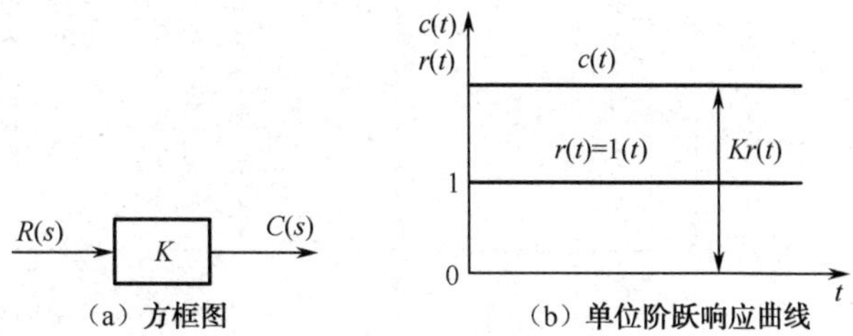

图 2-21　比例环节

比例环节的特点是输出不失真、不延迟、成比例地复现输入信号的变化。它是自动控制系统中遇到最多的一种，如线性电位器、由运算放大器构成的比例环节、齿轮减速器等，如图 2-22 所示。

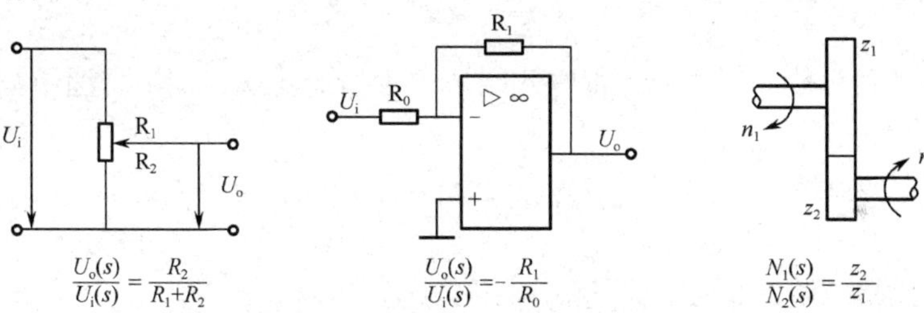

图 2-22　比例环节实例

2. 惯性环节

惯性环节微分方程为

$$T\frac{\mathrm{d}c(t)}{\mathrm{d}t}+c(t)=r(t)$$

式中，T 为时间常数。对微分方程等式两边进行拉氏变换，利用传递函数定义可得其传递函数为

$$G(s)=\frac{C(s)}{R(s)}=\frac{1}{Ts+1} \qquad (2\text{-}35)$$

当输入信号为单位阶跃信号，即 $R(s)=\frac{1}{s}$ 时，有

$$C(s)=G(s)R(s)=\frac{1}{Ts+1}\cdot\frac{1}{s}=\frac{1}{s(Ts+1)}$$

利用分解定理求其拉氏反变换，得到此环节的单位阶跃响应为

$$c(t)=1-\mathrm{e}^{-\frac{t}{T}}$$

其方框图和单位阶跃响应曲线如图 2-23 所示。

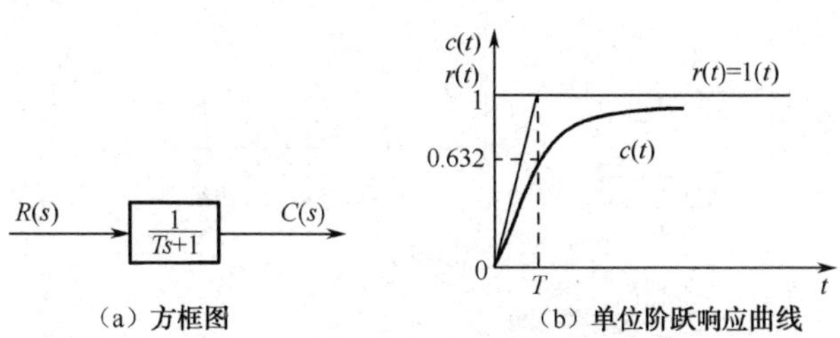

图 2-23　惯性环节

惯性环节的特点是输出量不能瞬时完成与输入量完全一致的变化，只能按指数规律逐渐变化，具有惯性，其常见实例如图 2-24 所示。

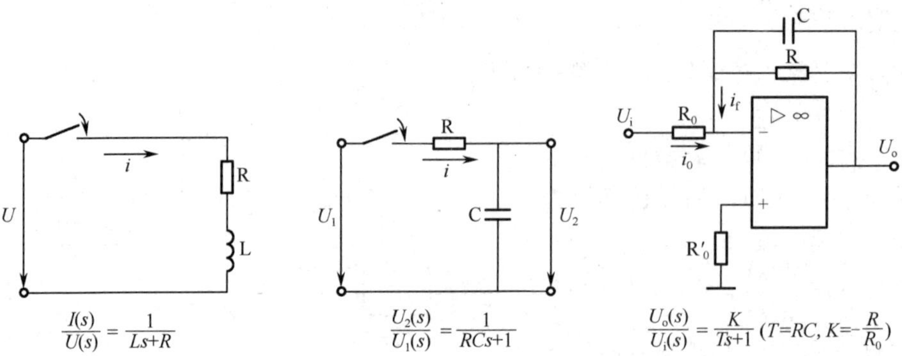

图 2-24　惯性环节实例

3. 积分环节

积分环节微分方程为

$$T\frac{\mathrm{d}c(t)}{\mathrm{d}t}=r(t)$$

式中，T 为积分时间常数。对微分方程等式两边进行拉氏变换，利用传递函数定义可得其传递函数为

$$G(s)=\frac{C(s)}{R(s)}=\frac{1}{Ts} \tag{2-36}$$

当输入信号为单位阶跃信号，即 $R(s)=\frac{1}{s}$ 时，有

$$C(s)=G(s)R(s)=\frac{1}{Ts}\cdot\frac{1}{s}=\frac{1}{Ts^2}$$

求其拉氏反变换，得到此环节的单位阶跃响应为

$$c(t)=\frac{1}{T}t$$

其方框图和单位阶跃响应曲线如图 2-25 所示。

积分环节的特点是输出量为输入量对时间的积累，输出量积累一段时间后，即便输入量为零，输出量也将保持原值不变，即具有记忆功能。常见的积分环节实例如图 2-26 所示。

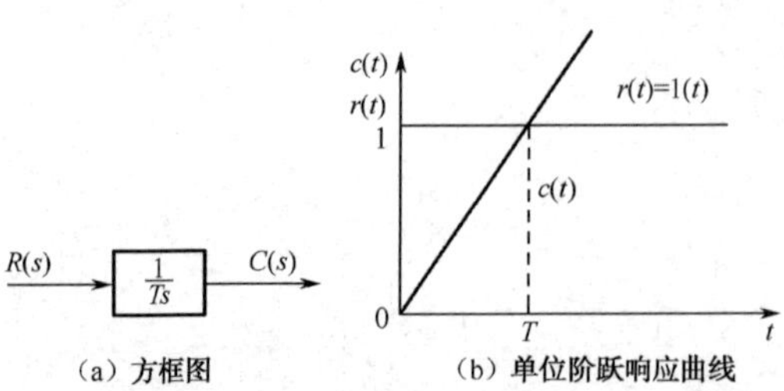

图 2-25　积分环节

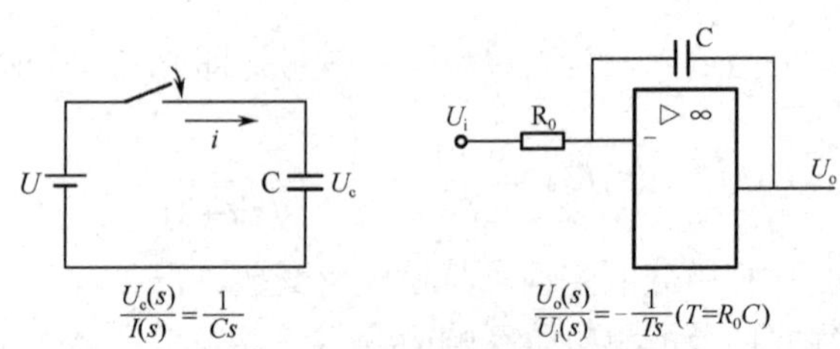

图 2-26　积分环节实例

4. 微分环节

理想微分环节微分方程为

$$T\frac{\mathrm{d}r(t)}{\mathrm{d}t}=c(t)$$

式中，T 为微分时间常数。对微分方程等式两边进行拉氏变换，利用传递函数定义可得其传递函数为

$$G(s)=\frac{C(s)}{R(s)}=Ts \tag{2-37}$$

当输入信号为单位阶跃信号，即 $R(s)=\frac{1}{s}$ 时，有

$$C(s)=G(s)R(s)=Ts\cdot\frac{1}{s}=T$$

求其拉氏反变换，得到此环节的单位阶跃响应为

$$c(t)=T\delta(t)$$

其方框图和单位阶跃响应曲线如图 2-27 所示。

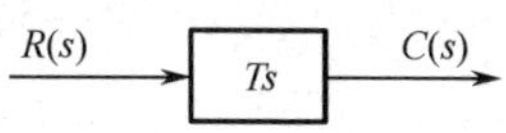

（a）方框图

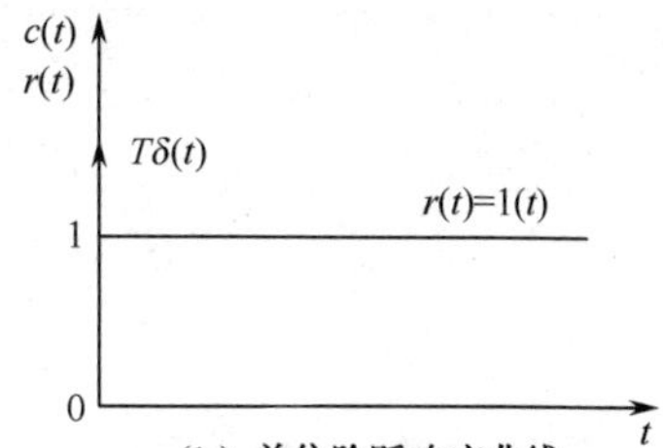

（b）单位阶跃响应曲线

图 2-27　理想微分环节

由图 2-27（b）可见，当输入为阶跃函数时，输出量理论上是一个幅值为无穷大、脉宽趋近于零的脉冲，这在实际上是不可能的，故它不可能单独存在，总是与其他环节同时存在。一些理想微分环节实例如图 2-28 所示。

理想微分环节只是数学上的近似，实际微分环节总是有惯性的，实际微分环节传递函数为 $G(s)=\frac{Ts}{Ts+1}$，其单位阶跃响应的象函数为

$$C(s)=G(s)R(s)=\frac{Ts}{Ts+1}\cdot\frac{1}{s}=\frac{1}{s+\frac{1}{T}}$$

求其拉氏反变换得

$$c(t)=\mathrm{e}^{-\frac{t}{T}}$$

单位阶跃响应曲线如图 2-29 所示。

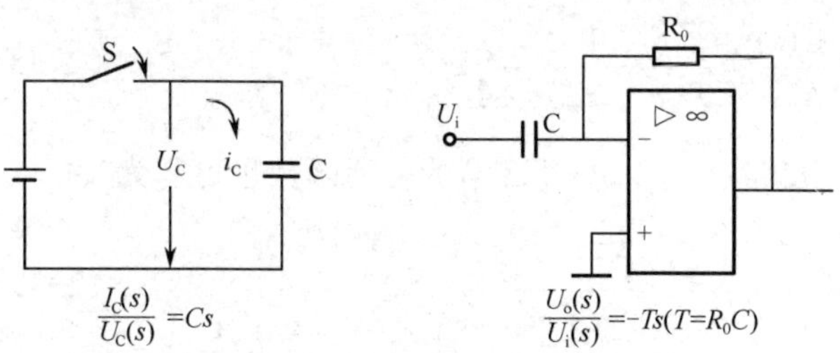

图 2-28　理想微分环节实例

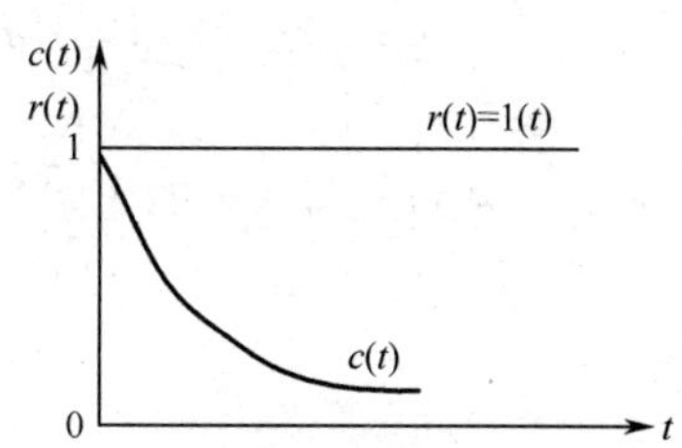

图 2-29　实际微分环节单位阶跃响应曲线

在许多场合无法单独使用微分环节，常采用比例-微分环节，其微分方程为

$$T\frac{\mathrm{d}r(t)}{\mathrm{d}t}+r(t)=c(t)$$

传递函数为

$$G(s)=\frac{C(s)}{R(s)}=Ts+1$$

同理可求出比例-微分环节的单位阶跃响应为

$$c(t)=T\delta(t)+1$$

其方框图及单位阶跃响应曲线如图 2-30 所示，当输入量为阶跃函数，输出量在 $t=0$ 时，会产生一个脉宽趋近于零的脉冲；当 $t>0$ 时，系统的输出量等于输入量。由运算放大器构成的比例微分环节如图 2-31 所示。

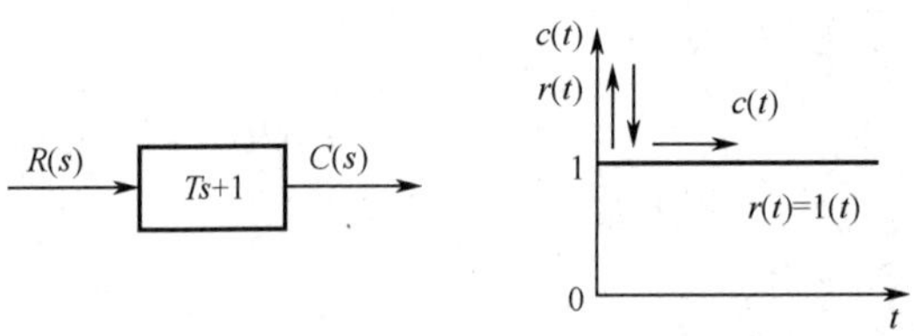

（a）方框图　（b）单位阶跃响应曲线

图 2-30　比例-微分环节

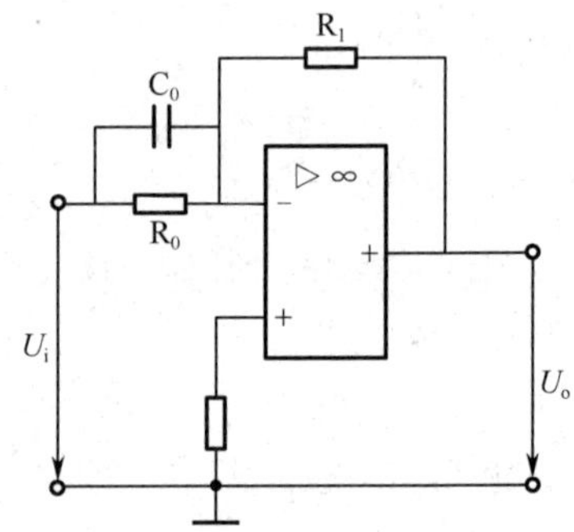

$$\frac{U_o(s)}{U_i(s)}=K(Ts+1)\left(K=-\frac{R_1}{R_0},T=R_0C_0\right)$$

图 2-31　比例-微分环节实例

5. 振荡环节

二阶微分方程为

$$T^2\frac{\mathrm{d}c^2(t)}{\mathrm{d}t^2}+2\zeta T\frac{\mathrm{d}c(t)}{\mathrm{d}t}+c(t)=r(t)$$

式中，T 为时间常数；ζ 为阻尼比。当 $0<\zeta<1$ 时，系统阶跃输出为振荡过程，此时二阶系统称为振荡环节。

注意： 在 $0<\zeta<1$ 时，二阶系统为振荡环节；在 $\zeta\geqslant1$ 时，二阶系统由两个惯性环节串联组成。

振荡环节的传递函数为

$$G(s)=\frac{C(s)}{R(s)}=\frac{1}{T^2s^2+2\zeta Ts+1} \tag{2-38}$$

令 $\omega_n=\frac{1}{T}$ 为振荡环节的无阻尼自然振荡角频率，振荡环节的传递函数也可写为

$$G(s)=\frac{C(s)}{R(s)}=\frac{\omega_n^2}{s^2+2\zeta\omega_n s+\omega_n^2} \tag{2-39}$$

当输入信号为单位阶跃信号，即 $R(s)=\frac{1}{s}$ 时，求其输出的拉氏反变换，得到振荡环节的单位阶跃响应为

$$c(t)=1-\frac{e^{-\zeta\omega_n t}}{\sqrt{1-\zeta^2}}\sin\left(\omega_n\sqrt{1-\zeta^2}t+\arctan\frac{\sqrt{1-\zeta^2}}{\zeta}\right)$$

其方框图和单位阶跃响应曲线如图 2-32 所示。

振荡环节的特点是若输入为阶跃信号，则其动态响应具有振荡。常见的振荡环节有实例 2-8 中介绍的机械位移系统，其传递函数为

$$G(s)=\frac{1}{ms^2+fs+k}$$

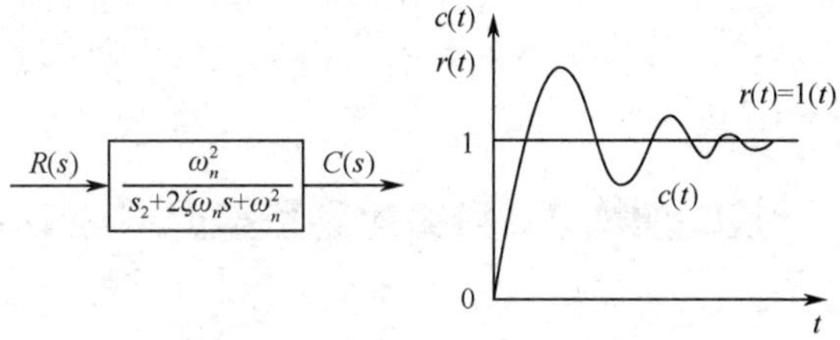

（a）方框图　（b）单位阶跃响应曲线

图 2-32　振荡环节

实例 2-9 中介绍的 RLC 串联电路，其传递函数为

$$G(s)=\frac{1}{LCs^2+RCs+1}$$

实例 2-10 中介绍的他励直流电动机，其传递函数为

$$G(s)=\frac{\dfrac{1}{K_{\mathrm{e}}\phi}}{T_{\mathrm{m}}T_{\mathrm{a}}s^2+T_{\mathrm{m}}s+1}$$

6. 延迟环节

延迟环节又称为时滞环节，其输出量在滞后一段时间后不失真地反映输入量的变化形式，其数学表达式为

$$c(t)=r(t-\tau)$$

式中，τ 为延迟时间。延迟环节传递函数为

$$G(s)=\frac{C(s)}{R(s)}=\mathrm{e}^{-\tau s}=\frac{1}{\mathrm{e}^{\tau s}} \tag{2-40}$$

当输入信号为单位阶跃信号，即 $R(s)=\dfrac{1}{s}$ 时，其输出为

$$c(t)=1(t-\tau)=\varepsilon(t-\tau)$$

其方框图和单位阶跃响应曲线如图 2-33 所示。

延迟环节的特点是其输出波形与输入波形相同，但延迟了时间 τ。延迟环节的存在对系统的稳定性不利。

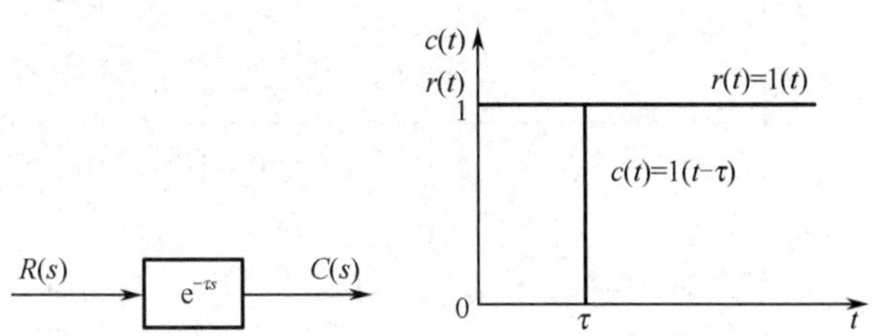

（a）方框图　（b）单位阶跃响应曲线

图 2-33　延迟环节

由于在实际电路中，延迟时间很短，故为了分析计算方便，可对延迟环节做近似处理，也就是将 $\mathrm{e}^{\tau s}$ 按泰勒级数展开，τ 很小，可略去高次项，得

$$G(s)=\frac{1}{\mathrm{e}^{\tau s}}=\frac{1}{1+\tau s+\dfrac{1}{2!}\tau^2 s^2+\cdots}\approx\frac{1}{1+\tau s}$$

可见，在一定条件下，延迟环节可用一个小惯性环节代替。

延迟环节一般与其他环节一起出现。延迟环节的实例，如晶闸管整流电路，当控制电

压改变时，由于晶闸管导通后失控，要等到下一个周期开始后才能响应，故在时间上会造成延迟，对于单相全波电路，平均延迟时间 $\tau = 5\ \text{ms}$；对于三相桥式电路，平均延迟时间 $\tau = 1.7\ \text{ms}$。

技能训练 3　自动控制系统典型环节的模拟与测试

1. 任务目标

（1）掌握自动控制系统中各典型环节的电路模拟，学会运用模拟电子组件构造自动控制系统。

（2）测量和分析各典型环节的单位阶跃响应曲线，了解参数变化对环节输出特性的影响。

（3）掌握各典型环节特征参数的测量方法，并能根据单位阶跃响应曲线建立其传递函数。

（4）学会使用 MATLAB 编程绘制各典型环节的单位阶跃响应曲线。

2. 任务内容

（1）使用运算放大器、电阻、电容等元器件构成各典型环节的模拟电路，利用复阻抗法求出各典型环节的传递函数。参考如表 2-1 所示。

表 2-1　各典型环节的模拟电路及传递函数

名称	模 拟 电 路	传 递 函 数
比例（P）	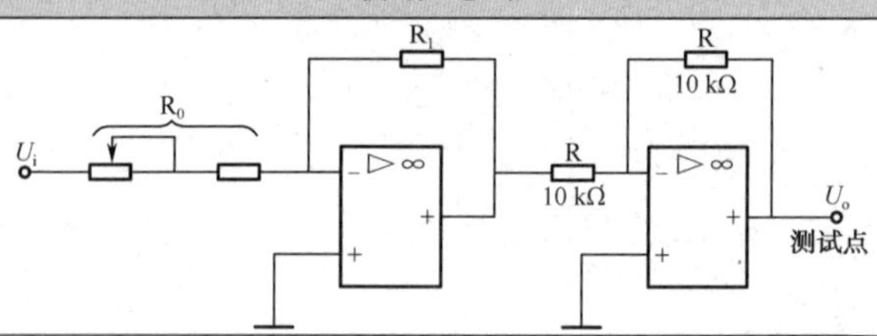	$\dfrac{U_o(s)}{U_i(s)} = K$ $K = \dfrac{R_1}{R_0}$
积分（I）	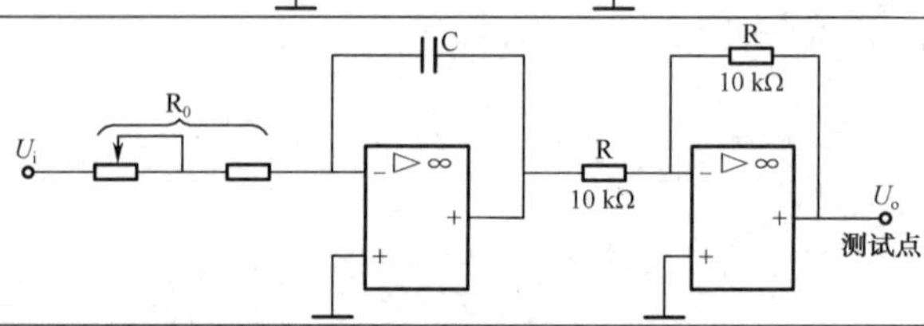	$\dfrac{U_o(s)}{U_i(s)} = \dfrac{1}{Ts}$ $T = R_0C$
比例-积分（PI）	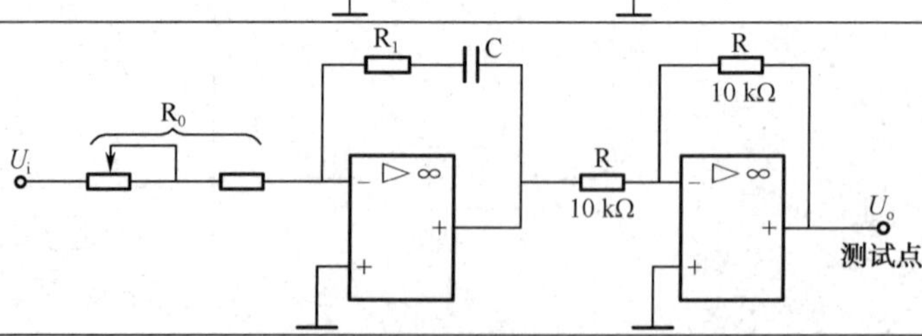	$\dfrac{U_o(s)}{U_i(s)} = K\left(1+\dfrac{1}{Ts}\right)$ $K = \dfrac{R_1}{R_0}$，$T = R_1C$
比例-微分（PD）	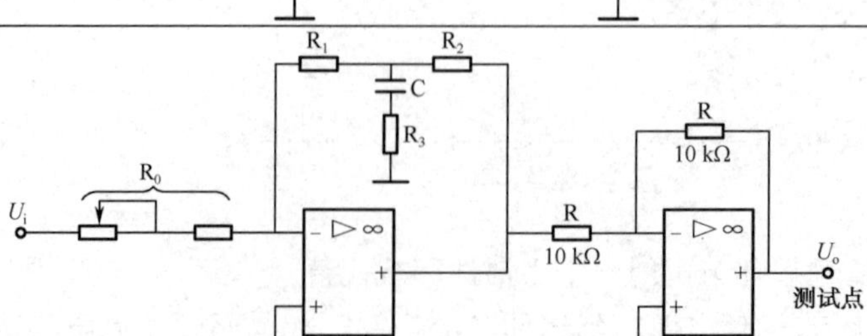	$\dfrac{U_o(s)}{U_i(s)} = K\dfrac{Ts+1}{\tau s+1}$ $K = \dfrac{R_1+R_2}{R_0}$ $T = \dfrac{R_1R_2+R_2R_3+R_3R_1}{R_1+R_2}C$ $\tau = R_3C$

续表

名称	模 拟 电 路	传 递 函 数
惯性环节（T）	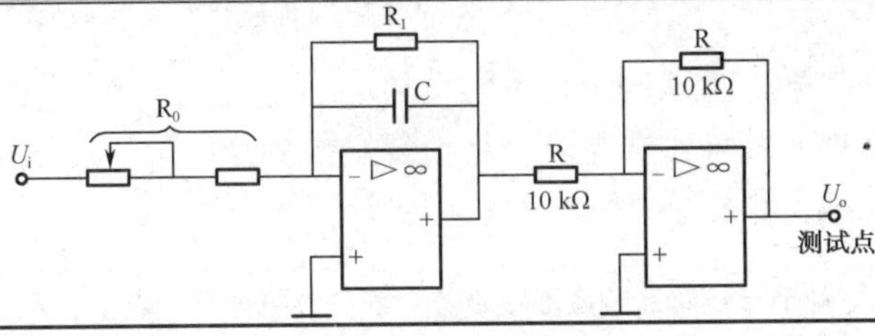	$\frac{U_o(s)}{U_i(s)}=\frac{K}{Ts+1}$ $K=\frac{R_1}{R_0}$，$T=R_1C$

说明：由于运算放大器均采用反相端输入，为了使单位阶跃响应曲线更直观，便于分析，单位阶跃响应曲线应该为正，故在模拟电路中加了反相器。

（2）使用 MATLAB 编程绘制各典型环节的单位阶跃响应曲线。

step()函数可以计算连续系统的单位阶跃响应，其调用格式为

```
step(sys)或 step(num,den)
```

step()函数在当前图形窗口中直接绘制出系统的单位阶跃响应曲线，对象 sys 可以是 tf()函数、zpk()函数中任何一个建立的系统模型。

（3）搭建电路，测试各典型环节在单位阶跃信号作用下的输出响应。

（4）改变各典型环节的相关参数，观测对输出响应的影响。

3. 任务实现

（1）分析各典型环节的模拟电路，根据电路参数，确定各典型环节特征参数，并建立它们的数学模型传递函数。

（2）编程绘制各典型环节的单位阶跃响应曲线，观察并记录不同特征参数下的单位阶跃响应曲线，填入表 2-2。

为了便于比较，要求将同一环节的不同参数的两条单位阶跃响应曲线绘制在同一坐标系中。

（3）搭建各典型环节的模拟电路，当输入阶跃信号时，用示波器观测输出端的实际响应曲线 $U_o(t)$，改变比例参数，重新观测结果，并将结果记入表 2-2。

说明：输入的阶跃信号可由天煌 TKKL-4 型控制理论/计算机控制技术实验箱提供，具体产生过程如下。

（1）准备：使运算放大器处于工作状态。将信号发生器单元 U_1 的 ST 端与+5 V 端用“短路块”短接，使模拟电路中的场效应管（K30A）夹断，这时运算放大器处于工作状态。

（2）阶跃信号的产生：可采用如图 2-34 所示的电路，它由“阶跃信号单元”（U_3）及“给定单元”（U_4）组成。

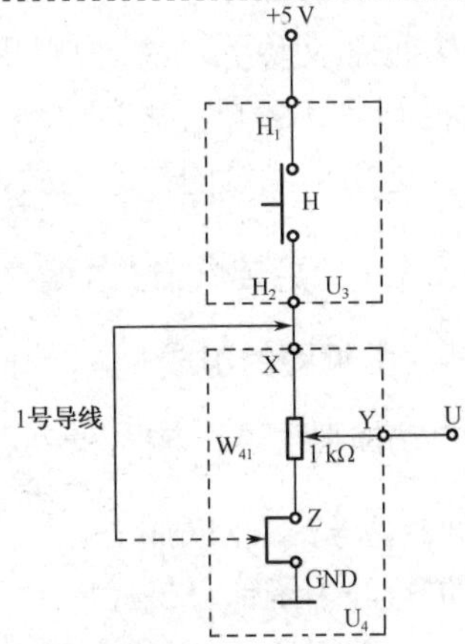

图 2-34　阶跃信号产生电路图

具体线路形成：在 U_3 中，将 H_1 端与+5 V 端用 1 号任务导线连接，H_2 端用 1 号任务导线接至 U_4 的 X 端；在 U_4 中，将 Z 端和 GND 端用 1 号任务导线连接，最后由插座的 Y 端输出信号。

以后技能训练若再用阶跃信号，方法同上，不再赘述。

（4）总结各典型环节的特性，能够由典型环节构造复合控制系统。

（5）分析结果与数据，完成实训报告。

表 2-2　典型环节单位阶跃响应曲线及其特征参数数据记录表

典型环节	电路参数	特征参数	传递函数	单位阶跃响应曲线（MATLAB）	单位阶跃响应曲线（实测）
比例环节 $R_0=100\ \text{k}\Omega$	$R_1=100\ \text{k}\Omega$				
	$R_1=200\ \text{k}\Omega$				
惯性环节 $R_1=R_0=100\ \text{k}\Omega$	$C=1\ \mu\text{F}$				
	$C=0.1\ \mu\text{F}$				
积分环节 $R_0=100\ \text{k}\Omega$	$C=1\ \mu\text{F}$				
	$C=0.1\ \mu\text{F}$				
比例-积分环节 $R_1=R_0=100\ \text{k}\Omega$	$C=1\ \mu\text{F}$				
	$C=0.1\ \mu\text{F}$				
比例-微分环节 $R_1=R_2=R_0=100\ \text{k}\Omega$ $R_3=10\ \text{k}\Omega$	$C=1\ \mu\text{F}$				

4. 拓展思考

（1）为什么比例-积分电路在单位阶跃信号作用下，输出的终值为一常量？

（2）为什么比例-微分电路在单位阶跃信号作用下，在 $t=0$ 时的输出为有限值？

（3）使用 MATLAB 对各典型环节的单位阶跃响应曲线进行仿真，比较与实测曲线的差异，并说明原因。

2.4　自动控制系统的方框图

扫一扫看本节内容思维导图

方框图又称为动态结构图，是系统数学模型的一种图形表示方法，它可以形象地描述自动控制系统各单元之间和各信号量之间的相互联系，简明直观，并且可利用等效变换方法方便地求出系统的传递函数，故在自动控制系统的分析中得到了广泛应用。

2.4.1　方框图的组成与建立

扫一扫看方框图的组成与建立教学课件

扫一扫看方框图的组成教学动画

1. 方框图的组成

自动控制系统的方框图一般由四种基本符号构成，如图 2-35 所示，下面分别进行介绍。

1）信号线（Signal Line）

信号线表示信号流经的途径和方向，如图 2-35（a）所示。箭头表示信号传递的方向，信号线上的标注为信号的名称。

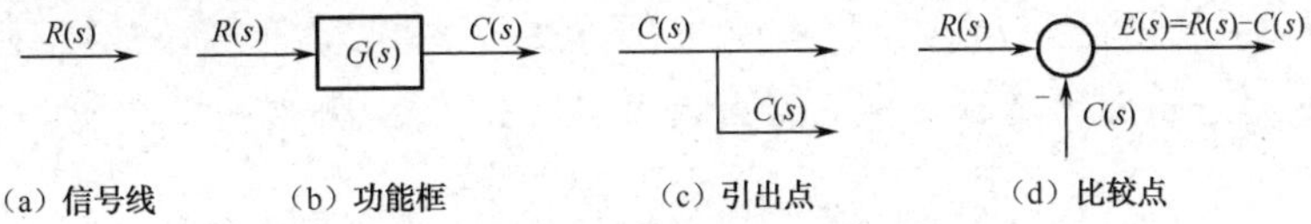

图 2-35　自动控制系统的方框图组成

2）功能框（Block Diagram）

功能框如图 2-35（b）所示，框中所填入的是系统（或环节）的传递函数 $G(s)$，箭头指向方框的信号为输入量 $R(s)$，箭头离开方框的信号为输出量 $C(s)$，它们之间的关系为 $C(s)=G(s)R(s)$。

3）引出点（Pickoff Point）

引出点也称为分支点，如图 2-35（c）所示，表示信号由该点引出，从同一信号线上引出的信号，其大小和性质完全相同。

4）比较点（Comparing Point）

比较点也称为综合点、和点，如图 2-35（d）所示，表示信号在此做代数运算，输出量为各输入量的代数和。

2. 方框图的建立

建立系统方框图的一般步骤如下。

（1）根据系统工作原理，分解各环节，确定各环节的输入量和输出量，求出各环节的传递函数，并绘制各环节的方框图。

（2）确定系统的输入量和输出量，从输入量开始，从左到右，根据相互作用的顺序，依次绘制出各环节，直至得出所需的输出量。

（3）由内到外绘制出各反馈环节，完成整个系统的方框图。

下面通过实例进行说明。

【实例 2-17】 试绘制如图 2-36 所示的两级 RC 网络的方框图。

解：（1）根据系统工作原理，采用复阻抗法，对各元件列出复域方程。

电阻 R₁：$I_1(s)=[U_i(s)-U_1(s)]\dfrac{1}{R_1}$　　电容 C₁：$U_1(s)=[I_1(s)-I_2(s)]\dfrac{1}{sC_1}$

电阻 R₂：$I_2(s)=[U_1(s)-U_o(s)]\dfrac{1}{R_2}$　　电容 C₂：$U_o(s)=I_2(s)\dfrac{1}{sC_2}$

根据各元件复域方程，绘制出各环节的方框图，如图 2-37 所示。

扫一扫看两级 RC 网络方框图绘制教学动画

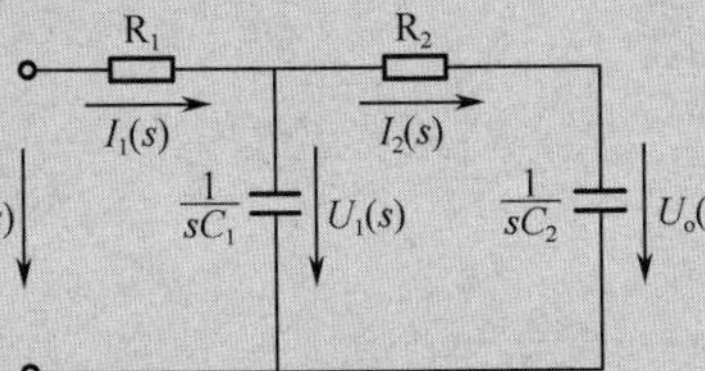

图 2-36　两级 RC 网络

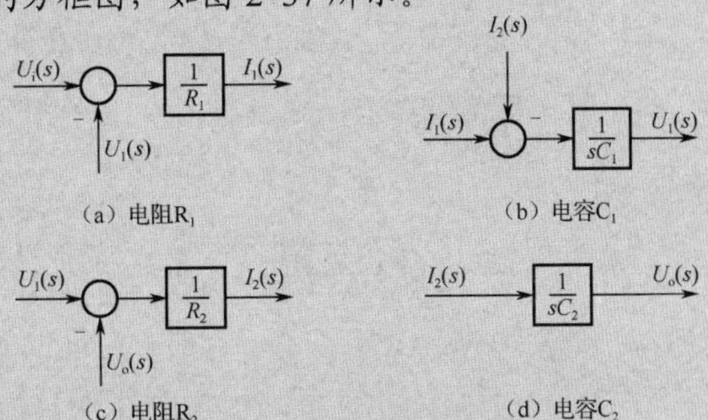

图 2-37　各环节的方框图

（2）确定系统输入量为$U_i(s)$，输出量为$U_o(s)$，从输入量开始，从左到右，根据相互作用的顺序，依次绘制出各环节，直至得出输出量，如图2-38所示。

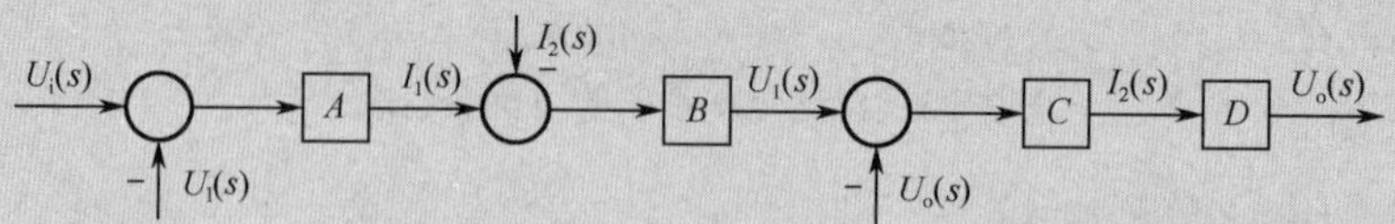

图2-38 连接各环节方框图

其中，$A=\dfrac{1}{R_1}$；$B=\dfrac{1}{sC_1}$；$C=\dfrac{1}{R_2}$；$D=\dfrac{1}{sC_2}$。

（3）绘制出各反馈环节，完成整个系统方框图的绘制，如图2-39所示。

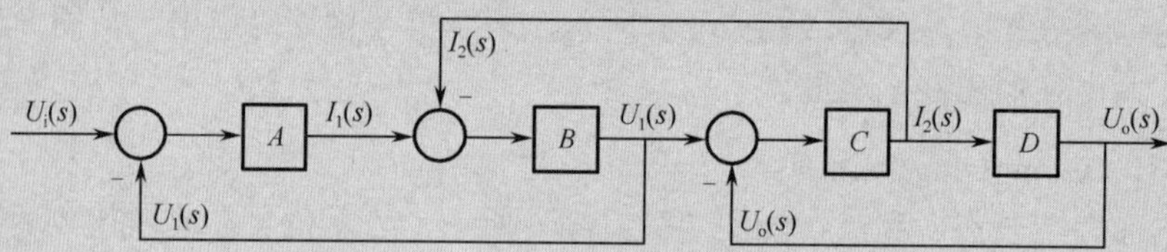

图2-39 两级RC网络的方框图

【实例2-18】 绘制实例2-10他励直流电动机的方框图。

解 （1）根据直流电动机各物理量间的基本关系，进行拉氏变换得到复域方程如下：

$$u_a = R_a i_a + L_a \frac{di_a}{dt} + e \Rightarrow U_a(s) - E(s) = (R_a + sL_a)I_a(s)$$

$$T_e = K_T \phi i_a \Rightarrow T_e(s) = K_T \phi I_a(s)$$

$$T_e - T_L = \frac{GD^2}{375}\frac{dn}{dt} \Rightarrow T_e(s) - T_L(s) = \frac{GD^2}{375} sN(s)$$

$$e = K_e \phi n \Rightarrow E(s) = K_e \phi N(s)$$

（2）确定系统输入量为$U_a(s)$，输出量为$N(s)$，从输入量开始，从左到右，根据相互作用的顺序，依次绘制出各环节，直至得出输出量，如图2-40所示。

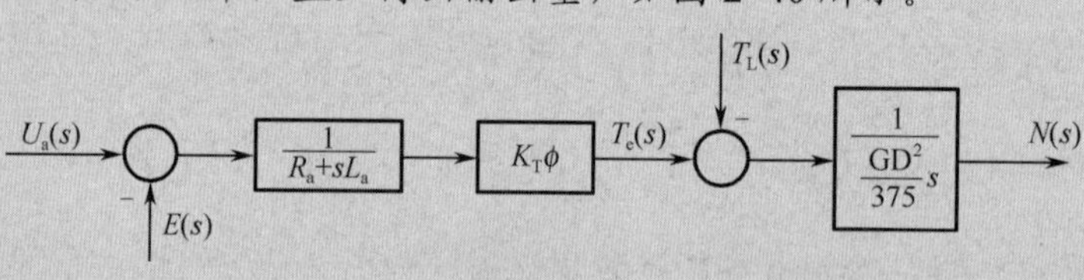

图2-40 用方框图表示各式并依次连接

（3）绘制出各反馈环节，完成整个系统方框图的绘制，如图2-41所示。

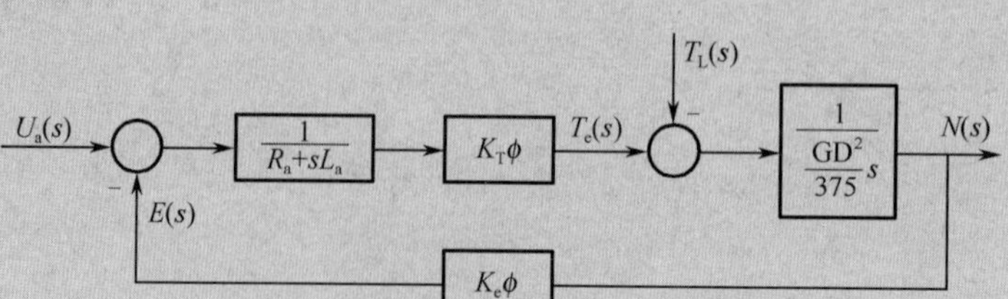

图2-41 他励直流电动机的方框图

2.4.2　有关方框图的几个概念

扫一扫看有关方框图的几个概念教学课件

扫一扫看前向通道教学动画

1. 前向通道

沿信号传递方向，从系统的输入端到输出端的信号通路称为前向通道。前向通道上各传递函数的乘积称为前向通道传递函数。

在图 2-42 中，从输入端 $U_i(s)$ 到输出端 $U_o(s)$ 只有一条前向通道，前向通道传递函数为 $ABCD$。

扫一扫看回路与不接触回路教学动画

2. 回路

起点和终点在同一点（引出点或比较点），而且信号通过每点不多于一次的闭合通路称为回路。回路中所有传递函数的乘积称为回路传递函数。

在图 2-42 中，已标注三个回路 Ⅰ、Ⅱ、Ⅲ。Ⅰ回路传递函数为 $-BC$，Ⅱ回路传递函数为 $-AB$，Ⅲ回路传递函数为 $-CD$。

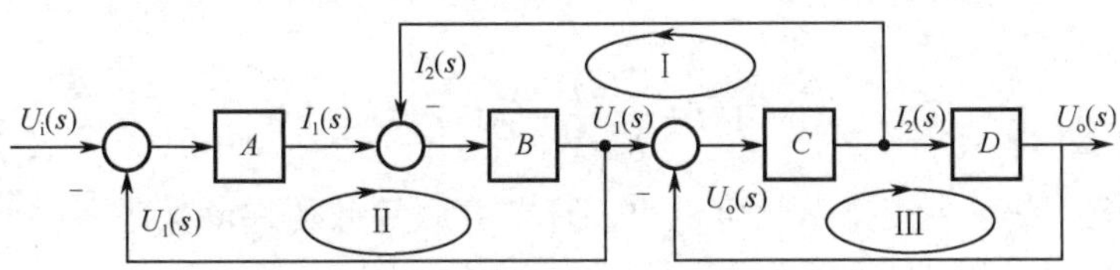

图 2-42　标注回路的两级 RC 网络方框图

3. 不接触回路

没有公共部分的两个回路称为两两互不接触回路，相应地，三个回路之间没有公共部分称为三个互不接触回路，以此类推。在图 2-42 中，Ⅱ回路与Ⅲ回路之间没有公共部分，故为两两互不接触回路，不存在三个以上的不接触回路。

扫一扫看方框图的等效变换与简化教学课件

2.4.3　方框图的等效变换与简化

为了便于分析和求出系统的传递函数，需要将复杂的方框图进行简化。方框图有三种基本连接方式，分别为串联、并联、反馈，下面依据等效变换原则，说明方框图等效变换的基本规则。

等效变换的原则是变换前后系统的输入量和输出量都保持不变。

扫一扫看串联教学动画

1. 串联

在图 2-43（a）中，前一个环节 $G_1(s)$ 的输出量 $X(s)$ 是后一个环节 $G_2(s)$ 的输入量，这两个环节所构成的连接方式称为串联。

由图 2-43（a）可得

$$X(s)=G_1(s)R(s),\quad C(s)=G_2(s)X(s)$$

故

$$G(s)=\frac{C(s)}{R(s)}=G_1(s)G_2(s) \tag{2-41}$$

因而等效为图 2-43（b）。由此可得出，环节串联等效传递函数为各串联环节传递函数的乘

积。这个结论可以推广到 n 个环节串联的情况，即

$$G(s)=\prod_{i=1}^{n}G_i(s)$$

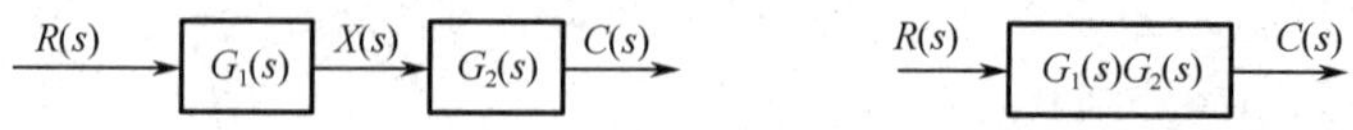

（a）变换前　（b）变换后

图 2-43　串联环节等效变换

扫一扫看并联教学动画

2. 并联

在图 2-44（a）中，$G_1(s)$ 和 $G_2(s)$ 这两个环节的输入量相同，输出量为各环节输出量的代数和，这两个环节所构成的连接方式称为并联。

由图 2-44（a）可得

$$X_1(s)=G_1(s)R(s),\ X_2(s)=G_2(s)R(s),\ C(s)=X_1(s)-X_2(s)$$

故

$$G(s)=\frac{C(s)}{R(s)}=G_1(s)-G_2(s) \tag{2-42}$$

因而等效为图 2-44（b）。由此可得出，环节并联等效传递函数为各并联环节传递函数的代数和。这个结论可以推广到 n 个环节并联的情况，即

$$G(s)=\sum_{i=1}^{n}G_i(s)$$

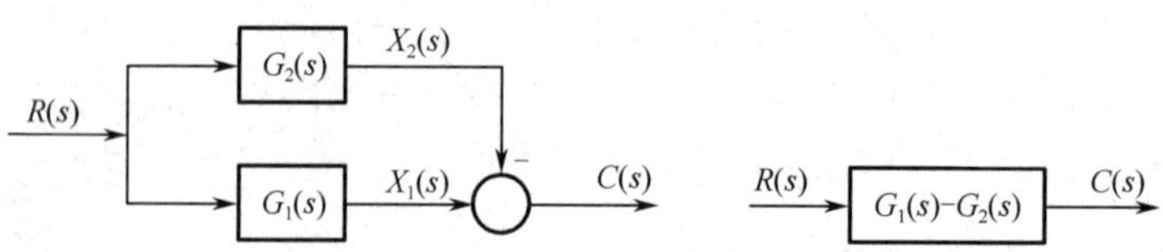

（a）变换前　（b）变换后

图 2-44　并联环节等效变换

扫一扫看反馈教学动画

3. 反馈

在图 2-45（a）中，将输出经反馈环节反馈到输入端，与输入端进行比较，所构成的连接方式称为反馈。图中 $G(s)$ 为前向通道传递函数，$H(s)$ 为反馈通道传递函数。

由图 2-45（a）可得

$$E(s)=R(s)-B(s),\ C(s)=G(s)E(s),\ B(s)=H(s)C(s)$$

故

$$\phi(s)=\frac{C(s)}{R(s)}=\frac{G(s)}{1+G(s)H(s)}=\frac{G(s)}{1+G_{\mathrm{k}}(s)} \tag{2-43}$$

因而等效为图 2-45（b）。式中，$\phi(s)$ 为闭环传递函数；$G_{\mathrm{k}}(s)=G(s)H(s)$ 为闭环系统的开环传递函数，简称开环传递函数。

注意：开环传递函数与开环系统的传递函数不是一个概念。开环传递函数是针对闭环系统而言的。

图 2-45（a）所示为负反馈，若反馈到输入端的极性为“+”，则为正反馈。其等效闭环传递函数为

$$\phi(s)=\frac{C(s)}{R(s)}=\frac{G(s)}{1-G(s)H(s)}=\frac{G(s)}{1-G_{\mathrm{k}}(s)}$$

当反馈通道的传递函数 $H(s)=1$ 时，称为单位反馈。

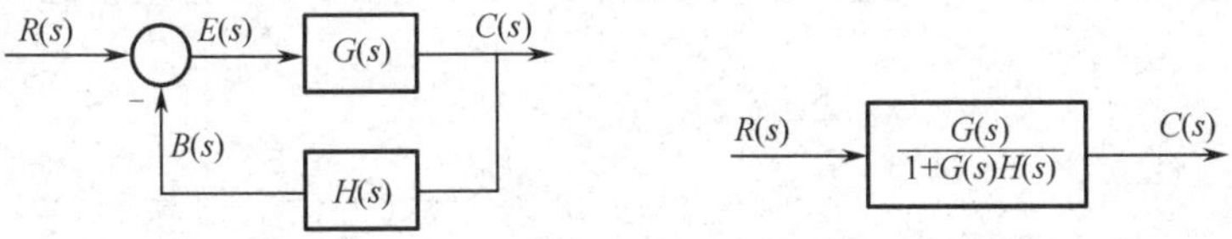

（a）变换前　　（b）变换后

图 2-45　反馈环节等效变换

3. 引出点和比较点的移动

在一些复杂系统的方框图中，三种基本连接方式常存在交叉现象。为了消除交叉，方便进行上述三种等效变换，常需要移动某些引出点或比较点的位置，以方便系统方框图的简化。

移动必须满足下面两条原则。

（1）移动前后，前向通道传递函数必须保持不变。

（2）移动前后，回路传递函数也要保持不变。

注意： 移动时，在满足上述两条原则的基础上，还要注意不能改变原系统的性质。

下面举例说明。

【实例 2-19】 简化实例 2-17 的两级 RC 网络的方框图。

解： 首先分析系统方框图，由图 2-46（a）可见，系统有一个前向通道，其传递函数为 $ABCD$；有 I 、II 、III 三个回路，其传递函数分别为 $-BC$ 、$-AB$ 、 $-CD$； II 回路与 III 回路之间没有公共部分，故为两两互不接触回路。

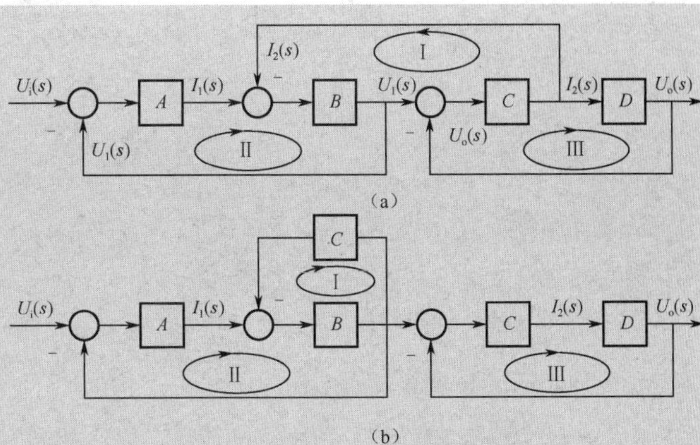

图 2-46　两级 RC 网络方框图简化的错误步骤

方框图的简化途径不是唯一的，有时在进行引出点或比较点的移动简化时，满足了移动规则，但是这种移动方法是错误的，如图 2-46（b）所示。因为引出点前移后，虽然可以满足移动规则，但是移动后 I 回路与 III 回路之间没有公共部分，成为了两两互不接触回路，但原系统 I 回路与 III 回路是接触回路，故是错误的。

系统方框图简化的正确步骤如图 2-47 所示。为了求出系统的传递函数，将引出点和比较点同时移动，以解除交叉，如图 2-47（a）所示，解除交叉后即可利用三种基本连接方式

的简化原则进行简化。

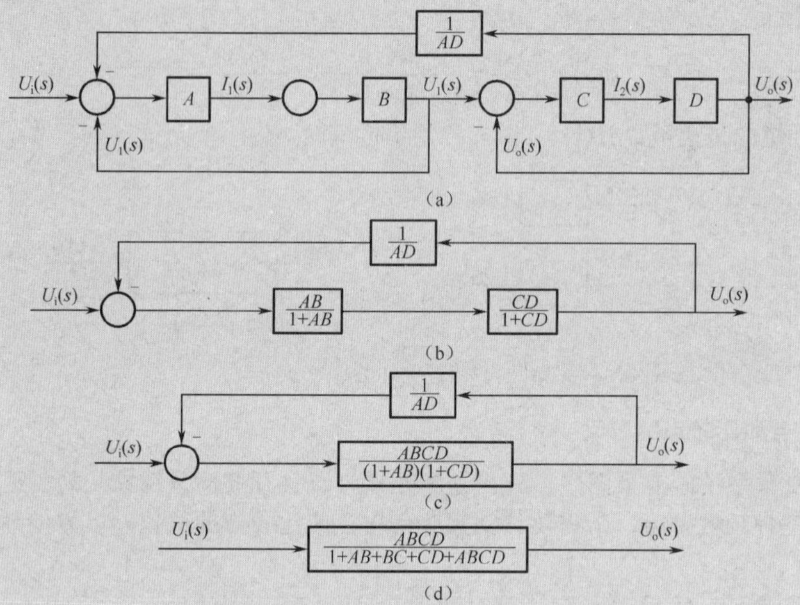

图 2-47　两级 RC 网络方框图简化的正确步骤

2.4.4　梅逊公式

扫一扫看梅逊公式教学课件

利用梅逊公式，无须做上述等效变换，便可求出系统的传递函数，故在实际中得到了广泛应用，下面通过实例说明。

【实例 2-20】 应用梅逊公式简化实例 2-17 的两级 RC 网络方框图。

解： 梅逊公式为

$$\phi(s)=\frac{\sum_{k=1}^{n}p_k\Delta_k}{\Delta} \tag{2-44}$$

（1）Δ为特征式$\Delta=1-\sum L_i+\sum L_i L_j-\sum L_iL_jL_z+\cdots$，其中$\sum L_i$为各回路传递函数之和。图 2-46（a）中有三个回路，分别标注为Ⅰ、Ⅱ、Ⅲ，故此系统$\sum L_i=-BC-AB-CD$。

$\sum L_iL_j$为所有两两互不接触回路传递函数乘积之和。在图 2-46（a）中，Ⅱ回路和Ⅲ回路为两两互不接触回路，故此系统$\sum L_iL_j=ABCD$。

$\sum L_iL_jL_z$为所有三个互不接触回路传递函数乘积之和。图 2-46（a）中没有三个互不接触回路，故此系统$\sum L_iL_jL_z=0$。

所以，该系统的特征式为

$$\Delta=1-\sum L_i+\sum L_iL_j=1+BC+AB+CD+ABCD$$

（2）n为前向通道的个数；p_k为第k条前向通道传递函数；Δ_k为相应的余因子式。

图 2-46（a）中只有一个前向通道，故$p_1=ABCD$。

Δ_k是指从Δ中除去与第k条前向通道相接触的回路后余下的部分。图 2-46（a）中这一前向通道与三个回路都有接触，故$\Delta_1=1$。

将以上各式代入梅逊公式便可得系统的传递函数为

$$\phi(s)=\frac{U_o(s)}{U_i(s)}=\frac{p_1\Delta_1}{\Delta}=\frac{ABCD}{1+BC+AB+CD+ABCD}$$

技能训练 4　基于 MATLAB 的模型等效变换与简化

1．任务目标

（1）熟悉 MATLAB 实验环境，掌握 MATLAB 命令窗口的基本操作。

（2）掌握 MATLAB 建立自动控制系统数学模型的命令。

（3）掌握使用 MATLAB 命令简化模型基本连接的方法。

2．任务内容

扫一扫看串联连接模型等效教学动画

1）串联连接模型等效

$G_1(s)$环节和$G_2(s)$环节串联，其等效传递函数为$G(s)$，如图 2-48 所示。在 MATLAB 中，可使用 series( )函数实现。

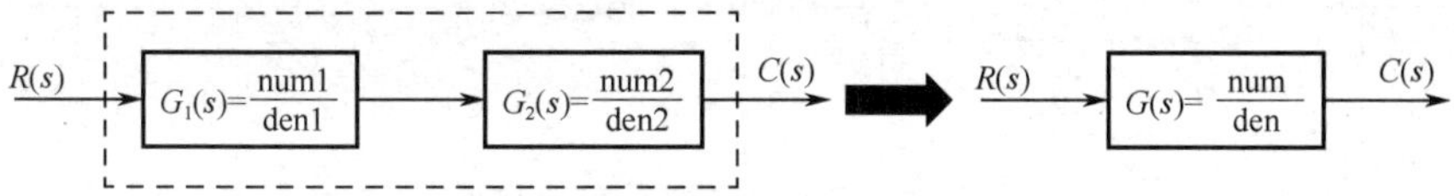

图 2-48　串联连接模型等效变换

实现串联连接模型等效有两种方式。

（1）方式 1。

```
[num, den]=series(num1, den1, num2, den2)
G=tf(num,den)
```

（2）方式 2。

```
G1=tf(num1,den1)
G2=tf(num2,den2)
G=series(G1,G2)或 G=G1*G2
```

注意：series( )函数只能实现两个模型的串联，如果串联模型多于两个，则必须多次调用。

【实例 2-21】 已知在图 2-48 中，$G_1(s)=\frac{s+1}{s+2}$，$G_2(s)=\frac{1}{s+3}$，用两种方式求这两个模型串联后的等效传递函数模型。

解：

方式 1。

新建一个 m 文件，编写程序，程序为

```
num1=[1,1];
den1=[1,2 ];
```

方式 2。

新建一个 m 文件，编写程序，程序为

```
num1=[1,1];
den1=[1,2 ];
```

```
num2=1;
den2=[1,3];
[num, den]=series(num1, den1, num2, den2);
G=tf(num， den)
```

运行程序，在命令窗口中显示

```
Transfer function:
       s + 1
-------------
s^2 + 5 s + 6
```

```
num2=1;
den2=[1,3];
G1=tf(num1,den1);
G2=tf(num2， den2)
G=series(G1,G2)
```

运行程序，在命令窗口中显示

```
Transfer function:
       s + 1
-------------
s^2 + 5 s + 6
```

2）并联连接模型等效

扫一扫看并联连接模型等效教学动画

$G_1(s)$ 环节和 $G_2(s)$ 环节并联，其等效传递函数为 $G(s)$，如图 2-49 所示。在 MATLAB 中，可使用 parallel( )函数实现。

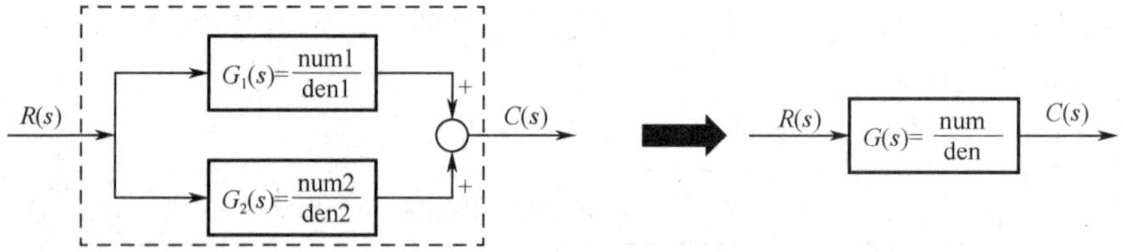

图 2-49　并联连接模型等效变换

实现并联连接模型等效有两种方式。

（1）方式 1。

```
[num, den]= parallel (num1, den1, num2, den2)
G=tf(num,den)
```

（2）方式 2。

```
G1=tf(num1,den1);
G2=tf(num2,den2);
G= parallel (G1,G2)或 G=G1+G2
```

注意：parallel ( )函数只能实现两个模型的并联，如果并联模型多于两个，则必须多次调用。

【实例 2-22】 已知在图 2-49 中，$G_1(s)=\dfrac{1}{s+2}$，$G_2(s)=\dfrac{1}{s+3}$，用两种方式求这两个模型并联后的等效传递函数模型。

解：

方式 1。

新建一个 m 文件，编写程序，程序为

```
num1=1;
den1=[1,2 ];
num2=1;
```

方式 2。

新建一个 m 文件，编写程序，程序为

```
num1=1;
den1=[1,2 ];
num2=1;
```

```
den1=[1,3];
[num, den]=parallel(num1, den1, num2, den2);
G=tf(num, den)
```

运行程序，在命令窗口中显示

```
Transfer function:
   2 s + 5
-------------
s^2 + 5 s + 6
```

```
den1=[1,3];
G1=tf(num1,den1);
G2=tf(num2, den2)
G=parallel(G1, G2)
```

运行程序，在命令窗口中显示

```
Transfer function:
   2 s + 5
-------------
s^2 + 5 s + 6
```

3）反馈连接模型等效

扫一扫看反馈连接模型等效教学动画

$G_1(s)$环节和$G_2(s)$环节构成反馈连接，其等效传递函数为$G(s)$，如图 2-50 所示。在 MATLAB 中，可使用 feedback( )函数实现。

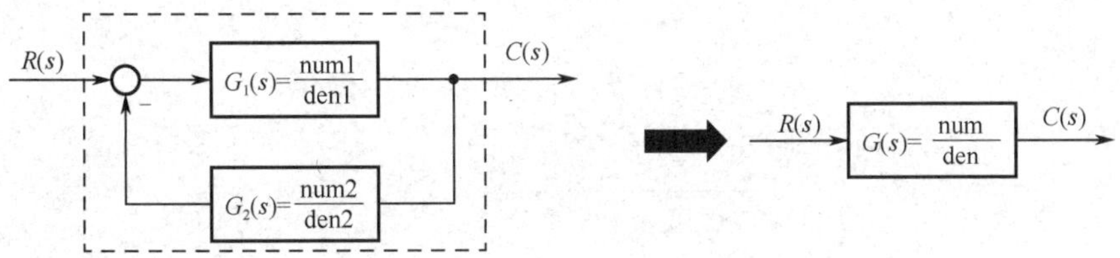

图 2-50　反馈连接模型等效变换

实现反馈连接模型等效有两种方式。

（1）方式 1。

```
[num, den]= feedback (num1, den1, num2, den2,sign)
G=tf(num,den)
```

（2）方式 2。

```
G1=tf(num1,den1)
G2=tf(num2,den2)
G= feedback (G1,G2,sign)或 G=G1/(1+G1*G2)
```

其中，sign 是反馈极性，默认为负反馈时，sign=-1；默认为正反馈时，sign=1。

【实例 2-23】 已知在图 2-50 中，$G_1(s)=\dfrac{1}{s+2}$，$G_2(s)=\dfrac{1}{s+3}$，用两种方式求这两个模型反馈连接的等效传递函数模型。

解：

方式 1。

新建一个 m 文件，编写程序，程序为

```
num1=1;
den1=[1,2 ];
num2=1;
den2=[1,3];
[num, den]=feedback(num1, den1, num2, den2);
G=tf(num, den)
```

方式 2。

新建一个 m 文件，编写程序，程序为

```
num1=1;
den1=[1,2 ];
num2=1;
den2=[1,3];
G1=tf(num1,den1);
G2=tf(num2, den2)
```

运行程序，在命令窗口中显示

```
Transfer function:
     s + 3
-------------
s^2 + 5 s + 7
```

```
G=feedback(G1, G2)
```

运行程序，在命令窗口中显示

```
Transfer function:
     s + 3
-------------
s^2 + 5 s + 7
```

特殊地，若系统为单位反馈系统，即 G2=1，则可使用 cloop( )函数求得。其调用格式为

```
[num, den]=cloop(num1, den1, sign)
```

同样，sign 是反馈极性，默认为负反馈时，sign=−1；默认为正反馈时，sign=1。

4）用梅逊公式计算系统传递函数

【实例 2-24】 在实例 2-20 中，利用梅逊公式求出两级 RC 网络的闭环传递函数为

$$\phi(s)=\frac{p_1\Delta_1}{\Delta}=\frac{ABCD}{1+BC+AB+CD+ABCD}$$

设 A、B、C、D 传递函数已知，如图 2-51 所示，求系统闭环传递函数。

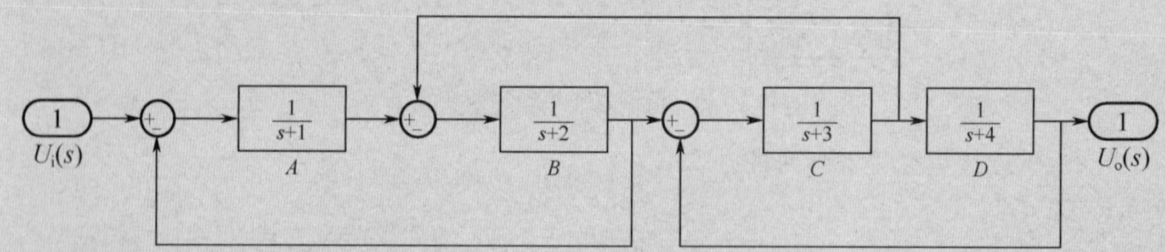

图 2-51　两级 RC 网络方框图

解：

新建一个 m 文件，编写程序，程序为

```
syms s                                          %建立符号对象
A=1/(s+1);                                      %写出 A 传递函数
B=1/(s+2);                                      %写出 B 传递函数
C=1/(s+3);                                      %写出 C 传递函数
D=1/(s+4);                                      %写出 D 传递函数
g=factor((A*B*C*D)/(1+A*B+B*C+C*D+A*B*C*D))     %用梅逊公式计算系统传递函数
```

运行程序，在命令窗口中显示

```
g =
1/(s^4+10*s^3+38*s^2+65*s+43)
```

3．任务实现

（1）验证实例 2-21、实例 2-22、实例 2-23 和实例 2-24。

（2）熟练使用各函数命令，编写 m 文件，完成以下实践内容，并记录结果。

【实践 1】已知系统 $G(s)=\dfrac{2s+1}{s^2+2s+3}$，求它的单位负反馈闭环传递函数。

【实践 2】已知系统方框图如图 2-52 所示，求其闭环系统传递函数。

【实践 3】已知系统方框图如图 2-53 所示，用模型等效和梅逊公式两种方法求其闭环系统传递函数。

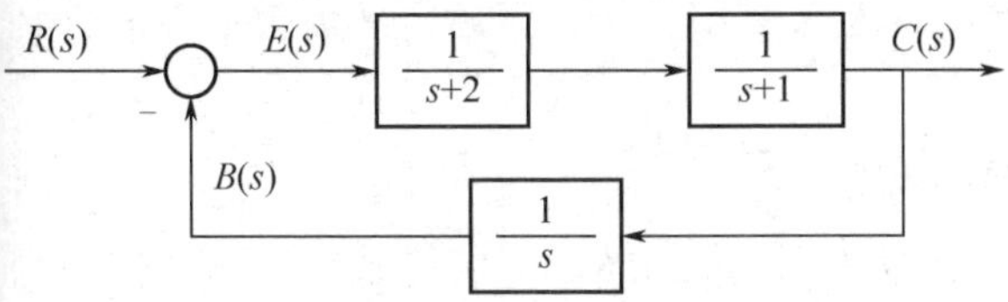

图 2-52　实践 2 系统方框图

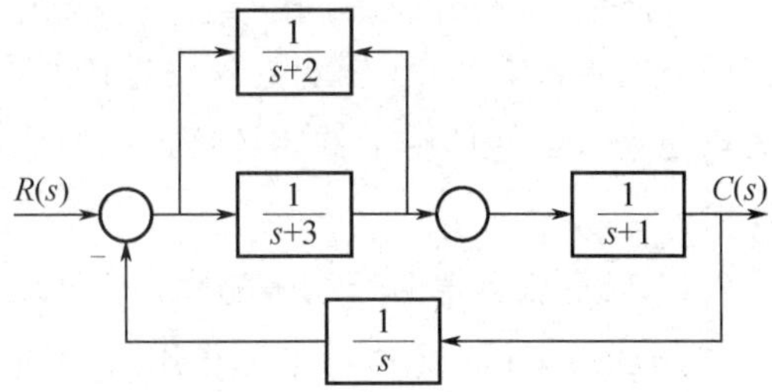

图 2-53　实践 3 系统方框图

（3）分析结果与数据，完成实训报告。

4. 拓展思考

（1）在实例 2-23 中，将 G=feedback(G1,G2)语句换成 G=G1/(1+G1*G2)，执行后在命令窗口中显示

```
Transfer function:
    s^2 + 5 s + 6
------------------------
s^3 + 7 s^2 + 17 s + 14
```

与原来结果一样吗？如果不一样，为什么？如何操作才能使显示结果一致？

（2）已知一复杂系统方框图如图 2-54 所示，试求系统等效闭环传递函数。

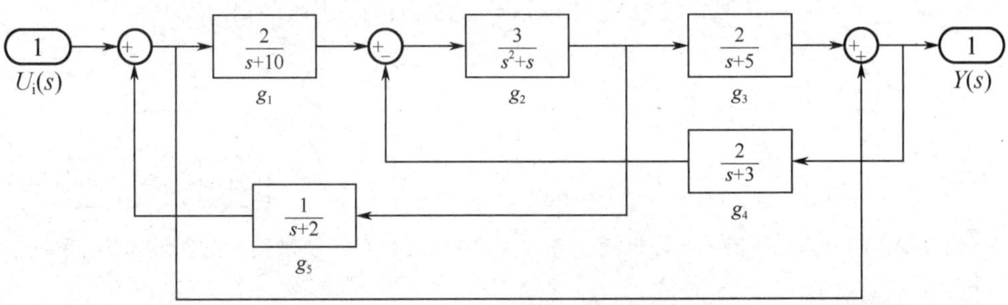

图 2-54　复杂系统方框图

2.5　反馈控制系统的传递函数

扫一扫看本节内容思维导图

扫一扫看反馈控制系统的传递函数教学课件

闭环控制系统的典型方框图如图 2-55 所示。控制系统外作用一般有两类信号，一类是系统给定输入信号 $R(s)$，另一类是系统扰动输入信号 $D(s)$。研究系统输出量 $C(s)$ 的变化规律，不仅要考虑给定输入信号的作用，还要考虑扰动输入信号的作用。

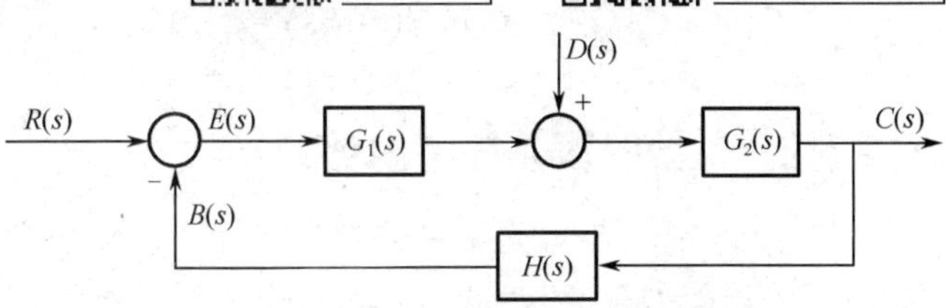

图 2-55　闭环控制系统的典型方框图

2.5.1 系统的闭环传递函数

扫一扫看系统的闭环传递函数教学动画

根据系统输入信号的不同，系统输出量 $C(s)$ 分为给定输入信号作用下的输出 $C_r(s)$ 和扰动输入信号作用下的输出 $C_d(s)$。相应地，系统的闭环传递函数分为给定输入信号作用下的闭环传递函数和扰动输入信号作用下的闭环传递函数，下面分别介绍。

1. 给定输入信号作用下的闭环传递函数 $\phi(s)$

令 $D(s)=0$，仅 $R(s)$ 单独作用时，图 2-55 简化为图 2-56，可求得系统的闭环传递函数为

$$\phi(s)=\frac{C_r(s)}{R(s)}=\frac{G_1(s)G_2(s)}{1+G_1(s)G_2(s)H(s)}=\frac{G_1(s)G_2(s)}{1+G_k(s)} \tag{2-45}$$

式中，$G_k(s)$ 为系统的开环传递函数。

给定输入信号作用下的输出 $C_r(s)$ 为

$$C_r(s)=\phi(s)R(s)=\frac{G_1(s)G_2(s)}{1+G_k(s)}R(s) \tag{2-46}$$

2. 扰动输入信号作用下的闭环传递函数 $\phi_d(s)$

令 $R(s)=0$，仅 $D(s)$ 单独作用时，图 2-55 简化为图 2-57，可求得系统的闭环传递函数为

$$\phi_d(s)=\frac{C_d(s)}{D(s)}=\frac{G_2(s)}{1+G_1(s)G_2(s)H(s)}=\frac{G_2(s)}{1+G_k(s)} \tag{2-47}$$

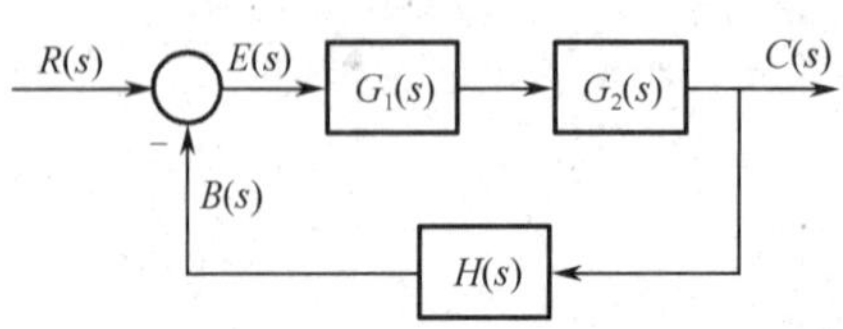

图 2-56 给定输入信号作用下的系统方框图

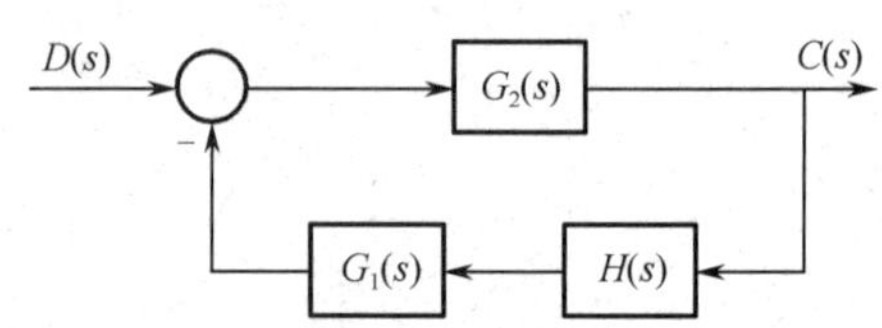

图 2-57 扰动输入信号作用下的系统方框图

扰动输入信号作用下的输出 $C_d(s)$ 为

$$C_d(s)=\phi_d(s)D(s)=\frac{G_2(s)}{1+G_k(s)}D(s) \tag{2-48}$$

故 $R(s)$ 和 $D(s)$ 共同作用，系统总输出为

$$C(s)=C_r(s)+C_d(s)=\phi(s)R(s)+\phi_d(s)D(s)=\frac{G_1(s)G_2(s)}{1+G_k(s)}R(s)+\frac{G_2(s)}{1+G_k(s)}D(s)$$

2.5.2 系统的误差传递函数

扫一扫看系统的误差传递函数教学动画

在图 2-55 中，$E(s)$ 为系统的误差信号，系统误差分为给定输入信号作用下的误差 $E_r(s)$ 和扰动输入信号作用下的误差 $E_d(s)$。$E_r(s)$ 表征系统输出跟随输入信号的能力，故也称为跟随误差，$E_d(s)$ 表征系统抗干扰的能力，称为扰动误差。

系统的误差传递函数也分为给定输入信号作用下的误差传递函数和扰动输入信号作用

下的误差传递函数。下面分别介绍。

1．给定输入信号作用下的误差传递函数$\phi_e(s)$

令 $D(s)=0$，仅 $R(s)$ 单独作用时，图 2-55 简化为图 2-58，可求得系统的误差传递函数为

$$\phi_e(s)=\frac{E_r(s)}{R(s)}=\frac{1}{1+G_1(s)G_2(s)H(s)}=\frac{1}{1+G_k(s)} \tag{2-49}$$

此时，给定输入信号作用下的系统误差 $E_r(s)$ 为

$$E_r(s)=\phi_e(s)R(s)=\frac{1}{1+G_k(s)}R(s) \tag{2-50}$$

2．扰动输入信号作用下的误差传递函数$\phi_{ed}(s)$

令 $R(s)=0$，仅 $D(s)$ 单独作用时，图 2-55 简化为图 2-59，可求得系统的误差传递函数为

$$\phi_{ed}(s)=\frac{E_d(s)}{D(s)}=\frac{-G_2(s)H(s)}{1+G_1(s)G_2(s)H(s)}=\frac{-G_2(s)H(s)}{1+G_k(s)} \tag{2-51}$$

扰动输入信号作用下的误差 $E_d(s)$ 为

$$E_d(s)=\phi_{ed}(s)D(s)=\frac{-G_2(s)H(s)}{1+G_k(s)}D(s) \tag{2-52}$$

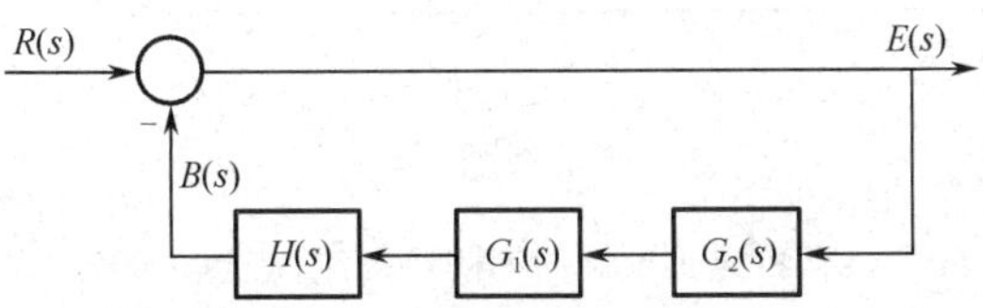

图 2-58　给定输入信号作用下的误差输出方框图

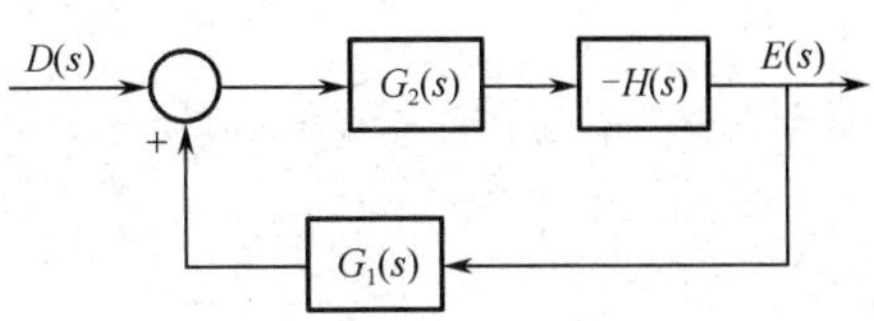

图 2-59　扰动输入信号作用下的误差输出方框图

故 $R(s)$ 和 $D(s)$ 共同作用，系统总误差为

$$E(s)=E_r(s)+E_d(s)=\phi_e(s)R(s)+\phi_{ed}(s)D(s)=\frac{1}{1+G_k(s)}R(s)+\frac{-G_2(s)H(s)}{1+G_k(s)}D(s)$$

由式（2-45）、式（2-47）、式（2-49）、式（2-51）可见，传递函数虽各不相同，但却有相同的分母，即闭环特征多项式是一样的。故也可定义系统特征方程为

$$1+G_k(s)=0 \tag{2-53}$$

式中，$G_k(s)$为闭环系统的开环传递函数。

技能训练 5　单闭环直流调速系统数学模型建立

1．任务目标

（1）掌握利用系统组成框图建立系统数学模型的方法。

（2）掌握通过对系统各组成部件功能、特性分析，将各组成部分用图形进行描述，并正确连接系统方框图。

（3）掌握自动控制系统等效变换的规则，求取系统闭环传递函数。

2. 任务内容

在技能训练 1 中，了解如图 2-60（a）所示的单闭环直流调速系统的基本工作原理，建立系统组成框图，如图 2-60（b）所示。

在此基础上，建立系统数学模型，即建立系统方框图并进行简化，求出系统闭环传递函数。

为了建立单闭环直流调速系统的方框图，需要建立系统各组成部分的数学模型，系统各组成部分分析如下。

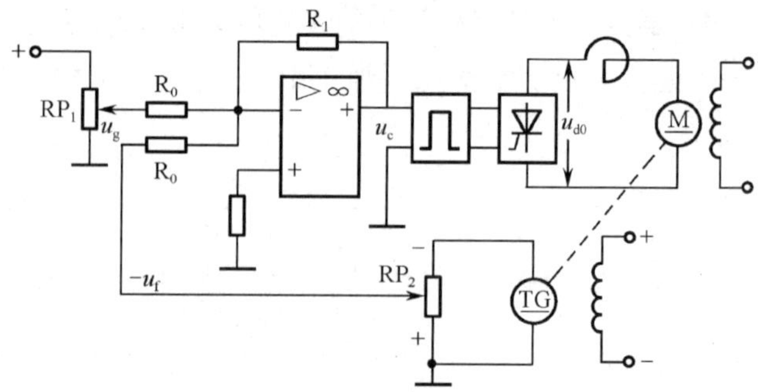

（a）工作原理

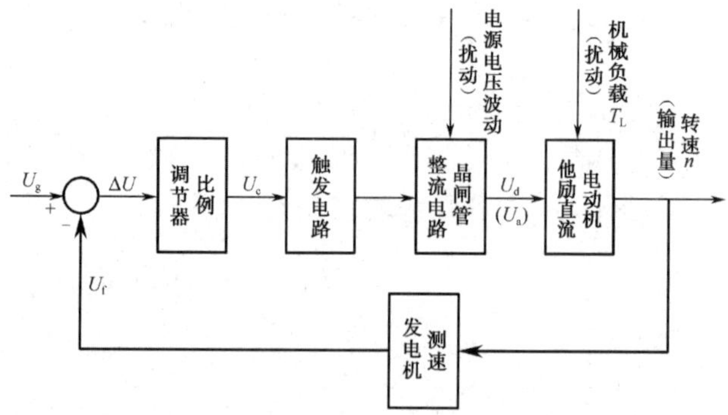

（b）组成框图

图 2-60　具有转速负反馈的单闭环直流调速系统

1）他励直流电动机

在实例 2-18 中已建立出他励直流电动机的方框图，利用方框图简化规则，对其进行简化，如图 2-61 所示。其中 $J_G = \frac{GD^2}{375}$（转速惯量），$T_a = \frac{L_a}{R_a}$（电枢回路的电磁时间常数），$T_m = \frac{J_G R_a}{K_e K_T \phi^2}$（电动机的机电时间常数）。

2）晶闸管触发与整流装置

晶闸管触发与整流装置的调节特性为整流输出的平均电压 U_d 与触发电路的控制电压 U_c 之间的关系，即 $U_d = f(U_c)$，调节特性如图 2-62 所示。

由图 2-62 可见，晶闸管触发与整流装置既有死区，又有饱和，中间部分接近线性放大。若在一定范围内将调节特性的非线性问题进行线性化处理，则可以把调节特性视为由其死区特性和线性放大区特性两部分组成。在线性放大区，其整流输出的平均电压 U_d 基本上与其触发电路的控制电压 U_c 成正比，即 $U_d(s) = K_s U_c(s)$。若 $U_c = 10\ \text{V}$，对应输出的平均电压 $U_d = 440\ \text{V}$，则 $K_s = 440/10 = 44$。

在死区部分，晶闸管触发与整流装置之间存在滞后作用。这是因为，当控制电压改变时，由于晶闸管导通以后失控，要等到下一个周期开始后才能响应，导通角才会改变，出现了 τ_0 的延迟（对于单相全波电路 $\tau_0 = 5\ \text{ms}$，对于三相桥式电路 $\tau_0 = 1.7\ \text{ms}$）。

这样晶闸管触发与整流装置的传递函数为

$$\frac{U_d(s)}{U_c(s)} = K_s e^{-\tau_0 s} \approx \frac{K_s}{1 + \tau_0 s}$$

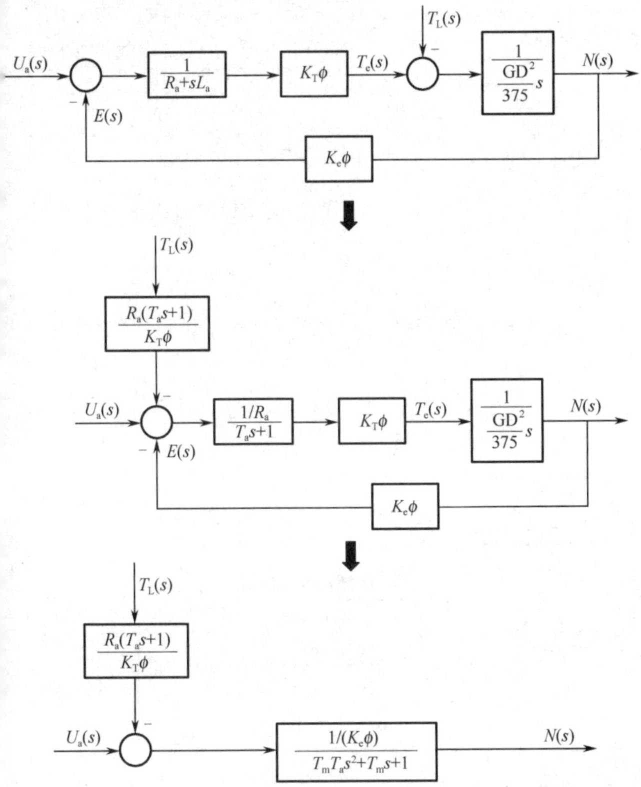

图 2-61　他励直流电动机系统方框图简化步骤

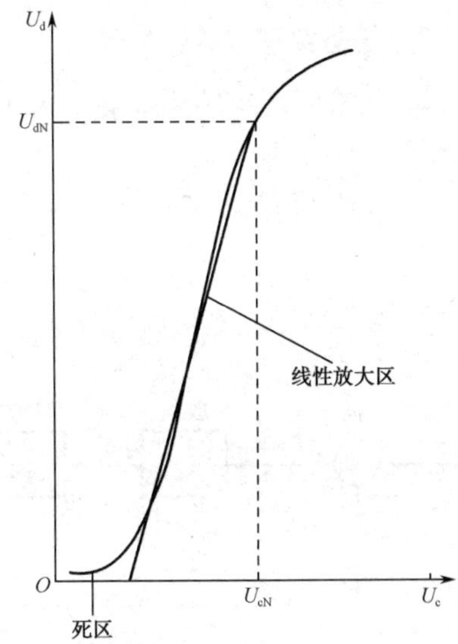

图 2-62　晶闸管触发与整流装置调节特性

其方框图如图 2-63 所示。

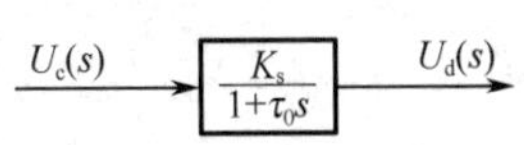

图 2-63　晶闸管触发与整流装置方框图

3）测速发电机及其反馈电位器

测速发电机及其反馈电位器输出为测速反馈信号 u_f，u_f 与转速 n 成正比，即 $u_f=\alpha n$，α 称为转速反馈系数，传递函数为

$$\frac{U_f(s)}{N(s)}=\alpha$$

其方框图如图 2-64 所示。

4）给定量与反馈量的比较放大

比较放大电路如图 2-65 所示。

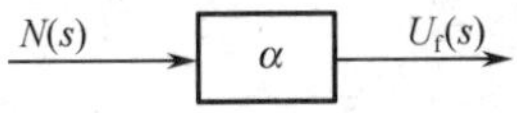

图 2-64　转速检测环节方框图

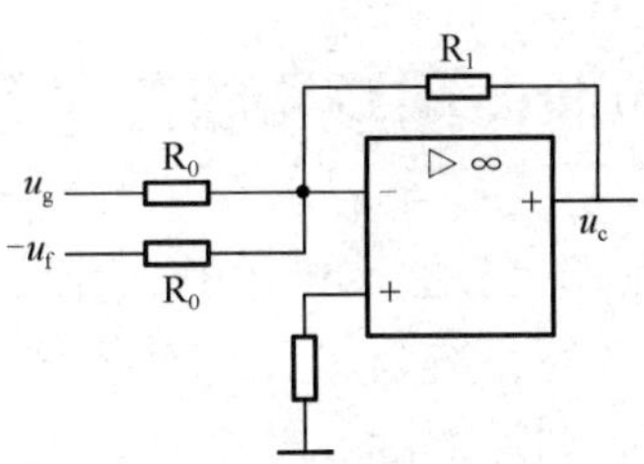

图 2-65　比较放大电路

可见，$u_c=-\frac{R_1}{R_0}(u_g-u_f)$。对其进行拉氏变换，得

$$U_c(s)=-\frac{R_1}{R_0}[U_g(s)-U_f(s)]=K_c\Delta U(s)$$

这样比较放大环节的传递函数为

$$\frac{U_c(s)}{\Delta U(s)}=K_c$$

其方框图如图 2-66 所示。

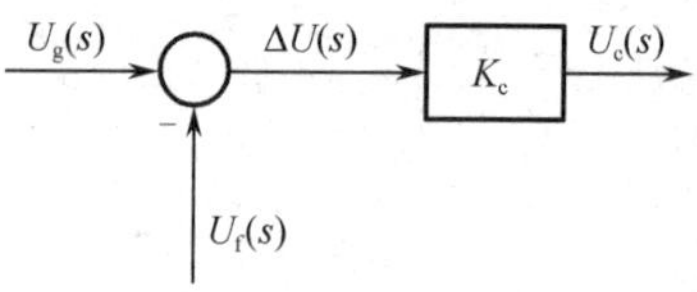

图 2-66　比较放大环节方框图

3. 任务实现

（1）按信号传递关系将各组成部分连接起来，构成单闭环直流调速系统方框图，如图 2-67 所示。

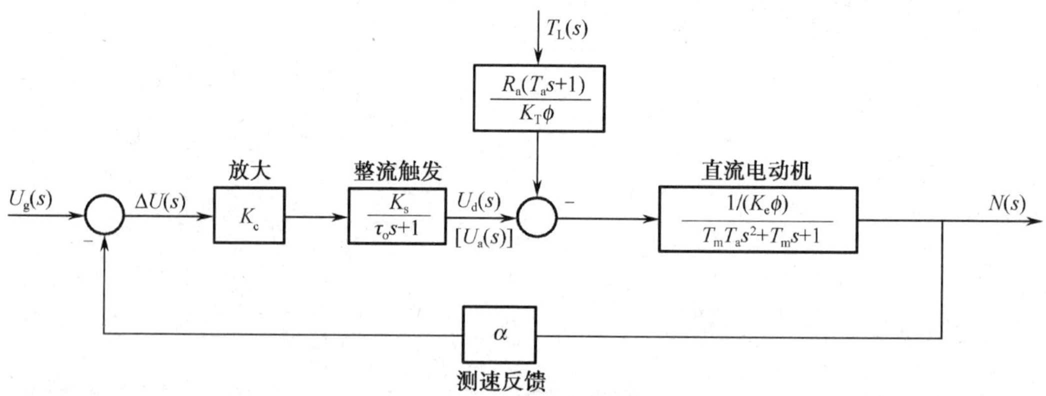

图 2-67　单闭环直流调速系统方框图

设系统参数 $T_a=0.03\,\mathrm{s}$，$T_m=0.2\,\mathrm{s}$，$K_s=40$，$R_a=0.5\,\Omega$，$K_e\phi=0.132\,\mathrm{V/(r\cdot min^{-1})}$，$\alpha=0.07$，$\tau_0=0.00167\,\mathrm{s}$。

（2）利用 MATLAB 编写 m 文件，求系统给定输入信号作用下的闭环传递函数和扰动输入信号作用下的闭环传递函数。

（3）利用 MATLAB 编写 m 文件，求系统给定输入信号作用下的误差传递函数和扰动输入信号作用下的误差传递函数。

（4）分析结果与数据，完成实训报告。

扫一扫看本节内容思维导图

2.6　Simulink 建立系统模型及数字仿真

Simulink 是 MATLAB 中的一种可视化仿真工具，是一种基于 MATLAB 的框图设计环境，是实现动态系统建模、仿真和分析的一个软件包，具有适应面广、结构和流程清晰及仿真精细、贴近实际、效率高、灵活等优点。Simulink 提供一个动态系统建模、仿真和综合分析的集成环境。在该环境中，无须大量书写程序，只需通过简单直观的鼠标操作，就可构造出复杂的系统。Simulink 操作直观，仿真灵活便捷，已成为仿真研究的重要工具。

2.6.1 Simulink 启动及模块库

扫一扫看 Simulink 启动及模块库微课视频

1. Simulink 的启动

启动 Simulink 通常有两种方式：菜单方式和命令方式。

（1）菜单方式：菜单方式是在 MATLAB 环境下，单击 MATLAB 主窗口上方的“Simulink Library”按钮，如图 2-68 所示（有的版本图标为 ）。

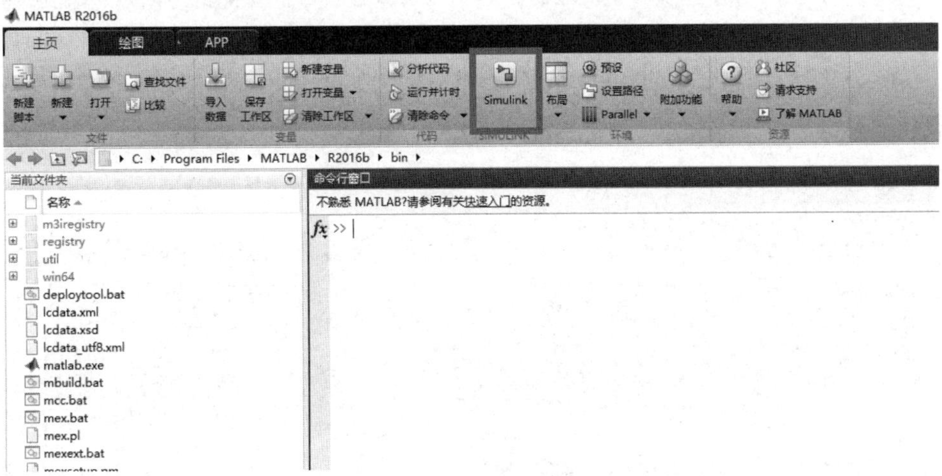

图 2-68 MATLAB 环境下的 Simulink 启动按钮

（2）命令方式：在 MATLAB 命令窗口中输入“simulink”后按 Enter 键。

上述两种操作是等效的。

2. Simulink 的模块库

启动 Simulink 后会出现一个名为“Simulink Library Browser”的模块库浏览界面，如图 2-69 所示。该窗口以树状列表的形式列出了当前 MATLAB 中已安装的所有 Simulink 的模块。在 Simulink 的浏览器窗口左侧列出了 Simulink 所有的模块库列表，右侧是与之对应的模块库图标。下面针对 Simulink 目录下相关模块组中常用模块进行介绍。

（1）信号源模块组（Source）：打开模块库“Source”，如图 2-70 所示，显示出 Source 模块库中的全

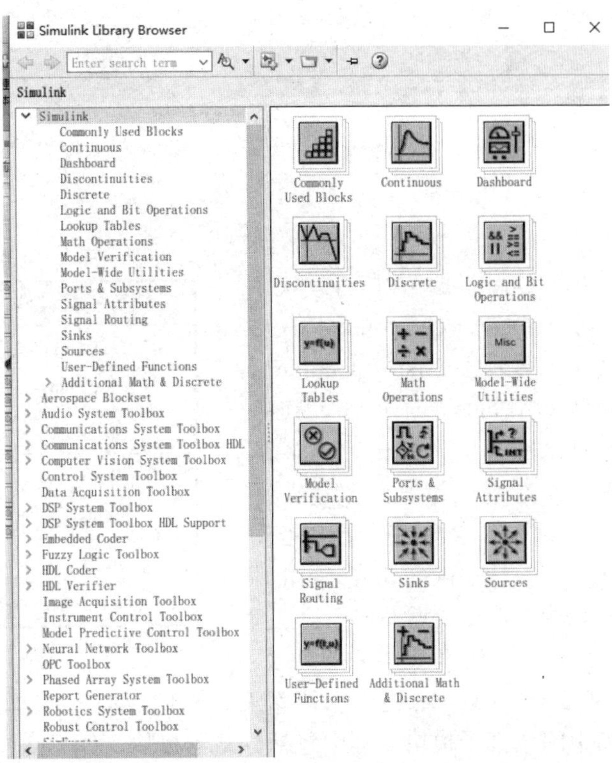

图 2-69 Simulink Library Browser 模块库浏览界面

部子模块。其中包括常用的各种类型的信号输入，如阶跃信号（Step）、斜坡信号（Ramp）、正弦信号（Sine Wave）等；时间信号模块（Clock），提供仿真时间，在与时间有关的指标求取中是很有意义的；读工作空间模块（From Workspace），从MATLAB工作空间中读取数据作为输入信号；读文件模块（From File），从文件中读取数据作为输入信号；输入端口模块（In1）。

（2）输出模块组（Sinks）：打开模块库“Sinks”，如图2-71所示，显示出Sinks模块库中的全部子模块。其中包括示波器模块（Scope），显示在仿真过程中产生的信号波形；输出到工作空间模块（To Workspace），把信号保存到MATLAB的当前工作空间；输出端口模块（Out1）。

（3）连续系统模块组（Continuous）：打开模块库“Continuous”，如图2-72所示，显示出Continuous模块库中的全部子模块。各子模块的功能说明如表2-3所示。

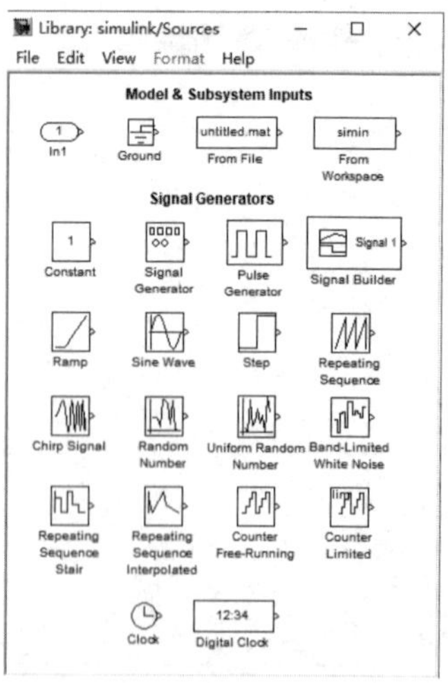

图2-70　Source模块库的子模块窗口

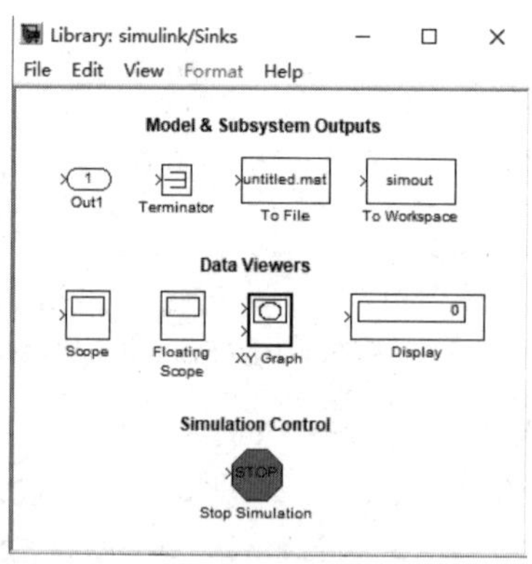

图2-71　Sinks模块库的子模块窗口

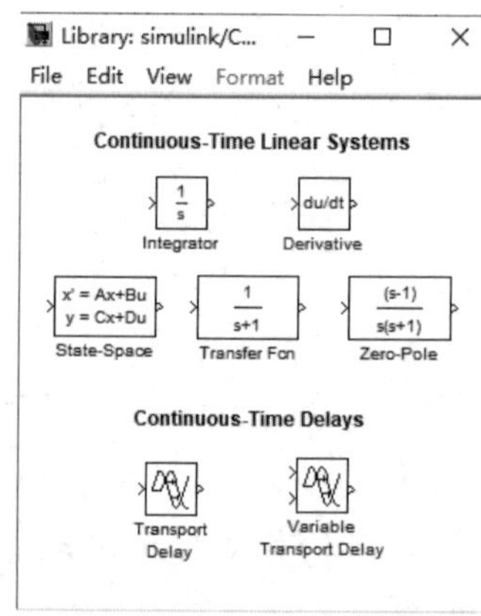

图2-72　Continuous模块库的子模块窗口

（4）数学运算模块组（Math Operations）：打开模块库“Math Operations”，如图2-73所示，显示出Math Operations模块库中的全部子模块。其中包括求和模块（Sum），对多路信号进行代数运算，在建立反馈控制系统结构图时要用此模块；增益模块（Gain），输出信号为输入信号的增益。

表2-3　Continuous模块库的子模块功能说明

变量名	功能说明
Transfer Fcn	线性传递函数模型模块
Zero-Pole	零极点形式模型模块
State-Space	线性状态空间模型模块
Derivative	微分模块
Integrator	积分模块
Transport Delay	指定时间延迟（在模块内部参数中设置）模块
Variable Transport Delay	指定时间延迟（用输入信号来定义）模块

（5）信号通路模块组（Signal Routing）：打开模块库“Signal Routing”，如图2-74所示，显示Signal Routing模块库中的全部子模块。其中包括分路器模块（Demux），将一路信号分解成多路信号；混路器模块（Mux），将多路信号混合成一路信号。

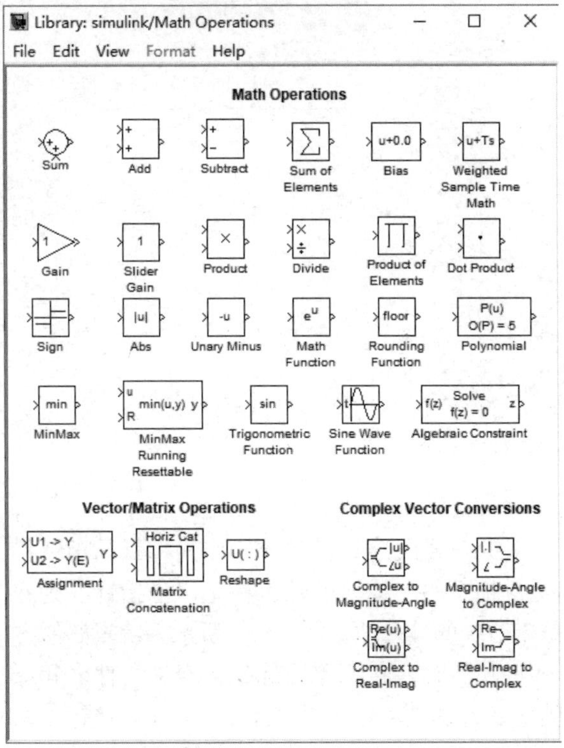

图 2-73　Math Operations 模块库的子模块窗口

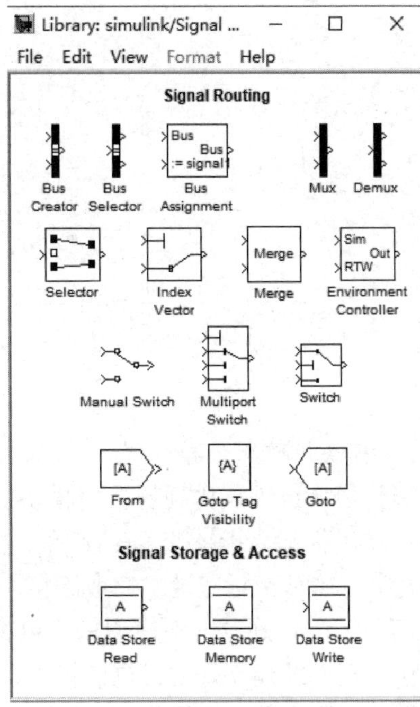

图 2-74　Signal Routing 模块库的子模块窗口

2.6.2 使用 Simulink 建立系统方框图模型

扫一扫看使用 Simulink 建立系统方框图模型微课视频

Simulink 为用户提供了用方框图进行系统建模的图形窗口，采用这种建模方式可以很方便地绘制自动控制系统的方框图。

1. 模型窗口的建立

启动 Simulink，新建一个空白的模型编辑窗口“untitled”，如图 2-75 所示。它是 Simulink 仿真工具用来绘制自动控制系统方框图模型的空白设计区，自动控制系统方框图模型的创建就是在这个空白设计区里完成的。

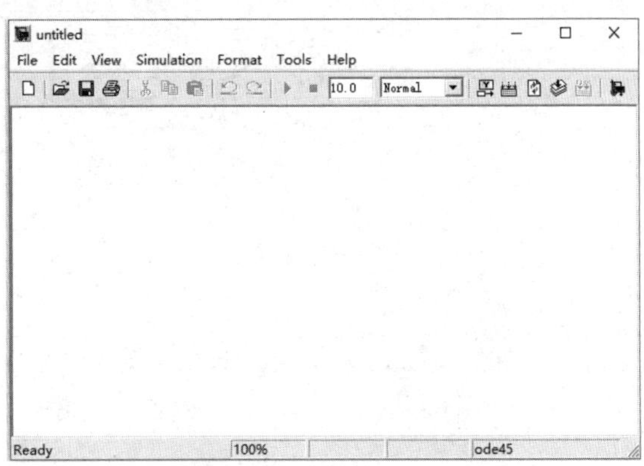

图 2-75　Simulink 模型窗口

2. 仿真模型的编辑

1）模块选取与参数设置

在 Simulink Library Browser 模块库里面，打开相应的模块组，单击所需的模块，按住鼠标左键并拖至模型窗口，如图 2-76 所示，双击模块可弹出该模块的参数设置对话框，在对话框中可修改相应参数。

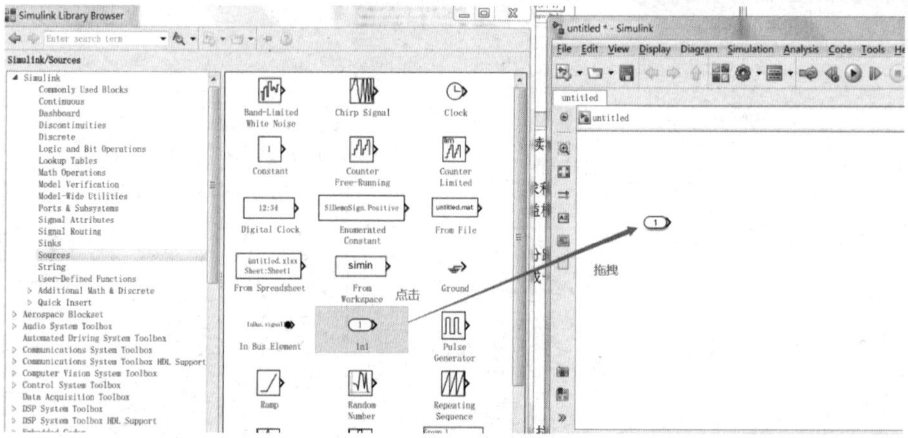

图 2-76　模块选取界面

2）模块调整与连接

调整模块位置，排列好，将模块之间用带箭头的信号线连接，具体操作为将鼠标指针移至模块输出标记，指针变为十字后，按下鼠标左键拖至另一模块的输入标记，当指针变为双十字标后，释放鼠标左键，完成连接，连线就是带箭头的信号线。图 2-77 所示为编辑好的方框图模型。编辑好方框图模型后，以文件的形式进行保存，包括路径选择、定义文件名和保存确认。对已经建立好的方框图模型，最简单的仿真方法是单击工具栏中的“Run”按钮，系统以默认参数为基础进行仿真，仿真结束后，双击示波器模块，即可显示运行结果。

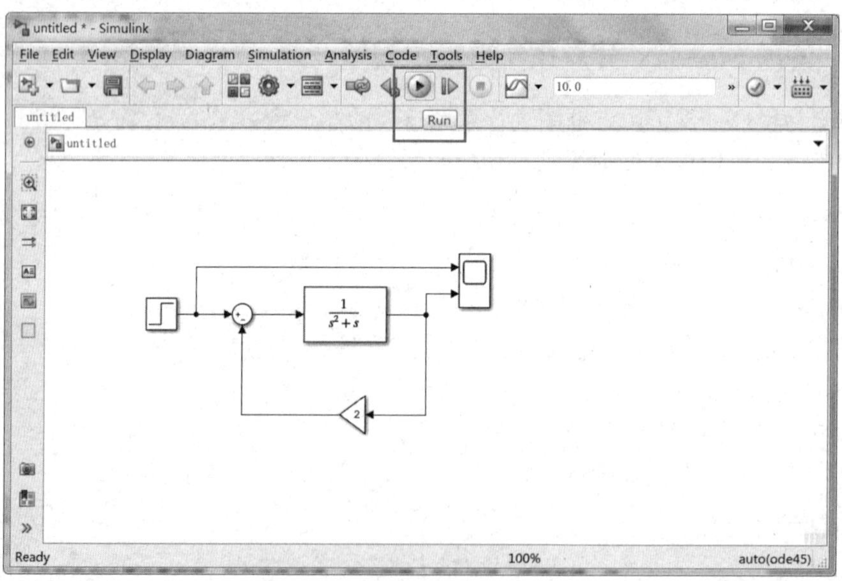

图 2-77　编辑好的方框图模型

2.6.3　利用 Simulink 进行数字仿真

扫一扫看利用 Simulink 进行数字仿真微课视频

1．仿真参数的设置

建立好方框图模型后，若不采用系统默认参数，则必须对各种仿真参数进行设置。在模型窗口的图标工具栏中单击按钮就会弹出仿真参数设置对话框，或者在模型窗口的主菜单中选择“Simulation”菜单下的“Model Configuration Parameters”选项也可弹出仿真参数设置对话框。下面主要介绍解算器（Solver）和仿真数据输入/输出（Data Import/Export）两个页面的设置。

解算器（Solver）页面分为“Simulation time”和“Solver selection”两个选区，“Simulation time”选区设置仿真的起始时间和结束时间，“Solver selection”选区选择解算器类型和算法，如图 2-78 所示。

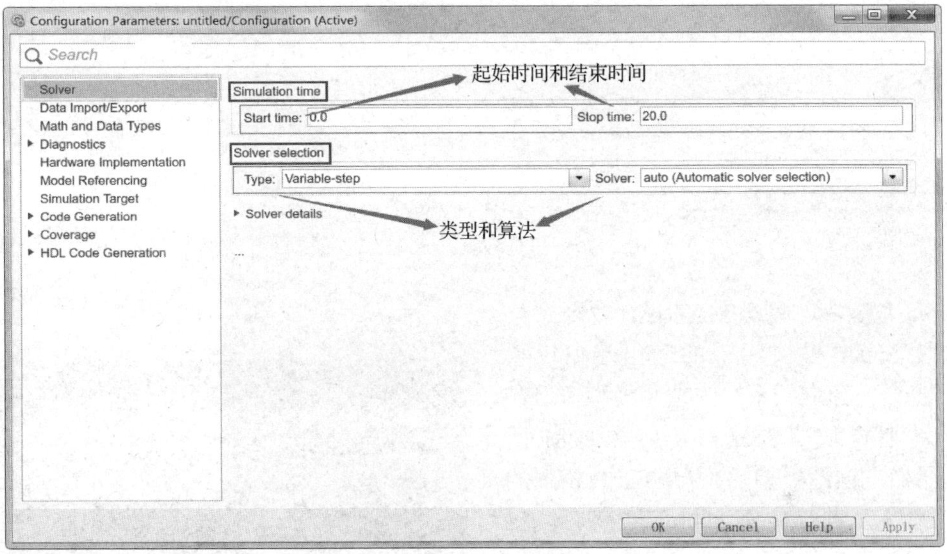

图 2-78　解算器界面

仿真数据输入/输出（Data Import/Export）页面主要用来设置 Simulink 仿真模型与 MATLAB 工作空间之间交换数据的有关选项。“Load from workspace”选区可以将 MATLAB 工作空间已存的数据导入 Simulink 模型的“输入模块”（In）；“Save to workspace or file”选区可以将仿真结果数据保存到 MATLAB 工作空间。“Time”复选框：用于设置保存于 MATLAB 工作空间中的仿真运行时间变量名；“States”复选框：用于设置保存于 MATLAB 工作空间中的状态变量名；“Output”复选框：用于设置保存于 MATLAB 工作空间中的输出数据变量名；“Format”下拉列表：用于设置数据保存格式，如数组（Array）、结构体（Structure）、带时间的构架（Structure With Time）等，如图 2-79 所示。

2．仿真结果显示

1）仿真结果示波器（Scope）显示

打开已建立的方框图模型，单击工具栏中的“Run”按钮进行仿真，如图 2-77 所示。仿真结束后，双击示波器模块，即可显示运行结果，仿真结果如图 2-80 所示。修改仿真结束时间可以在窗口图标中直接修改，也可以单击“Model Configuration Parameters”按钮，弹出仿真参数对话框，在解算器页面的“Simulation time”选区中设置仿真的起始时间和结束时间。

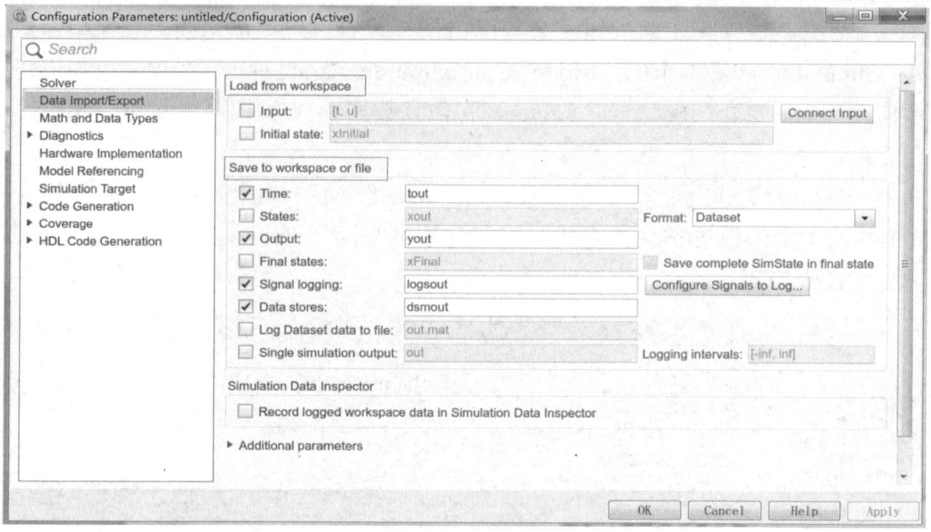

图 2-79 仿真数据输入/输出界面

2）仿真结果返回到 MATLAB 命令窗口

选取 Sinks 模块库中的输出端口模块（Out），拖至已建立的系统方框图模型窗口，取代示波器模块（Scope），如图 2-81 所示。建立好方框图模型后，单击工具栏中的“Run”按钮，进行仿真，仿真结束后，将数据输出到命令窗口，时间数据用“tout”保存，输出变量用“yout”保存（时间数据和输出变量可以重新命名）。回到 MATLAB 工作界面，在命令窗口中键入“plot（tout, yout）”命令，按 Enter 键即可显示仿真波形，如图 2-82 所示。

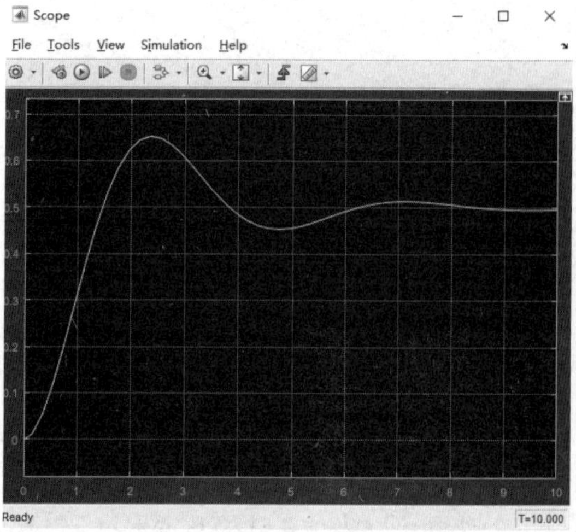

图 2-80 Simulink 模型仿真结果

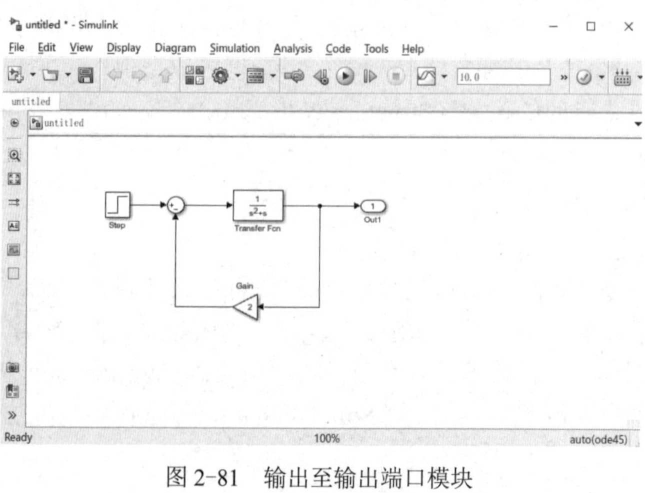

图 2-81 输出至输出端口模块

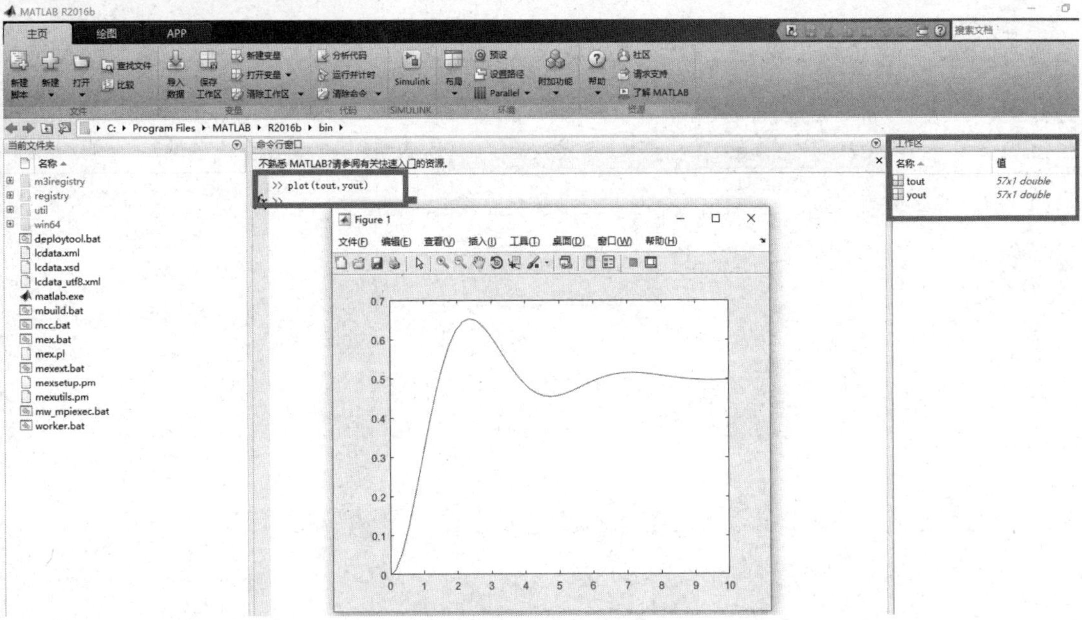

图 2-82　仿真及结果显示 1

3）仿真结果存储到工作空间窗口

选取 Sinks 模块库中的输出到工作空间模块（To Workspace），拖至已建立的系统方框图模型窗口，默认名称为“simout”（双击该模块可以重新命名），并将其与输出端进行连接，如图 2-83 所示。单击工具栏中的“Run”按钮，进行仿真，仿真结束后，就会将数据存储在工作空间。回到 MATLAB 工作界面，在命令窗口中键入“plot（simout）”命令，按 Enter 键即可显示仿真波形，如图 2-84 所示。

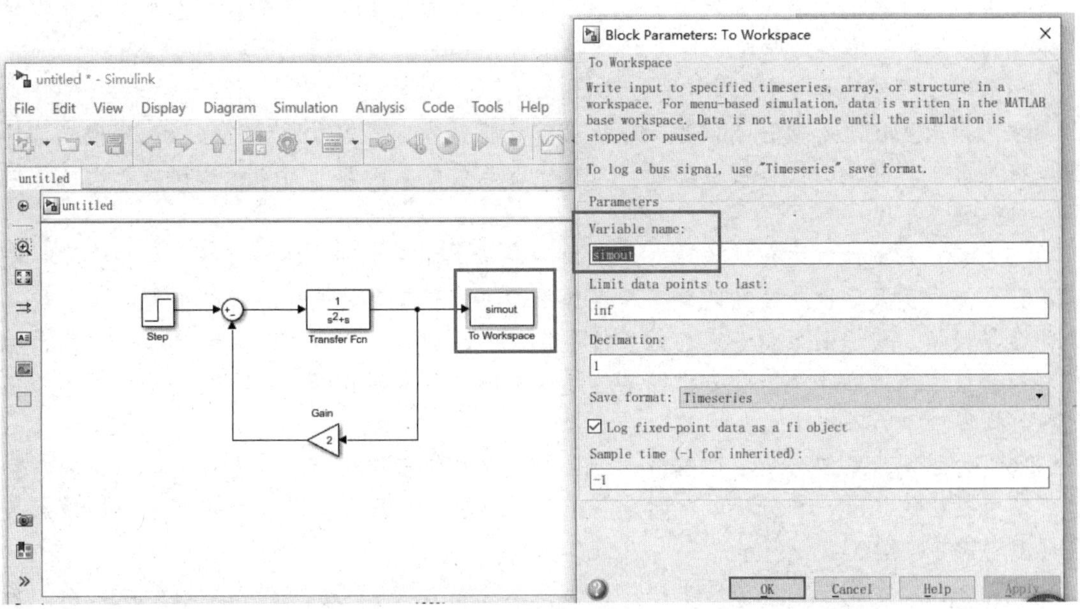

图 2-83　输出至输出到工作空间模块

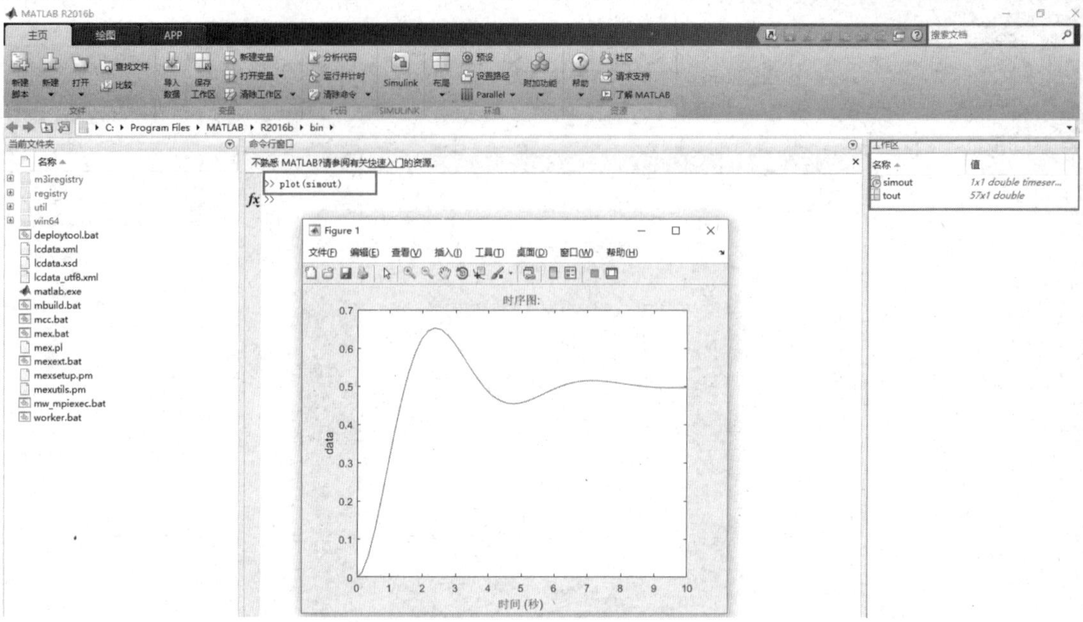

图 2-84　仿真及结果显示 2

可以通过对图 2-84 中的 Figure 窗口进行编辑，改变图形的字体、线条、纵横坐标及对某一时刻进行标记等。

知识梳理与总结

（1）拉氏变换与拉氏反变换的定义，记住常用函数的拉氏变换。

（2）拉氏变换的主要运算定理，包括线性定理、微分定理、积分定理、终值定理、延迟定理和复域中的位移定理等。

（3）用分解定理求拉氏反变换的方法。

（4）拉氏变换求解微分方程的步骤为：首先将微分方程等式两边进行拉氏变换，这样可以将微分方程转化为线性代数方程，可求出输出量的象函数，对象函数进行拉氏反变换即可求解微分方程。

（5）分析系统性能之前必须建立系统数学模型，描述系统的数学模型有微分方程、传递函数、方框图及后面将介绍的频率特性等。微分方程是系统的时域数学模型，也是最基本的数学模型；传递函数是在零初始条件下定义的，它是系统的复域数学模型，也是自动控制系统最常用的数学模型；方框图是传递函数的一种图形化的描述方式，是一种图形化的数学模型。

（6）为了便于系统分析，通常将一个自动控制系统看作由一些典型环节串联组成。典型环节包括比例环节、积分环节、微分环节、惯性环节、振荡环节及延迟环节等，掌握典型环节的数学模型。

（7）作为数学模型的图形表示——方框图，既能反映系统各变量之间的数学关系，又能方便地求出系统传递函数。其一般由信号线、比较点、功能框、引出点四个基本符号构成，根据系统原理，可绘制其方框图。

（8）根据系统方框图求系统传递函数，即进行方框图简化，有两种方法，即方框图的等效变换和梅逊公式。方框图的等效变换包括：串联，其等效传递函数为各串联环节传递函数之积；并联，其等效传递函数为各并联环节传递函数之和；反馈，其闭环传递函数为 $\phi(s)=\dfrac{G(s)}{1\pm G(s)H(s)}$，式中，$G(s)$ 为前向通道传递函数，$H(s)$ 为反馈通道传递函数，$G_{\text{k}}(s)=G(s)H(s)$ 为开环传递函数，$H(s)=1$ 时，称为单位反馈系统。

（9）梅逊公式为 $\phi(s)=\dfrac{\sum\limits_{k=1}^{n}p_k\varDelta_k}{\varDelta}$，$\varDelta$ 为特征式，$\varDelta=1-\sum L_i+\sum L_iL_j-\sum L_iL_jL_z+\cdots$，式中，$\sum L_i$ 为各回路传递函数之和；$\sum L_iL_j$ 为所有两两互不接触回路传递函数乘积之和；$\sum L_iL_jL_z$ 为所有三个互不接触回路传递函数乘积之和；n 为前向通道的个数；p_k 为第 k 条前向通道传递函数；$\varDelta_k$ 为相应的余因子式。

（10）系统传递函数分为开环传递函数、闭环传递函数、误差传递函数等。

（11）自动控制系统数学模型的仿真。传递函数描述包括：tf( )函数用来建立系统的多项式模型；zpk( )函数用来建立系统的零极点增益模型；tf2zp( )函数用来将多项式模型转化为零极点增益模型；zp2tf( )函数用来将零极点增益模型转化为多项式模型。传递函数求取包括：串联，其等效传递函数可使用 series( )函数实现；并联，其等效传递函数可使用 parallel( )函数实现；反馈，其等效传递函数可用 feedback( )函数实现。

（12）利用 Simulink 仿真工具建立系统模型，并进行数字仿真。

思考与练习题 2

扫一扫看思考与练习题 2 答案

2-1　填空题

1．拉氏变换是将______函数转化成______函数，而拉氏反变换是将______函数转化成______函数。

2．$L[\sin(2t)]=$________，$L[\cos(2t)]=$________，

3．微分方程的标准形式是将与______有关的各项放在等式左侧，与_______有关的各项放在等式右侧。

4．自动控制系统的数学模型，取决于系统______和______，与外作用及初始条件无关。

5．传递函数反映系统固有特性，只取决于系统（或环节）的结构和参数，与______无关。

6．传递函数的表示方法有________形式和_______形式。

7．电阻 R 的复阻抗 $Z(s)$=______，电感 L 的复阻抗 $Z(s)$=______，电容 C 的复阻抗 $Z(s)$=______。

8．若某环节的传递函数为 $G(s)=\dfrac{1}{s}$，则该环节为______环节。

9．自动控制系统方框图一般由信号线、________、________和比较点组成。

10．在 MATLAB 中，多项式模型是______函数，零极点增益模型是______函数。

2-2 选择题

1．传递函数反映了系统的动态性能，它与下列哪项因素有关？（　　）

A．输入信号　B．初始条件　C．系统的结构参数　D．输入信号和初始条件

2．关于传递函数，错误的说法是（　　）。

A．传递函数只适用于线性定常系统

B．传递函数不仅取决于系统的结构参数，给定输入信号和扰动输入信号对传递函数也有影响

C．传递函数一般式为复变量 s 的真分式

D．闭环传递函数的极点决定了系统的稳定性

3．若某典型环节的传递函数是 $G(s)=\dfrac{1}{5s+1}$，则该环节是（　　）。

A．比例环节　B．积分环节　C．惯性环节　D．微分环节

4．已知系统的微分方程为 $3\ddot{c}(t)+6\dot{c}(t)+2c(t)=2r(t)$，则系统的传递函数是（　　）。

A．$\dfrac{2}{3s^2+6s+2}$　B．$\dfrac{1}{3s^2+6s+2}$　C．$\dfrac{2}{2s^2+6s+3}$　D．$\dfrac{1}{2s^2+6s+3}$

5．若时域函数 $f(t)=\mathrm{e}^{-t}\cos 2t$，则其拉氏变换为（　　）。

A．$\dfrac{2}{(s+1)^2+4}$　B．$\dfrac{s+1}{(s+1)^2+4}$　C．$\dfrac{2}{(s+2)^2+1}$　D．$\dfrac{s}{(s+2)^2+1}$

6．若某典型环节的传递函数是 $G(s)=3$，则该环节是（　　）。

A．比例环节　B．惯性环节　C．积分环节　D．微分环节

7．已知系统的开环传递函数为 $\dfrac{50}{(2s+1)(s+5)}$，则该系统的开环增益为（　　）。

A．50　B．25　C．10　D．5

8．系统自由运动的模态由（　　）决定。

A．零点　B．极点　C．零极点　D．增益

9．在 MATLAB 中，绘制系统零极点图的函数是（　　）

A．roots　B．zpk　C．pzmap　D．tf2zp

10．将多项式型转化为零极点增益模型的函数是（　　）

A．zp2tf　B．zpk　C．tf　D．tf2zp

2-3 分析计算题

1．求下列函数的拉氏变换。

（1）$f(t)=3(1-\cos 4t)$　（2）$f(t)=t^2-\mathrm{e}^{4t}+5\sin 2t$　（3）$f(t)=1-t\mathrm{e}^{-t}$

2. 已知微分方程 $u(t)=Ri(t)+L\dfrac{\mathrm{d}i(t)}{\mathrm{d}t}+e(t)$，求电流 $i(t)$ 的拉氏变换。

3. 应用终值定理求下列象函数的原函数 $f(t)$ 的稳态值。

（1）$F(s)=\dfrac{4(s+1)}{(s+2)(s+3)}$　（2）$F(s)=\dfrac{4(s+1)}{s(s+2)(s+3)}$　（3）$F(s)=\dfrac{4(s+1)}{s^2(s+2)(s+3)}$

4．求下列函数的拉氏反变换。

（1）$F(s)=\dfrac{4(s+1)}{(s+2)(s+3)}$　　　（2）$F(s)=\dfrac{1}{s(s^2+1)}$

5．已知初始条件为零，求下列微分方程。

$$\frac{\mathrm{d}^2y(t)}{\mathrm{d}t^2}+5\frac{\mathrm{d}y(t)}{\mathrm{d}t}+6y(t)=6$$

6．试求出如图 2-85 所示的电路的传递函数。

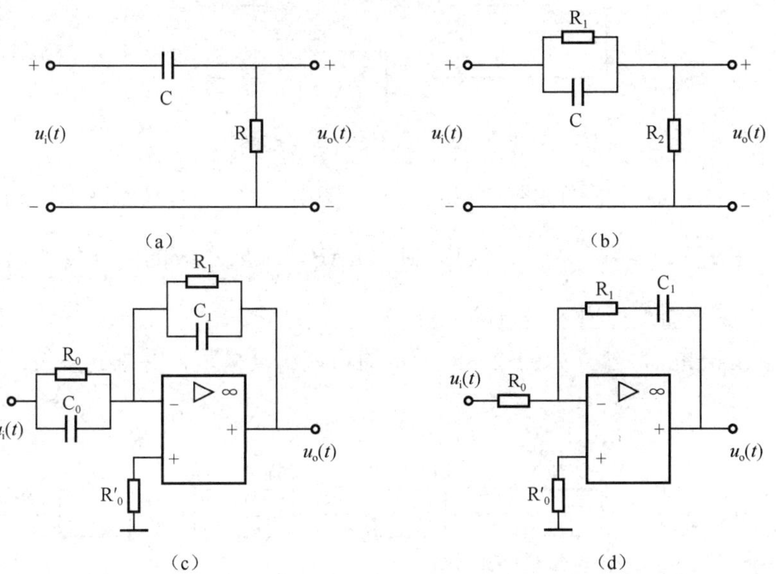

图 2-85　常用电路环节

7．已知自动控制系统方框图如图 2-86 所示，试分别用系统方框图的等效变换和梅逊公式求出系统闭环传递函数。

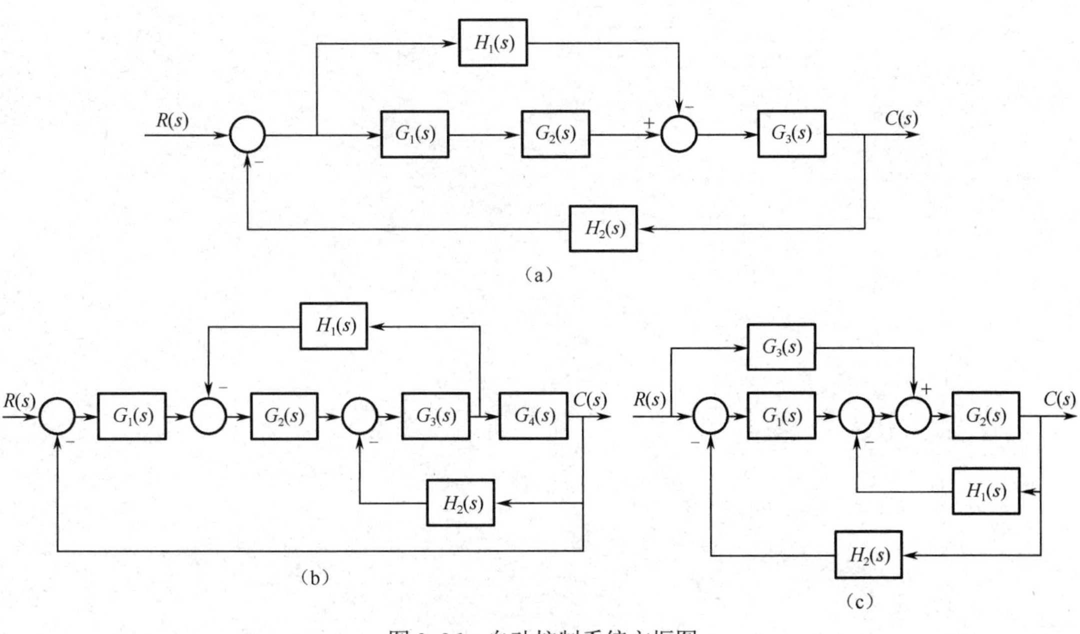

图 2-86　自动控制系统方框图

8．图 2-87 所示为某调速系统方框图，其中 $U_{\mathrm{i}}(s)$ 为输入量，$\Delta U(s)$ 为扰动量（电网电压波动）。求取转速对输入量的闭环传递函数 $\dfrac{N(s)}{U_{\mathrm{i}}(s)}$ 和转速对扰动量的闭环传递函数 $\dfrac{N(s)}{\Delta U(s)}$ 。

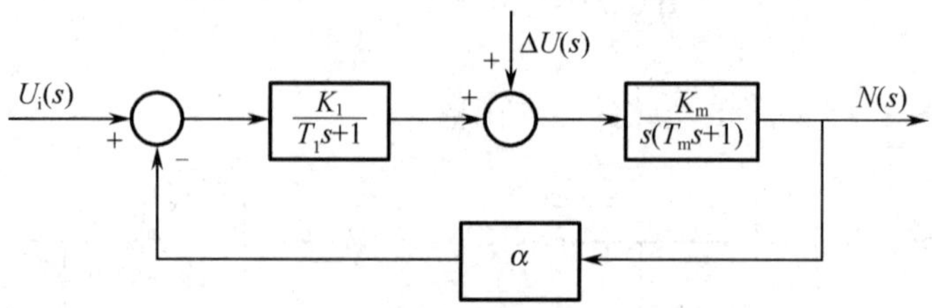

图 2-87　某调速系统方框图

9．已知某随动系统方框图如图 2-88 所示，图中的 $G_{\mathrm{c}}(s)$ 为检测环节与串联校正环节的总传递函数，设 $G_{\mathrm{c}}(s)=\dfrac{2(0.5s+1)}{0.5s}$，应用 MATLAB，求取系统的闭环传递函数 $\phi(s)$ 及 $\phi(s)$ 的零极点，并在 s 平面上标出零极点的位置。

10．应用 Simulink，建立如图 2-88 所示的系统仿真模型，并求此系统的单位阶跃响应曲线。

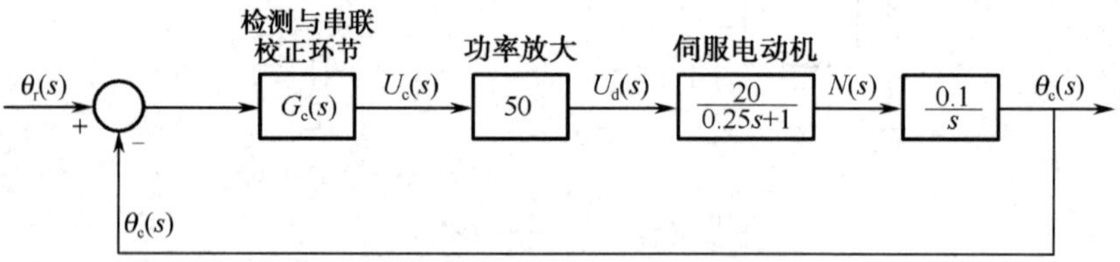

图 2-88　某随动系统方框图

单元 3 自动控制系统时域分析法

教学导航

知识目标	1. 掌握自动控制系统的性能指标; 2. 熟练利用时域分析法分析系统性能; 3. 稳定性概念、稳定充要条件及劳斯判据判别系统稳定性; 4. 掌握时域分析法分析稳态性能
技能目标	1. 能够利用时域分析法进行系统分析; 2. 能够根据系统性能指标进行系统综合; 3. 能够利用 MATLAB 进行系统仿真与分析
素质目标	1. 团队协作能力; 2. 组织沟通能力; 3. 严谨认真的学习及工作作风，勇于探索、敢于创新的精神; 4. 严谨规范的职业素养，独立探究和解决问题的专业素质
重/难点	重点：时域分析法分析系统稳定性、动态性能与稳态性能; 难点：改善系统动、稳态性能的方法
技能训练	1. 基于 MATLAB 的系统单位阶跃响应分析; 2. 典型二阶系统模拟电路及性能分析测试; 3. 基于 MATLAB 的高阶系统动态性能分析; 4. 三阶控制系统的稳定性分析; 5. 基于 Simulink 系统的稳态误差分析; 6. 转速负反馈有静差直流调速系统性能分析; 7. 调速系统的分析、调试与维护
思政元素	1. 由系统性能指标融入“辩证唯物主义矛盾论”; 2. 稳定性是系统的首要性能，映射出国家社会稳定才能进行五个文明建设; 3. 谢绪恺打破常规，32 岁提出系统稳定性的新代数判据——谢绪恺判据，成为国际上自动化学界首次以中国人名字命名的成果，引导学生要勤于思考，勇于探索，敢于创新。
推荐教学方法	任务引领线上线下相结合课堂教学、利用丰富的课程资源开展启发式、讨论式、参与式等多元化教学等

在建立自动控制系统的数学模型之后，就可以进行自动控制系统的分析和设计。在经典控制理论中，常用时域分析法、根轨迹法或频域分析法来分析线性控制系统的性能。不同的方法有不同的特点和适用范围，相比较而言，时域分析法是一种直接在时间域中对系统进行分析的方法，具有直观、准确的优点，并且可以提供系统时间响应的全部信息。

时域分析法是根据描述系统的微分方程或传递函数，直接求解出系统在输入信号作用下输出的表达式或相应的响应曲线来分析系统的性能。系统性能分析，就是分析系统能否满足它所提出的性能指标要求，分析某些参数变化对系统性能的影响。而系统的性能指标是在输入信号作用下的响应中体现出来的，下面介绍系统的时间响应与性能指标。

3.1 系统的时间响应与性能指标

扫一扫看本节内容思维导图

扫一扫看系统的时间响应与性能指标教学课件

3.1.1 自动控制系统的时间响应

自动控制系统在典型输入信号作用下的输出量为系统的时间响应，由动态响应与稳态响应两部分组成。

1. 动态响应

动态响应也称为暂态响应或瞬态响应，是指系统在典型输入信号作用下，系统输出量从初始状态到最终状态的响应过程。如果系统数学模型以微分方程形式描述，那么动态响应由齐次方程的通解决定，系统的运动形态由特征方程的根决定。根据系统特征方程的根的分布情况，动态响应表现为衰减、发散或等幅振荡形式。显然，一个可以实际运行的系统必须是稳定的，因为稳定性是系统能够运行的首要条件，也就是说，其动态响应一定是衰减的。动态响应除了可以提供系统稳定性的信息，还可以提供响应速度及阻尼情况等信息，这些信息都用动态性能描述。

2. 稳态响应

稳态响应是指系统在典型输入信号作用下，当时间趋近于无穷大时的系统输出量。如果系统数学模型以微分方程形式描述，那么稳态响应由非齐次方程的特解决定。稳态响应表征系统输出量最终复现输入量的程度，提供系统有关稳态误差的信息，此信息用稳态性能描述。

说明： 系统的时间响应由动态响应与稳态响应两部分组成，对应地，系统的性能指标由动态性能和稳态性能两部分组成。

3.1.2 自动控制系统的性能指标

自动控制系统的时域性能表现为稳定性、稳态性能和动态性能三个方面，稳定性是指系统偏离平衡状态后，自动恢复到平衡状态的能力，是系统能够运行的首要条件，只有稳定的系统，研究其动态性能和稳态性能才有意义。下面介绍表征系统动态性能和稳态性能的性能指标。

1. 动态性能指标

系统在不同输入信号作用下其输出响应的表现形式不同，而在典型输入信号中，阶跃信号是一种最严峻的信号，如果系统在单位阶跃信号作用下的性能指标能满足要求，那么在其他典型输入信号作用下的性能指标也能满足要求，因此常常通过单位阶跃信号作用下的系统阶跃响应来定义系统的动态性能指标。

稳定的系统从一个稳态过渡到另一个稳态需要经历一段时间，即需要经历一个过渡过程，该过程也称为动态过程、暂态过程或瞬态过程，对应的是系统动态响应。描述稳定的系统在单位阶跃信号作用下，动态过程随时间 t 的变化状况的指标，称为动态性能指标。

系统单位阶跃响应 $c(t)$曲线通常有衰减振荡和单调上升两种形式，如图 3-1 所示，下面由单位阶跃响应来介绍系统的动态性能指标，动态性能指标一般从快速性和平稳性两个方面来描述。

1）快速性

（1）上升时间（Rising Time）t_r：对于图 3-1（a）的衰减振荡形式，定义为系统单位阶跃响应曲线从零开始，第一次上升至稳态值所需的时间；而对于图 3-1（b）的单调上升形式，定义为响应过程从稳态值的 10%上升到 90%所需的时间。

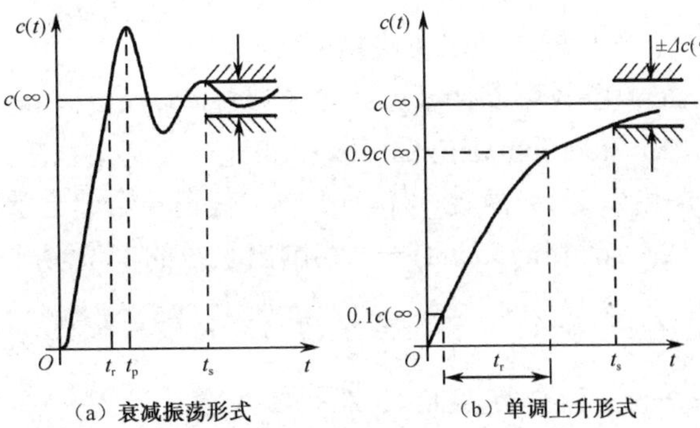

图 3-1　典型单位阶跃响应曲线

（2）峰值时间（Peak Time）t_p：定义为单位阶跃响应曲线从零开始达到第一个峰值所需的时间。

（3）调节时间（Settling Time）t_s：又称为过渡过程时间、调整时间、暂态过程时间，是指响应到达并不再越出稳态值的容许误差范围（±2%或±5%）所需的最短时间，误差带为 $\pm\Delta c(\infty)$，Δ取 0.02 或 0.05。

2）平稳性

（1）振荡次数 N：指单位阶跃响应曲线在调节时间范围内围绕其稳态值所振荡的次数。

$$N=\frac{t_s}{T_d} \tag{3-1}$$

式中，T_d 为振荡周期。

（2）超调量 $\sigma\%$：定义为单位阶跃响应曲线中对稳态值的最大超出量与稳态值的百分比。

$$\sigma\%=\frac{c(t_p)-c(\infty)}{c(\infty)}\times 100\% \tag{3-2}$$

应当指出，除简单的一、二阶系统之外，要精确确定这些动态性能指标的解析表达式是很困难的。

2. 稳态性能指标

稳态误差是描述系统稳态性能的一种性能指标，是系统控制精度或抗扰性能的一种度量。当系统从一个稳态过渡到另一个稳态，重新达到平衡后，系统的输出量不等于输入量或输入量的确定函数，也就是出现了偏差，这种偏差称为稳态误差e_{ss}。稳态误差的大小反映了系统的稳态精度，表明了系统的准确程度。稳态误差越小，系统的稳态精度越高。

一般以超调量、调整时间和稳态误差来评价系统响应的平稳性、快速性和稳态精度。

技能训练6　基于MATLAB的系统单位阶跃响应分析

1. 任务目标

（1）学会使用MATLAB编程绘制系统的单位阶跃响应曲线。

（2）学会使用MATLAB编程绘制系统在任意输入激励下的单位阶跃响应曲线。

（3）掌握准确读取动态性能指标的方法。

2. 任务内容

1）单位阶跃响应曲线绘制

step()函数可以计算连续系统单位阶跃响应，其调用格式如下。

（1）step(num,den) or step(sys)——绘制出系统的单位阶跃响应曲线，时间自动给定。对象sys可以是tf()函数、zpk()函数中任何一个建立的系统数学模型。

（2）step(num,den,t)——绘制出系统的单位阶跃响应曲线，时间人工给定。

【实例3-1】 已知系统的闭环传递函数为$\phi(s)=\dfrac{10}{s^2+2s+10}$，绘制其单位阶跃响应曲线。

解： 新建一个m文件，编写程序，程序为

```
num=[10];
den=[1 2 10];
t=0:0.1:7;
step(num,den,t)
```

运行程序，得到系统的单位阶跃响应曲线如图3-2所示。

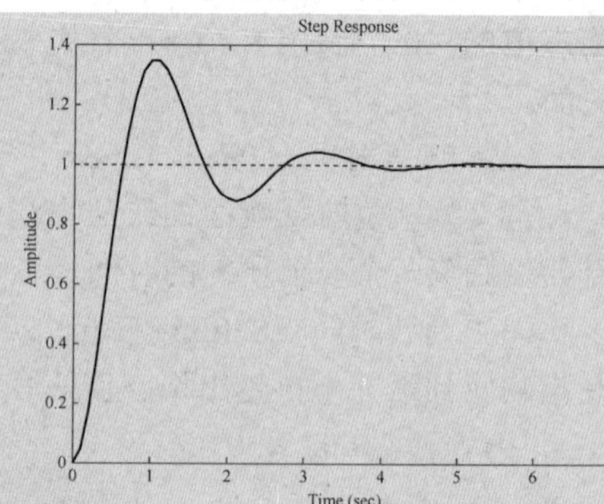

图3-2　实例3-1系统的单位阶跃响应曲线

2）动态性能指标的读取

方法1：根据动态性能指标的定义，用鼠标在单位阶跃响应曲线上单击相应的点，读出该点的坐标，从而得到系统的动态性能指标。

【实例3-2】 已知系统的闭环传递函数为$\phi(s)=\dfrac{10}{s^2+2s+10}$，测出其动态性能指标。

解： 实例3-1中已绘制出系统的单位阶跃响应曲线，用鼠标单击相应的点，得到图3-3，根据动态性能指标的定义，得到该系统。

上升时间t_r=0.634 s，峰值时间t_p=1.04 s，调节时间t_s=3.54 s，超调量$\sigma\%=\dfrac{c(t_p)-c(\infty)}{c(\infty)}\times 100\%=\dfrac{1.35-1}{1}\times 100\%=35\%$。

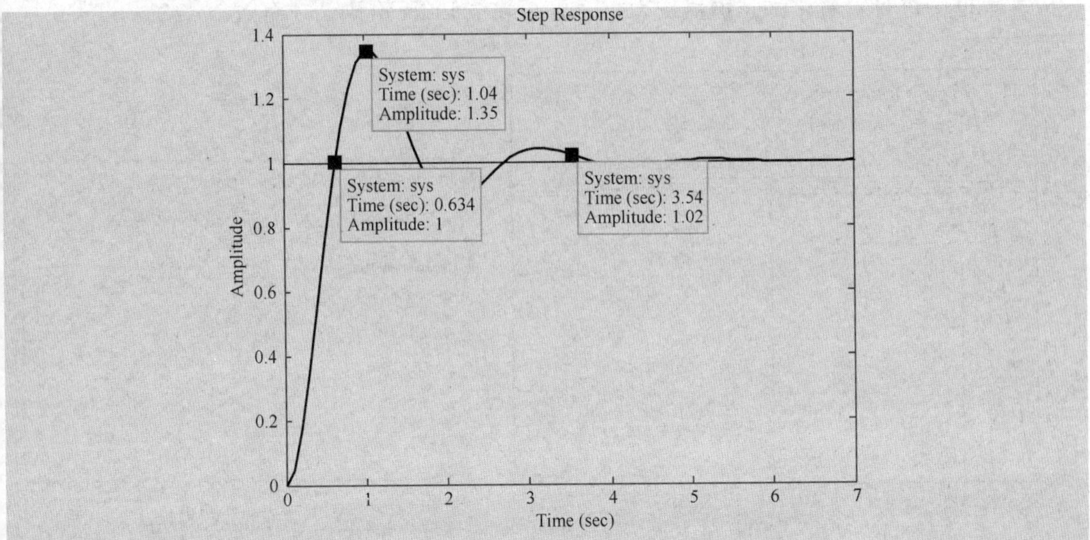

图 3-3　带坐标的单位阶跃响应曲线

> **注意：** *方法 1 存在一定的误差，若要从图中准确读出系统的动态性能指标，可采用方法 2。*

方法 2：在单位阶跃响应曲线中，利用快捷菜单中的命令，可以在曲线对应位置自动显示动态性能指标。下面介绍应用方法 2 如何求解实例 3-2。

在已绘制出的系统单位阶跃响应曲线中的空白区域，单击鼠标右键，在弹出的快捷菜单中选择“Characteristics”选项，可以显示动态性能指标“Peak Response”[响应的峰值也就是最大值 $c(t_p)$]、“Settling Time”（调节时间 t_s）、“Rise Time”（峰值时间 t_p）和“Steady State”[稳态值 $c(\infty)$]，将它们全部选中后，在单位阶跃响应曲线上的四个位置出现了相应的点，如图 3-4 所示，单击这四个点，相应值就显示出来了，如图 3-5 所示。

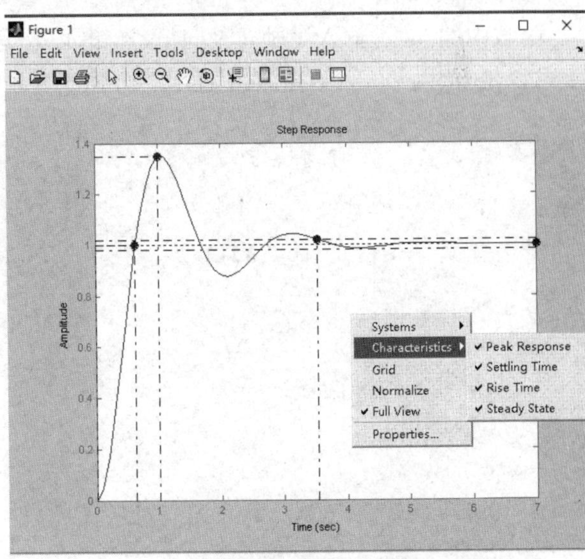

图 3-4　显示快捷菜单的单位阶跃响应曲线

务必注意，系统默认显示当误差带为 2%时的调节时间，若要显示误差带为 5%时的调节时间，可以单击鼠标右键，在弹出的快捷菜单中选择“Properties”选项，打开“属性编辑”对话框，如图 3-6 所示，在“Option”选项卡的相应文本框中进行设置。同样，系统默认上升时间为稳态值的 10%上升到 90%的时间，若要使上升时间为从 0 上升到 100%的时间，也需要在“Option”选项卡的相应文本框中进行设置。注意键盘键入数字后必须按 Enter 键确认才有效。

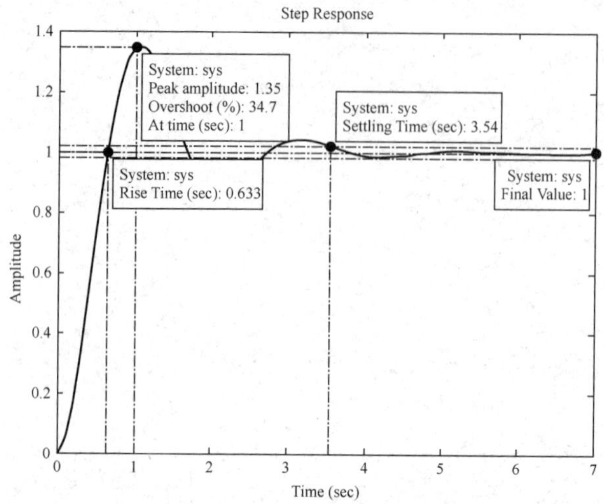

图 3-5　显示相应值的单位阶跃响应曲线

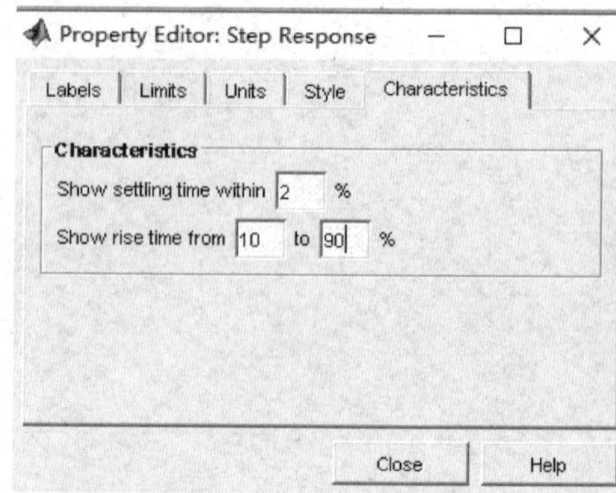

图 3-6　“属性编辑”对话框

从图 3-5 中的数据可以得到系统稳态值为 1，动态性能指标为上升时间 t_r=0.633s，峰值时间 t_p=1s，调节时间 t_s=3.54s，超调量 $\sigma\% = 34.7\%$。

3）观察系统在任意输入激励下的单位阶跃响应曲线

在 MATLAB 中，lsim()函数可以求出系统在任意输入激励下的响应。常用格式为

```
lsim(sys,u,t)
```

函数中的 u 是输入激励，是向量，t 也必须是向量，并且维数与 u 的维数相同。对象 sys 可以是 tf()函数、zpk()函数中任何一个建立的系统数学模型。

【实例 3-3】 当输入信号为 $u(t) = 5 + 2t$ 时，求系统 $\phi(s) = \dfrac{10}{s^2 + 2s + 10}$ 的单位阶跃响应曲线。

解： 新建一个 m 文件，编写程序，程序为

```
num=[10];
den=[1 2 10];
sys=tf(num,den);
u=5+2*t;
t=0:0.2:10;
lsim(sys,u,t);
hold on
plot(t,u,'−');
grid on
```

运行程序，得到系统在任意输入激励下的单位阶跃响应曲线如图 3-7 所示。

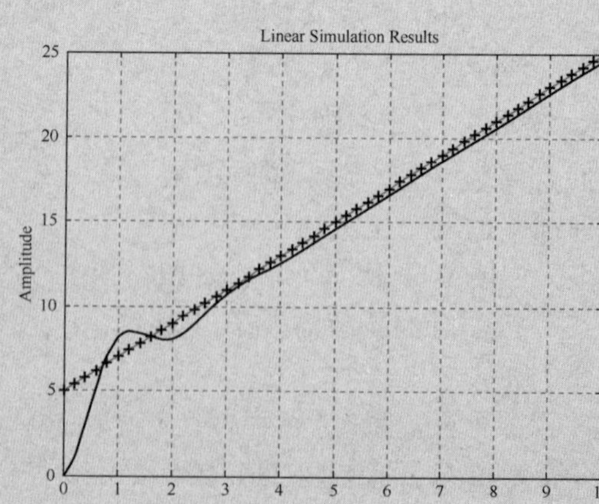

图 3-7　任意输入激励下的单位阶跃响应曲线

3. 任务实现

（1）验证实例 3-1、实例 3-2 和实例 3-3。

（2）熟练使用各函数命令，编写 m 文件，完成以下实践内容，并记录结果。

【实践 1】已知系统闭环传递函数为$\phi(s)=\dfrac{25}{s^2+3s+25}$，试绘制其在 5 s 内的单位阶跃响应曲线，并测出动态性能指标。

【实践 2】已知系统开环传递函数为$G_k(s)=\dfrac{100}{s^2+3s}$，试绘制单位负反馈闭环系统的单位阶跃响应曲线，并测出动态性能指标。

【实践 3】当输入为$u(t)=2\sin(3t)$时，试绘制实践 2 中系统的单位阶跃响应曲线。

（3）分析实践结果与数据，完成实训报告。

4. 拓展思考

当输入信号为$u(t)=1+t$时，绘制系统$\phi(s)=\dfrac{(s+1)(s+5)}{(s+2)(s^2+s+1)}$的单位阶跃响应曲线，并测出动态性能指标。

扫一扫看本节内容思维导图

扫一扫看一阶系统的动态性能分析教学课件

3.2　一阶系统的动态性能分析

凡是以一阶微分方程为运动方程的自动控制系统，都称为一阶系统。在工程实践中，一阶系统不乏其例。有些高阶系统的特性，常可用一阶系统的特性来近似表征。

3.2.1　一阶系统的数学模型

一阶系统的微分方程为

$$T\frac{\mathrm{d}c(t)}{\mathrm{d}t}+c(t)=r(t) \tag{3-3}$$

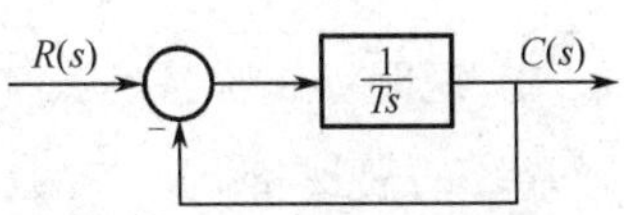

图 3-8　一阶系统方框图

其方框图如图 3-8 所示，闭环传递函数为

$$\phi(s)=\frac{C(s)}{R(s)}=\frac{1}{Ts+1} \tag{3-4}$$

式中，T为时间常数，式（3-3）或式（3-4）称为一阶系统的数学模型。

注意： 时间常数 T 是表征一阶系统特征的唯一参数。

3.2.2　一阶系统的单位阶跃响应及动态性能指标

1. 一阶系统的单位阶跃响应

设一阶系统的输入信号为单位阶跃函数$r(t)=1(t)$，其拉氏变换为$R(s)=\dfrac{1}{s}$，则由式（3-4）可得一阶系统输出量的拉氏变换为

$$C(s)=\phi(s)\times\frac{1}{s}=\frac{1}{Ts+1}\cdot\frac{1}{s}=\frac{1}{s}-\frac{1}{s+\frac{1}{T}} \tag{3-5}$$

对式（3-5）求取拉氏反变换，得到一阶系统的单位阶跃响应为

$$c(t)=1-\mathrm{e}^{-\frac{t}{T}}\quad(t\geqslant 0) \tag{3-6}$$

一阶系统的单位阶跃响应曲线如图3-9所示。可见，系统单位阶跃响应曲线是一条初始值为零，以指数规律上升到终值，即稳态值 $c(\infty)$ 的曲线。当 $t=T$ 时，$c(T)=0.632$；而当 t 分别等于 $2T$、$3T$、$4T$ 和 $5T$ 时，$c(t)$ 的数值分别等于终值的 86.5%、95%、98.2%和 99.3%。根据这一特点，可以用实验方法测定一阶系统的时间常数，或者判定所测系统是否属于一阶系统。

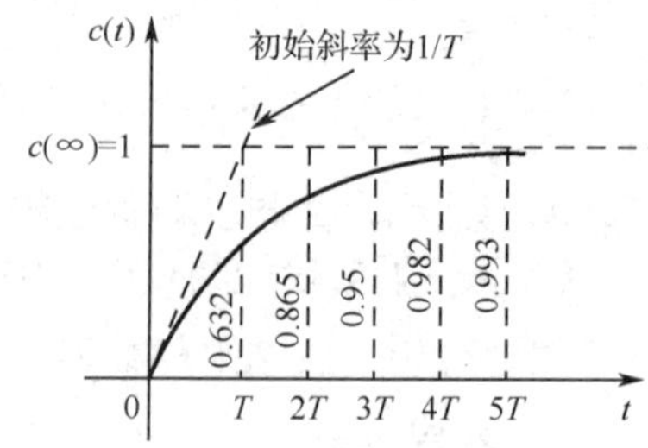

图3-9　一阶系统的单位阶跃响应曲线

一阶系统的单位阶跃响应曲线在 $t=0$ 处切线的斜率为

$$\left.\frac{\mathrm{d}c(t)}{\mathrm{d}t}\right|_{t=0}=\left.\frac{1}{T}\mathrm{e}^{-t/T}\right|_{t=0}=\frac{1}{T} \tag{3-7}$$

式（3-7）表明一阶系统的单位阶跃响应若以初始速度等速上升至稳态值 1，则所需时间恰好为 T。这也是常用的确定一阶系统时间常数 T 的方法之一。

2. 一阶系统的动态性能指标

根据动态性能指标的定义，一阶系统的动态性能指标如下。

上升时间：$t_r=2.20T$；

调节时间：$t_s=3T$（Δ=5%）或 $t_s=4T$（Δ=2%）。

系统响应没有振荡，也就没有超调，故峰值时间 t_p 和超调量 $\sigma\%$ 都不存在。

说明： 一阶系统性能主要由时间常数 T 确定。时间常数 T 反映系统的惯性，所以一阶系统的惯性越小，其响应越快；反之，惯性越大，响应越慢。

【实例3-4】 某一阶系统如图3-10所示，其中 K_h 为反馈通道上的反馈系数。（1）若 $K_h=0.1$，求调节时间 t_s（Δ=5%）；（2）若要求 t_s=0.1 s（Δ=5%），求 K_h。

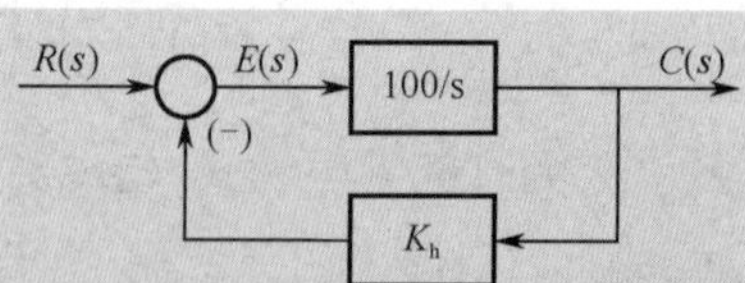

图3-10　实例3-4系统方框图

解：（1）先求出系统的传递函数为

$$\phi(s)=\frac{G(s)}{1+G(s)H(s)}=\frac{100/s}{1+(100/s)\times 0.1}=\frac{100}{s+10}=\frac{10}{1+s/10}$$

与标准形式对比得 T=1/10=0.1，则调节时间为

$$t_s=3T=0.3\ \mathrm{s}$$

（2）由闭环系统的传递函数 $\phi(s)=\dfrac{100/s}{1+K_h\cdot 100/s}=\dfrac{1/K_h}{1+s/100K_h}$，与标准形式对比得 $T=\dfrac{1}{100K_h}$。

题意要求 t_s=0.1 s，即 3T=0.1 s，$3\times\dfrac{1}{100K_h}=0.1$，得 K_h=0.3。

3.3　二阶系统的动态性能分析

扫一扫看本节内容思维导图

以二阶微分方程描述的系统称为二阶系统。在控制工程中，二阶系统比较常见。此外，许多高阶系统，在一定条件下忽略一些次要因素，常降阶为二阶系统来研究。因此，深入研究二阶系统具有广泛的实际意义。下面以典型二阶系统为模型进行分析。

3.3.1　二阶系统的数学模型

扫一扫看二阶系统的数学模型及单位阶跃响应教学课件

在单元 2 中，实例 2-8 中介绍的弹簧阻尼系统、实例 2-9 中介绍的 RLC 串联电路和实例 2-10 中介绍的他励直流电动机控制系统等都是二阶系统的实例，它们的时域数学模型微分方程可写成如下标准形式：

$$T^2\frac{\mathrm{d}^2c(t)}{\mathrm{d}t^2}+2\zeta T\frac{\mathrm{d}c(t)}{\mathrm{d}t}+c(t)=r(t) \tag{3-8}$$

式中，T 为时间常数；ζ 为阻尼比。相应的系统传递函数为

$$\phi(s)=\frac{C(s)}{R(s)}=\frac{1}{T^2s^2+2\zeta Ts+1} \tag{3-9}$$

为了使研究的结果具有普遍意义，可将式（3-9）表示为如下标准形式：

$$\phi(s)=\frac{C(s)}{R(s)}=\frac{\omega_n^2}{s^2+2\zeta\omega_n s+\omega_n^2} \tag{3-10}$$

其相应的方框图如图 3-11 所示，系统开环传递函数为

$$G_k(s)=\frac{\omega_n^2}{s(s+2\zeta\omega_n)} \tag{3-11}$$

式中，$\omega_n=\dfrac{1}{T}$ 为无阻尼自然振荡频率。

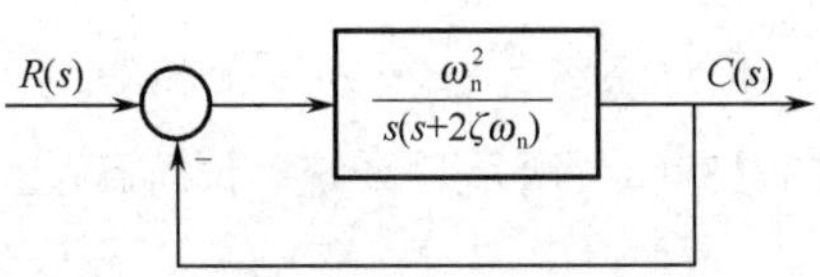

图 3-11　典型的二阶系统方框图

注意： 阻尼比 ζ 和无阻尼自然振荡频率 ω_n 为表征二阶系统特性的两个参数，在不同的物理系统中，ζ、ω_n 所代表的物理意义是不同的。

令式（3-10）的分母多项式为零，或者令 $1+G_k(s)=0$，可得系统的特征方程为

$$s^2+2\zeta\omega_n s+\omega_n^2=0 \tag{3-12}$$

特征方程的两个根（闭环极点）为

$$s_{1,2}=-\zeta\omega_n\pm\omega_n\sqrt{\zeta^2-1} \tag{3-13}$$

下面根据式（3-10）这一数学模型，研究二阶系统的时间响应及动态性能指标。

3.3.2 二阶系统的单位阶跃响应

扫一扫看二阶系统的闭环极点分布与单位阶跃响应曲线教学动画

当 $r(t)=1(t)$ 时，$R(s)=\dfrac{1}{s}$，则单位阶跃响应象函数为

$$C(s)=\phi(s)\cdot R(s)=\frac{\omega_n^2}{s^2+2\zeta\omega_n s+\omega_n^2}\cdot\frac{1}{s}$$

式（3-13）表明，对于不同的 ζ，二阶系统特征根 s_1、s_2 的性质是不同的，即特征根 s_1、s_2 在 s 平面上的分布位置是不同的，相应地，单位阶跃响应的形式也不同。下面分情况来讨论。

1. 过阻尼（ζ>1）情况

此时系统特征根为两个不相等的负实根：$s_{1,2}=-\zeta\omega_n\pm\omega_n\sqrt{\zeta^2-1}$，特征根在 s 平面上的分布位置如图 3-12（a）所示。系统单位阶跃响应象函数为

$$C(s)=\phi(s)\cdot R(s)=\frac{\omega_n^2}{s(s-s_1)(s-s_2)}=\frac{1}{s}+\frac{A}{s-s_1}+\frac{B}{s-s_2} \tag{3-14}$$

式中，$A=\lim\limits_{s\to s_1}(s-s_1)C(s)=\dfrac{\omega_n^2}{s_1(s_1-s_2)}$；$B=\lim\limits_{s\to s_2}(s-s_2)C(s)=\dfrac{\omega_n^2}{s_2(s_2-s_1)}$。

对式（3-14）进行拉氏反变换，可得过阻尼二阶系统的单位阶跃响应为

$$c(t)=1+Ae^{s_1t}+Be^{s_2t}\quad(t\geqslant0) \tag{3-15}$$

式（3-15）表明，二阶系统的单位阶跃响应包含两个单调衰减指数项，其代数和不会超过稳态值 1，因而过阻尼二阶系统的单位阶跃响应曲线是无振荡、无超调曲线，如图 3-12（b）所示。

2. 临界阻尼（ζ=1）情况

此时系统特征根为两个相等的负实根：$s_{1,2}=-\omega_n$，特征根在 s 平面上的分布位置如图 3-13（a）所示。系统单位阶跃响应象函数为

$$C(s)=\phi(s)\cdot R(s)=\frac{\omega_n^2}{s(s+\omega_n)^2}=\frac{1}{s}-\frac{1}{s+\omega_n}-\frac{\omega_n}{(s+\omega_n)^2} \tag{3-16}$$

对式（3-16）进行拉氏反变换，可得临界阻尼二阶系统的单位阶跃响应为

$$c(t)=1-e^{-\omega_n t}(1+\omega_n t)\quad(t\geqslant0) \tag{3-17}$$

式（3-17）表明，临界阻尼二阶系统的单位阶跃响应曲线为无超调单调上升曲线，如图 3-13（b）所示。系统响应速度比过阻尼情况要快。

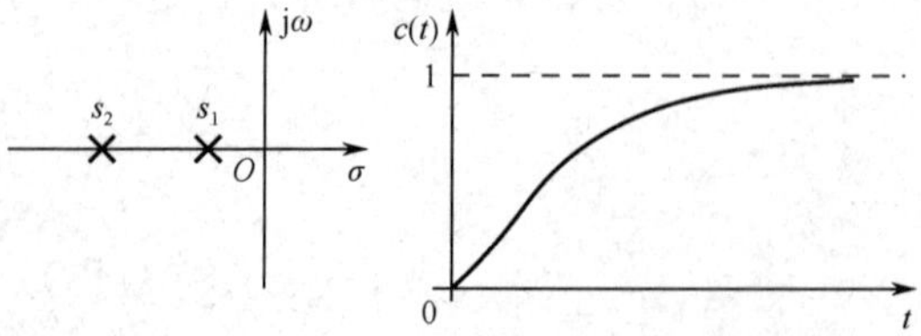

（a）（b）

图 3-12 过阻尼二阶系统特征根分布位置及单位阶跃响应曲线

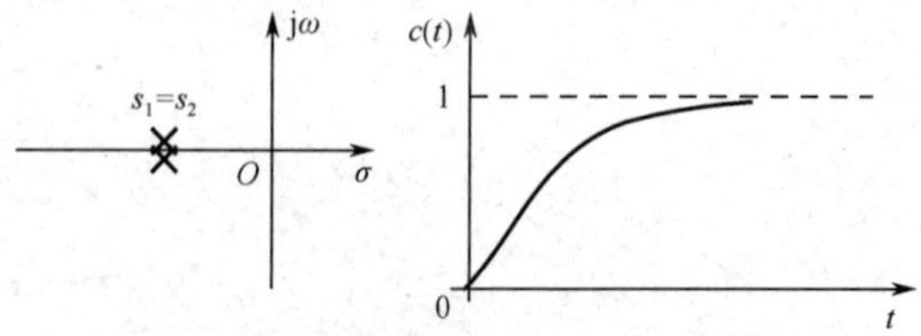

（a）（b）

图 3-13 临界阻尼二阶系统特征根分布位置及单位阶跃响应曲线

3. 欠阻尼（0<ζ<1）情况

此时系统特征根为一对具有负实部的共轭复数根：

$$s_{1,2}=-\zeta\omega_n\pm\omega_n\sqrt{\zeta^2-1}=-\zeta\omega_n\pm j\omega_n\sqrt{1-\zeta^2}$$

若令 $\sigma=\zeta\omega_n$，$\omega_d=\omega_n\sqrt{1-\zeta^2}$，则 $s_{1,2}=-\sigma\pm j\omega_d$。
式中，σ 为衰减系数；ω_d 为阻尼振荡频率。

特征根在 s 平面上的分布位置如图 3-14（a）所示。由图可见，衰减系数 σ 是特征根到虚轴的距离；阻尼振荡频率 ω_d 是特征根到实轴的距离；无阻尼自然振荡频率 ω_n 是特征根到坐标原点的距离；与负实轴夹角的余弦正好是阻尼比 ζ，即 $\zeta=\cos\beta$，故称 β 为阻尼角。

系统单位阶跃响应象函数为

$$\begin{aligned}C(s)=\phi(s)\cdot R(s)&=\frac{\omega_n^2}{s^2+2\zeta\omega_n s+\omega_n^2}\cdot\frac{1}{s}=\frac{\omega_n^2}{(s+\zeta\omega_n)^2+\omega_d^2}\cdot\frac{1}{s}\\&=\frac{1}{s}-\frac{s+2\zeta\omega_n}{(s+\zeta\omega_n)^2+\omega_d^2}\\&=\frac{1}{s}-\frac{s+\zeta\omega_n}{(s+\zeta\omega_n)^2+\omega_d^2}-\frac{\omega_d}{(s+\zeta\omega_n)^2+\omega_d^2}\cdot\frac{\zeta\omega_n}{\omega_d}\end{aligned}\tag{3-18}$$

对式（3-18）进行拉氏反变换得

$$c(t)=1-e^{-\zeta\omega_n t}\cos\omega_d t-\frac{\zeta\omega_n}{\omega_d}e^{-\zeta\omega_n t}\sin\omega_d t\quad(t\geqslant 0)$$

整理上式可得欠阻尼二阶系统的单位阶跃响应为

$$c(t)=1-\frac{e^{-\zeta\omega_n t}}{\sqrt{1-\zeta^2}}\sin(\omega_d t+\beta)\quad(t\geqslant 0)\tag{3-19}$$

式中，$\beta=\arctan\dfrac{\sqrt{1-\zeta^2}}{\zeta}$。

式（3-19）表明，欠阻尼二阶系统的单位阶跃响应是衰减振荡过程，必有超调产生，曲线如图 3-14（b）所示。

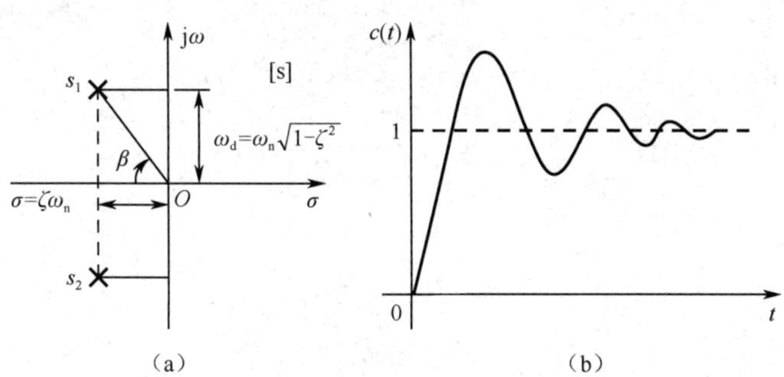

图 3-14　欠阻尼二阶系统特征根分布位置及单位阶跃响应曲线

4. 无阻尼（ζ=0）情况

此时系统特征根为一对纯虚根：$s_{1,2}=\pm j\omega_n$，特征根在 s 平面上的分布位置如图 3-15（a）所示。系统单位阶跃响应象函数为

$$C(s)=\phi(s)\cdot R(s)=\frac{\omega_{\mathrm{n}}^2}{s^2+\omega_{\mathrm{n}}^2}\cdot\frac{1}{s}=\frac{1}{s}-\frac{s}{s^2+\omega_{\mathrm{n}}^2} \tag{3-20}$$

对式（3-20）进行拉氏反变换，可得无阻尼二阶系统的单位阶跃响应为

$$c(t)=1-\cos\omega_{\mathrm{n}}t \quad (t\geqslant 0) \tag{3-21}$$

式（3-21）表明，无阻尼二阶系统的单位阶跃响应为等幅振荡，曲线如图 3-15（b）所示。无阻尼二阶系统属于不稳定系统。

将以上四种情况的单位阶跃响应曲线绘制在同一坐标系中，如图 3-16 所示，其横坐标为无因次时间 $\omega_{\mathrm{n}}t$。由图 3-16 可得：①在过阻尼（$\zeta>1$）和临界阻尼（ζ=1）单位阶跃响应曲线中，临界阻尼具有最短的上升时间，响应速度最快；②在欠阻尼（$0<\zeta<1$）单位阶跃响应曲线中，阻尼比越小，超调量越大，上升时间越短，对于二阶系统的设计，一般取 ζ=0.4～0.8 为宜，此时超调量适度，调节时间较短，常称 ζ=0.707 时的阻尼比为最佳阻尼比，相应系统称为最佳二阶系统。

由于二阶系统一般设计在欠阻尼状态，故下面主要对欠阻尼二阶系统的动态性能指标进行讨论和计算。

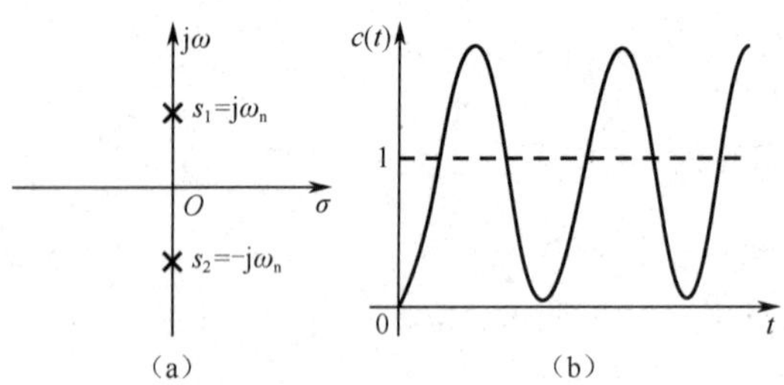

图 3-15　无阻尼二阶系统特征根分布位置及单位阶跃响应曲线

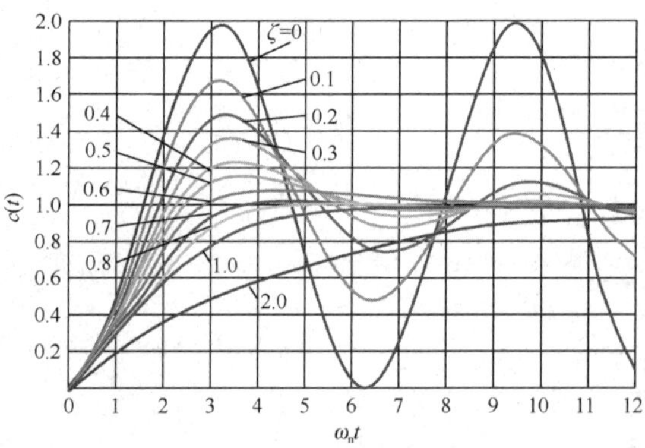

图 3-16　典型二阶系统的单位阶跃响应曲线

3.3.3　欠阻尼二阶系统的动态性能指标

扫一扫看欠阻尼二阶系统的动态性能指标教学课件

1. 上升时间 t_{r}

由上升时间的定义，可在式（3-19）中，令 $c(t_{\mathrm{r}})=1$，即

$$\frac{\mathrm{e}^{-\zeta\omega_{\mathrm{n}}t_{\mathrm{r}}}}{\sqrt{1-\zeta^2}}\sin(\omega_{\mathrm{d}}t_{\mathrm{r}}+\beta)=0$$

可得

$$t_{\mathrm{r}}=\frac{\pi-\beta}{\omega_{\mathrm{d}}}=\frac{\pi-\beta}{\omega_{\mathrm{n}}\sqrt{1-\zeta^2}} \tag{3-22}$$

由式（3-22）可见，当阻尼比 ζ 一定时，阻尼角 β 不变，系统的响应速度与无阻尼自然振荡频率 ω_{n} 成反比；而当阻尼振荡频率 ω_{d} 一定时，阻尼比 ζ 越小，上升时间越短。

2. 峰值时间 t_{p}

由峰值时间的定义，可采用求极值的方法来求取。

令 $\left.\dfrac{\mathrm{d}c(t)}{\mathrm{d}t}\right|_{t=t_{\mathrm{p}}}=0$，可得

$$t_{\mathrm{p}}=\frac{\pi}{\omega_{\mathrm{d}}}=\frac{\pi}{\omega_{\mathrm{n}}\sqrt{1-\zeta^2}} \tag{3-23}$$

由式（3-23）可见，峰值时间等于阻尼振荡周期的一半，或者说，峰值时间与特征根的虚部数值 ω_{d} 成反比。特征根离负实轴的距离越远，系统的峰值时间越短。

3. 超调量$\sigma\%$

将式（3-23）代入欠阻尼二阶系统单位阶跃响应表达式（3-19），求得

$$c(t_{\mathrm{p}})=1-\frac{\mathrm{e}^{-\zeta\omega_{\mathrm{n}}\frac{\pi}{\omega_{\mathrm{d}}}}}{\sqrt{1-\zeta^2}}\sin\left(\omega_{\mathrm{d}}\cdot\frac{\pi}{\omega_{\mathrm{d}}}+\beta\right)=1-\frac{\mathrm{e}^{-\zeta\omega_{\mathrm{n}}\frac{\pi}{\omega_{\mathrm{n}}\sqrt{1-\zeta^2}}}}{\sqrt{1-\zeta^2}}\sin(\pi+\beta)$$

由于 $\sin\beta=\sqrt{1-\zeta^2}$，故将上式化简为

$$c(t_{\mathrm{p}})=1+\mathrm{e}^{\frac{-\zeta\pi}{\sqrt{1-\zeta^2}}}$$

根据定义

$$\sigma\%=\frac{c(t_{\mathrm{p}})-c(\infty)}{c(\infty)}\times100\%$$

考虑 $c(\infty)=1$，得

$$\sigma\%=\mathrm{e}^{-\frac{\pi\zeta}{\sqrt{1-\zeta^2}}}\times100\% \tag{3-24}$$

由式（3-24）可见，超调量 $\sigma\%$ 仅是阻尼比 ζ 的函数，而与无阻尼自然振荡频率 ω_{n} 无关。阻尼比 ζ 越大，超调量 $\sigma\%$ 越小，系统平稳性越好。

4. 调节时间 t_{s}

在图 3-17 中，指数曲线 $1\pm\dfrac{\mathrm{e}^{-\zeta\omega_{\mathrm{n}}t}}{\sqrt{1-\zeta^2}}$ 是对称于 $c(\infty)=1$ 的一对包络线，整个单位阶跃响应曲线总是包含在这一对包络线之内。工程上通常用包络线代替实际单位阶跃响应曲线来估算调节时间，调节时间的近似公式为

$$\begin{cases} t_{\mathrm{s}}=\dfrac{3}{\zeta\omega_{\mathrm{n}}} & (\varDelta=5\%) \\ t_{\mathrm{s}}=\dfrac{4}{\zeta\omega_{\mathrm{n}}} & (\varDelta=2\%) \end{cases} \tag{3-25}$$

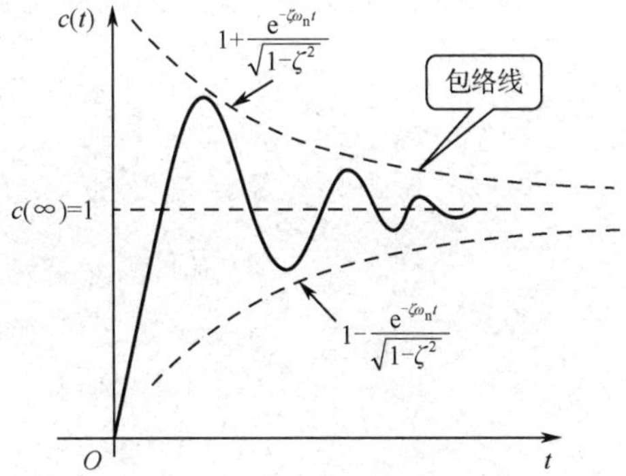

图 3-17　欠阻尼二阶系统单位阶跃响应曲线及其包络线

式（3-25）说明，调节时间 t_{s} 与特征根的实部数值成反比，如果特征根离虚轴的距离越远，那么系统的调节时间 t_{s} 越短。而系统的超调量 $\sigma\%$ 由阻尼比 ζ 决定，所以调节时间 t_{s} 主要由无阻尼自然振荡频率 ω_{n} 来确定。可通过保持阻尼比 ζ 不变而增大无阻尼自然振荡频率 ω_{n} 的方法，在不改变系统超调量 $\sigma\%$ 的前提下缩短调节时间 t_{s}。

5. 振荡次数 N

若阻尼振荡的周期用 T_{d} 表示，则

$$T_{\mathrm{d}}=\frac{2\pi}{\omega_{\mathrm{d}}}=\frac{2\pi}{\omega_{\mathrm{n}}\sqrt{1-\zeta^2}}$$

振荡次数为

$$N=\frac{t_{\mathrm{s}}}{T_{\mathrm{d}}}=\frac{\dfrac{3(\text{或}4)}{\zeta\omega_{\mathrm{n}}}}{\dfrac{2\pi}{\omega_{\mathrm{n}}\sqrt{1-\zeta^2}}}=\frac{1.5(\text{或}2)\sqrt{1-\zeta^2}}{\pi\zeta}\quad(\varDelta=5\%\text{或}2\%)\tag{3-26}$$

从上述各项动态性能指标的计算式可以看出，各指标之间是有矛盾的。例如，增大阻尼比ζ，超调量$\sigma\%$减小，提高了系统的平稳性，但会导致上升时间t_{r}和峰值时间t_{p}延长。因此，对于既要增强系统的平稳性，又要具有较高响应速度的二阶系统设计，需要采取合理的折中方案和补偿方案，才能达到设计目的。

【实例 3-5】 已知图 3-18 中 $T_{\mathrm{m}}=0.2$，$K=5$，求系统性能指标。

解： 求出系统闭环传递函数为

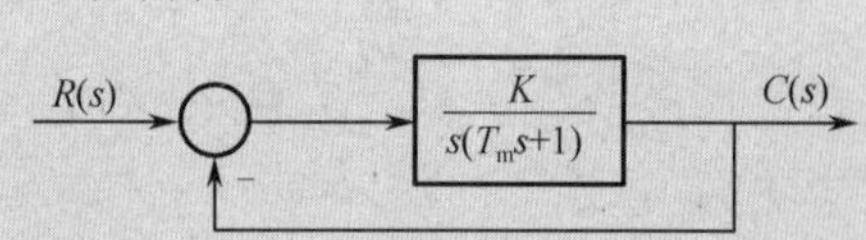

图 3-18 实例 3-5 系统方框图

$$\phi(s)=\frac{\dfrac{K}{s(T_{\mathrm{m}}s+1)}}{1+\dfrac{K}{s(T_{\mathrm{m}}s+1)}}=\frac{K}{s(T_{\mathrm{m}}s+1)+K}$$

化为标准形式：

$$\phi(s)=\frac{K/T_{\mathrm{m}}}{s^2+s/T_{\mathrm{m}}+K/T_{\mathrm{m}}}=\frac{\omega_{\mathrm{n}}^2}{s^2+2\zeta\omega_{\mathrm{n}}s+\omega_{\mathrm{n}}^2}$$

即

$$2\zeta\omega_{\mathrm{n}}=\frac{1}{T_{\mathrm{m}}}=5,\quad \omega_{\mathrm{n}}^2=\frac{K}{T_{\mathrm{m}}}=25$$

解得

$$\omega_{\mathrm{n}}=5,\quad \zeta=0.5$$

由于$0<\zeta=0.5<1$，系统为欠阻尼二阶系统，由式（3-24）计算超调量为

$$\sigma\%=\mathrm{e}^{-\frac{\pi\zeta}{\sqrt{1-\zeta^2}}}\times100\%=16.3\%$$

由式（3-23）和式（3-25）计算峰值时间和调节时间为

$$t_{\mathrm{p}}=\frac{\pi}{\omega_{\mathrm{d}}}=\frac{\pi}{\omega_{\mathrm{n}}\sqrt{1-\xi^2}}=0.73\,\mathrm{s},\quad t_{\mathrm{s}}=\frac{3}{\zeta\omega_{\mathrm{n}}}=1.2\,\mathrm{s}$$

求出阻尼角$\beta=\arccos\zeta$，代入式（3-22）得上升时间为

$$t_{\mathrm{r}}=\frac{\pi-\beta}{\omega_{\mathrm{d}}}=\frac{\pi-\beta}{\omega_{\mathrm{n}}\sqrt{1-\zeta^2}}=0.486\,\mathrm{s}$$

【实例 3-6】 已知单位负反馈二阶系统的单位阶跃响应曲线如图 3-19 所示，试求出系统的开环传递函数。

解： 由系统的单位阶跃响应曲线，判断出此系统为欠阻尼系统。根据单位阶跃响应曲线及动态性能指标定义可读出系统性能指标

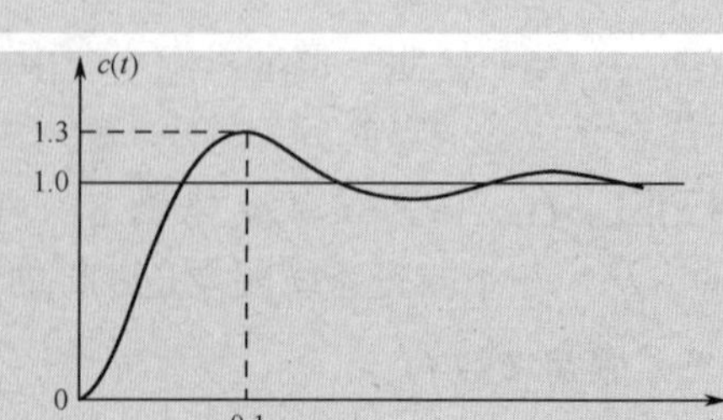

图 3-19 单位负反馈二阶系统的单位阶跃响应曲线

$$\sigma\%=\frac{1.3-1}{1}\times 100\%=30\%，\quad t_{\mathrm{p}}=0.1\ \mathrm{s}$$

由峰值时间和超调量的计算式（3-23）和式（3-24）得

$$\sigma\%=\mathrm{e}^{-\frac{\pi\zeta}{\sqrt{1-\zeta^2}}}\times 100\%=30\%，\quad t_{\mathrm{p}}=\frac{\pi}{\omega_{\mathrm{n}}\sqrt{1-\zeta^2}}=0.1\ \mathrm{s}$$

求解上述两式，得

$$\zeta=0.357，\quad \omega_{\mathrm{n}}=33.6$$

于是系统的开环传递函数为

$$G_{\mathrm{k}}(s)=\frac{\omega_{\mathrm{n}}^2}{s(s+2\zeta\omega_{\mathrm{n}})}=\frac{33.6^2}{s(s+2\times 0.357\times 33.6)}=\frac{1129}{s(s+24)}$$

3.3.4　二阶系统性能的改善

扫一扫看二阶系统性能的改善教学课件

在二阶系统性能的改善方法中，比例-微分控制和速度反馈控制是两种常用的方法。

1. 比例-微分控制

图 3-20 所示为在典型二阶系统的基础上加入了比例-微分控制的系统方框图，其开环传递函数为

$$G_{\mathrm{k}}(s)=\frac{\omega_{\mathrm{n}}^2(1+\tau_{\mathrm{d}}s)}{s(s+2\zeta\omega_{\mathrm{n}})}$$

式中，τ_{d} 为微分时间常数，相当于给系统增加了一个开环零点，其闭环传递函数为

$$\begin{aligned}\phi(s)=\frac{C(s)}{R(s)}&=\frac{\omega_{\mathrm{n}}^2(1+\tau_{\mathrm{d}}s)}{s^2+(2\zeta\omega_{\mathrm{n}}+\tau_{\mathrm{d}}\omega_{\mathrm{n}}^2)s+\omega_{\mathrm{n}}^2}\\&=\frac{\omega_{\mathrm{n}}^2(1+\tau_{\mathrm{d}}s)}{s^2+2\zeta_{\mathrm{d}}\omega_{\mathrm{n}}s+\omega_{\mathrm{n}}^2}\end{aligned}\qquad（3-27）$$

式中，ζ_{d} 为等效阻尼比

$$2\zeta_{\mathrm{d}}\omega_{\mathrm{n}}=2\zeta\omega_{\mathrm{n}}+\tau_{\mathrm{d}}\omega_{\mathrm{n}}^2$$

故有

$$\zeta_{\mathrm{d}}=\zeta+\frac{1}{2}\tau_{\mathrm{d}}\omega_{\mathrm{n}}\qquad（3-28）$$

比例-微分这种控制方法，工业上又称为 PD 控制。由式（3-27）可见，比例-微分控制相当于给系统增加了一个闭环零点，即增加了对输入的微分，使系统的响应速度加快。由式（3-28）可见，比例-微分控制使系统的阻尼比增大，超调量减小，平稳性变好。应当指出，微分器对于噪声，特别是高频噪声的放大作用，远大于对缓慢变化输入信号的放大作用。因此在系统输入端噪声较强的情况下，不宜采用比例-微分控制方式。此时，可考虑选用控制工程中常用的速度反馈控制方式。

2. 速度反馈控制

图 3-21 所示为在二阶系统中加入速度反馈控制的系统方框图，其开环传递函数为

$$G_k(s)=\frac{\omega_n^2}{s(s+2\zeta\omega_n+K_t\omega_n^2)}$$

闭环传递函数为

$$\phi(s)=\frac{C(s)}{R(s)}=\frac{\omega_n^2}{s^2+(2\zeta\omega_n+K_t\omega_n^2)s+\omega_n^2}=\frac{\omega_n^2}{s^2+2\zeta_t\omega_n s+\omega_n^2} \tag{3-29}$$

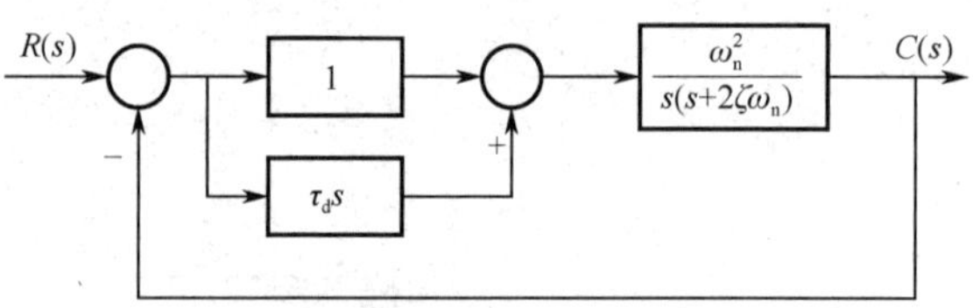

图3-20　带比例-微分控制的二阶系统方框图

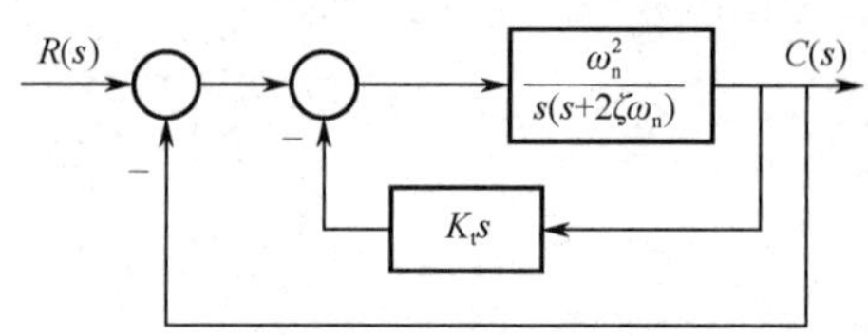

图3-21　带速度反馈控制的二阶系统方框图

式中，ζ_t为等效阻尼比

$$2\zeta_t\omega_n=2\zeta\omega_n+K_t\omega_n^2$$

故有

$$\zeta_t=\zeta+\frac{1}{2}K_t\omega_n \tag{3-30}$$

由式（3-30）可见，速度反馈控制使系统的阻尼比增大，超调量减小，平稳性变好。应当指出，速度反馈控制虽不影响无阻尼自然振荡频率，但会降低开环增益，从而加大系统在斜坡输入时的稳态误差，故在设计速度反馈控制系统时，可以适当增大原系统的开环增益，以弥补稳态误差的损失，同时适当选择速度反馈系数K_t，使阻尼比ζ_t为 0.4～0.8，从而满足给定的各项动态性能指标。

技能训练7　典型二阶系统模拟电路及性能分析测试

扫一扫看典型二阶系统模拟电路及性能分析测试教学课件

1. 任务目标

（1）研究二阶系统的特征参数，阻尼比ζ和无阻尼自然振荡频率 ω_n 对系统动态性能的影响，定量分析ζ和ω_n与超调量$\sigma\%$和调节时间t_s之间的关系。

（2）掌握利用 MATLAB 分析二阶系统性能，并分析不同参数对系统性能的影响。

（3）学会根据二阶系统的单位阶跃响应曲线判断系统的阻尼状态。

2. 任务内容

1）由典型环节构造二阶系统模拟电路

典型二阶系统是由一个积分环节和一个惯性环节串联等效而成的，根据典型环节的模拟电路构成，可搭建二阶系统的模拟电路图，如图3-22所示。

该电路对应的系统方框图如图3-23所示。

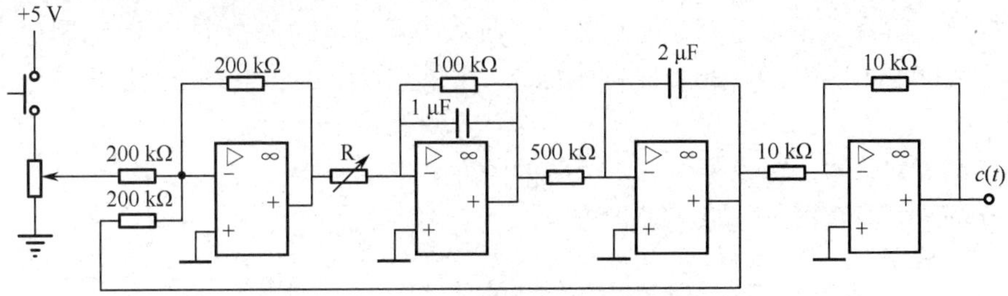

图 3-22 二阶系统的模拟电路图

图中 $K_1=\dfrac{100}{R}$，$T_1=100\,\text{k}\Omega\times1\,\mu\text{F}=0.1\,\text{s}$，$\tau=500\,\text{k}\Omega\times2\,\mu\text{F}=1\,\text{s}$。由图 3-23 可得该系统开环传递函数为

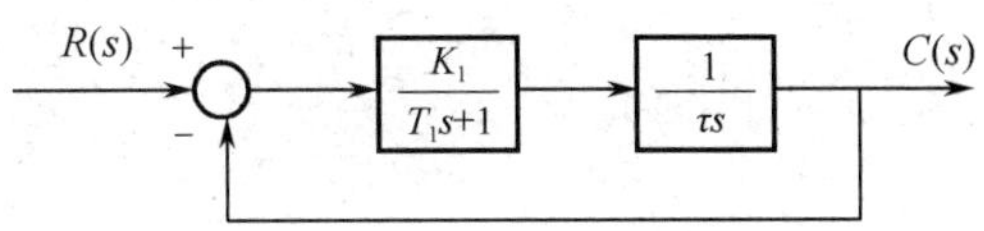

图 3-23 图 3-22 的系统方框图

$$G_k(s)=\frac{K_1}{\tau s(T_1s+1)}=\frac{100/R}{s(0.1s+1)}=\frac{\omega_n^2}{s(s+2\zeta\omega_n)}$$

可推导出其闭环传递函数为

$$\phi(s)=\frac{C(s)}{R(s)}=\frac{1\,000/R}{s^2+10s+1\,000/R}=\frac{\omega_n^2}{s^2+2\zeta\omega_n s+\omega_n^2}$$

故

$$\omega_n^2=\frac{1\,000}{R},\ 2\zeta\omega_n=10$$

可见改变电阻 R 的值就可以调节阻尼比 ζ 和无阻尼自然振荡频率 ω_n，从而进行二阶系统动态性能分析。

2）研究阻尼比 ζ 的变化对系统动态性能的影响

（1）当 R=10 kΩ 或 R=20 kΩ 时，ζ=0.5 或 ζ=0.707，系统处于欠阻尼状态，系统特征根为一对共轭复数根，其单位阶跃响应曲线为衰减振荡曲线，阻尼振荡频率为 $\omega_d=\omega_n\sqrt{1-\zeta^2}$。对于不同的 ζ，振荡的振幅和频率都是不同的，ζ 越小，超调量越大。当 ζ=0.707 时，系统达到最佳状态，此时称为最佳二阶系统。

（2）当 R=40 kΩ 时，ζ=1，系统处于临界阻尼状态，系统特征根为两个相等的负实数根，其单位阶跃响应曲线为单调上升曲线，系统无超调。

（3）当 R=100 kΩ 时，ζ=1.58，系统处于过阻尼状态，系统特征根为两个不相等的负实数根，其单位阶跃响应曲线也为单调上升曲线，不过其上升的速度较临界阻尼更慢，系统无超调。

3. 任务实现

（1）分析模拟电路图中各运算放大器的功能，根据所掌握的数学模型建立方法，建立二阶系统的数学模型。

（2）取电阻 R 分别等于 100 kΩ、40 kΩ、20 kΩ 和 10 kΩ，利用 MATLAB 进行二阶系统动态性能仿真分析，绘制出单位阶跃响应曲线，测出并记录超调量 $\sigma\%$、上升时间 t_r、峰值时间 t_p 和调整时间 t_s 等参数，填入表 3-1。

（3）搭建二阶系统模拟电路，通过改变二阶系统模拟电路图中电阻 R 的阻值变化，使 R 分别等于 100 kΩ、40 kΩ、20 kΩ 和 10 kΩ，用示波器分别观测系统的输出波形，并将结果记入表 3-1。

（4）根据实训数据，讨论最佳二阶系统的条件。

（5）分析结果与数据，完成实训报告。

表 3-1　二阶系统单位阶跃响应曲线及其动态性能指标记录表

项目	参数											单位阶跃响应曲线
	R (kΩ)	ω_n	ζ	$\sigma\%$		t_p(s)		t_r(s)		t_s(s)		
				测量	仿真	测量	仿真	测量	仿真	测量	仿真	
$0<\zeta<1$ 欠阻尼	10											
	20											
$\zeta=1$ 临界阻尼	40			—		—						
$\zeta>1$ 过阻尼	100			—		—						

4. 拓展思考

（1）二阶系统的 K 变化时，将对系统性能产生什么样的影响？

（2）二阶系统的阻尼比小于 0 时，系统处于什么状态？

3.4 高阶系统动态性能分析

扫一扫看本节内容思维导图

扫一扫看高阶系统动态性能分析教学课件

凡是用高于二阶的常微分方程描述输出信号与输入信号之间关系的自动控制系统，均称为高阶系统。严格地说，大多数自动控制系统都是高阶系统，这些高阶系统往往是由若干惯性子系统（一阶系统）或振荡子系统（二阶系统）组成的。对于不能由一、二阶系统近似的高阶系统，其动态性能指标的确定是比较复杂的。工程上常采用闭环主导极点的概念对高阶系统进行近似分析，或者直接应用 MATLAB 进行高阶系统分析。

1. 主导极点概念

对于稳定的高阶系统，其闭环极点和零点在 s 平面左半平面上虽然有各种不同的分布模式，但就距虚轴的距离来说，却只有远近之别。如果在所有闭环极点中，距离虚轴最近的极点周围没有闭环零点，而其他闭环极点又远离虚轴，那么将该极点称为闭环主导极点。由于闭环主导极点所对应的响应分量随着时间的推移衰减缓慢，在系统时间响应过程中起主导作用，故称为闭环主导极点。除闭环主导极点外，所有其他闭环极点统称为非主导极点。闭环主导极点可以是实数极点，也可以是共轭复数极点，或者是它们的组合。主导极点对系统的性能起着决定性作用，故在分析高阶系统性能时，可忽略非主导极点，将高阶系统近似为低阶系统处理。

注意：

（1）利用主导极点概念进行近似分析时，只能分析动态性能；

（2）引入主导极点概念，可近似将高阶系统转化为低阶系统处理，忽略的只是非主导极点的时间常数表示式 $\dfrac{1}{Ts+1}$，而不是零极点的表示形式 $\dfrac{1}{s-p}$，否则，将对系统增益造成影响。

2. 利用主导极点分析系统动态性能

扫一扫看闭环主导极点概念教学动画

扫一扫看偶极子概念教学动画

在控制工程实践中，通常要求系统既具有较高的响应速度，又具有一定的阻尼程度，因此高阶系统的增益常常调整到使系统具有一对闭环共轭主导极点，这时，可以用二阶系统的动态性能指标来估算高阶系统的动态性能。原来的高阶系统可以用一个欠阻尼二阶系统来近似进行分析，下面举例说明。

【实例 3-7】 已知闭环系统的传递函数为 $\phi(s)=\dfrac{C(s)}{R(s)}=\dfrac{18.75(s+3.2)}{(s+3)(s+10)(s^2+2s+2)}$，结合主导极点概念分析该系统的动态性能。

解： 分析该系统的传递函数可以看到，它有一个零点 $z_1=-3.2$；有四个极点，分别为 $p_1=-3$，$p_2=-10$，$p_{3,4}=-1\pm \mathrm{j}$。可见，$\phi(s)$有一对非常靠近的零点和极点（-3.2 和-3），它们之间的距离远小于它们与其他极点之间的距离，则这一对零点和极点可以相消，称为偶极子。消去这对零点和极点后的传递函数变为

$$\phi_1(s)=\frac{18.75\times 3.2}{3}\cdot\frac{1}{(s+10)(s^2+2s+2)}=\frac{20}{(s+10)(s^2+2s+2)}$$

分析 $\phi_1(s)$，其中极点 $p_2=-10$ 与虚轴的距离相比其他两个极点 $p_{3,4}=-1\pm \mathrm{j}$ 与虚轴的距离要远得多，因此可以忽略。由此可将原四阶系统近似成二阶系统，其传递函数为

$$\phi_2(s)=\frac{20}{10}\cdot\frac{1}{s^2+2s+2}=\frac{2}{s^2+2s+2}$$

这样可用此二阶系统的动态性能指标来估算原来四阶系统的动态性能。

将二阶系统传递函数化为标准形式得

$$\phi_2(s)=\frac{2}{s^2+2s+2}=\frac{\omega_{\mathrm{n}}^2}{s^2+2\zeta\omega_{\mathrm{n}}s+\omega_{\mathrm{n}}^2}$$

可求得该二阶系统的 $\omega_{\mathrm{n}}=\sqrt{2}$，$\zeta=\dfrac{\sqrt{2}}{2}$，它的主要动态性能指标为

$$\sigma\%=\mathrm{e}^{-\frac{\pi\zeta}{\sqrt{1-\zeta^2}}}\times 100\%=4.3\%$$

$$t_{\mathrm{s}}=\frac{3}{\zeta\omega_{\mathrm{n}}}=3\,\mathrm{s}$$

利用 MATLAB 对原来四阶系统进行仿真，得到实际的动态性能指标为 $\sigma\%=4.2\%$，$t_{\mathrm{s}}=2.2\,\mathrm{s}$。可见，在分析高阶系统动态性能时，可利用偶极子和主导极点的概念，将高阶系统近似为低阶系统处理，估算出系统的动态性能。

技能训练8 基于MATLAB的高阶系统动态性能分析

1. 任务目标

（1）研究三阶系统单位阶跃响应及其动态性能指标与其闭环极点的关系。
（2）研究闭环极点和零点对高阶系统动态性能的影响。
（3）了解高阶系统中主导极点与偶极子的作用。

2. 任务内容

1）三阶系统动态性能分析

【实例3-8】 已知三阶系统闭环传递函数为

$$\phi(s)=\frac{5(s+2)(s+3)}{(s+4)(s^2+2s+2)}$$

（1）求取系统闭环极点及其单位阶跃响应曲线，读取动态性能指标。

（2）改变闭环极点的位置，将原极点 $p=-4$ 改为 $p=-0.5$，使闭环极点靠近虚轴，同时保持系统增益不变，此时系统闭环传递函数为 $\phi(s)=\dfrac{0.625(s+2)(s+3)}{(s+0.5)(s^2+2s+2)}$，观察单位阶跃响应曲线和动态性能指标的变化。

（3）改变闭环零点的位置，将原零点 $z=-2$ 改为 $z=-1$，同样保持系统增益不变，此时系统传递函数为 $\phi(s)=\dfrac{10(s+1)(s+3)}{(s+4)(s^2+2s+2)}$，观察单位阶跃响应曲线和动态性能指标的变化。

（4）分析结论。

解：（1）新建一个m文件，编写程序，程序为

```
num1=conv(5,conv([1,2],[1,3]));
den1=conv([1,4],[1,2,2]);
roots(den1)
step(num1,den1)
```

运行程序，得到系统闭环极点为–4、–1+j、–1–j，系统单位阶跃响应曲线如图3–24所示，从图中可读出系统稳态值为3.75，动态性能指标为

$$t_r=1.43\text{ s},\ t_p=2.21\text{ s},\ t_s=3.64\text{ s},\ \sigma\%=7.28\%$$

（2）改变闭环极点位置后，系统单位阶跃响应曲线如图3–25所示，从图中可读出系统稳态值为3.75，动态性能指标为

$$t_r=4.12\text{ s},\ t_s=7.84\text{ s},\text{无超调}$$

（3）改变闭环零点位置后，系统单位阶跃响应曲线如图3–26所示，从图中可读出系统稳态值为3.75，动态性能指标为

$$t_r=0.664\text{ s},\ t_p=1.44\text{ s},\ t_s=3.35\text{ s},\ \sigma\%=22.5\%$$

（4）根据以上三组数据得出如下结论。

① 将闭环极点接近虚轴，相当于增大系统阻尼比，使系统响应速度变慢，超调量减小，调节时间延长，并且这种作用将随着闭环极点接近虚轴而加剧。

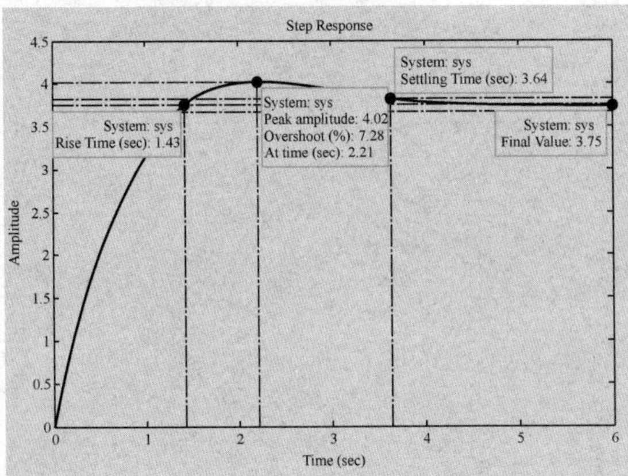

图 3-24　三阶系统单位阶跃响应曲线

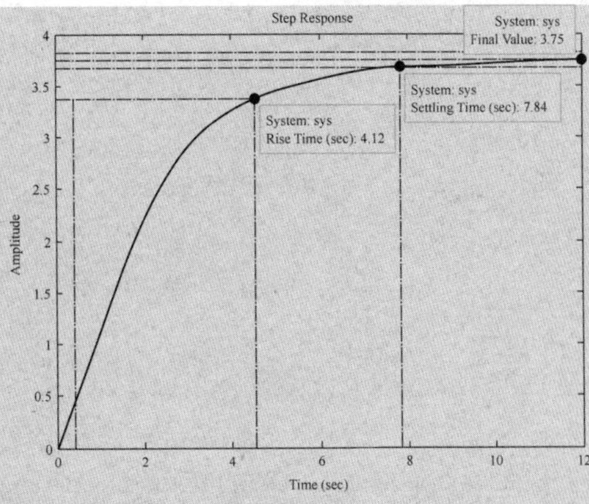

图 3-25　改变闭环极点位置的三阶系统单位阶跃响应曲线

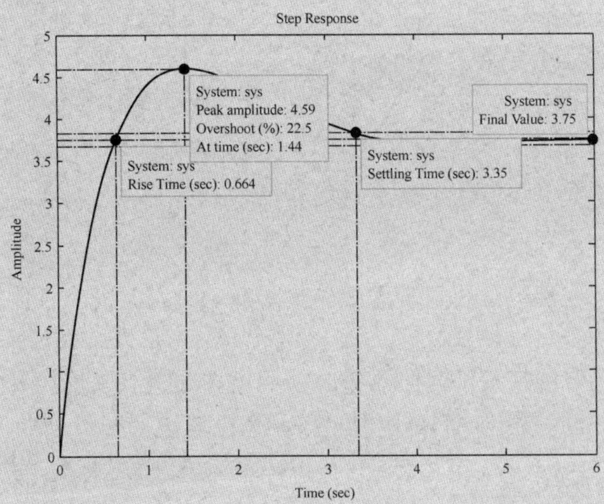

图 3-26　改变闭环零点位置的三阶系统单位阶跃响应曲线

② 将闭环零点接近虚轴，相当于减小系统阻尼比，使系统响应速度加快，峰值时间、调节时间缩短，超调量增大，并且这种作用将随着闭环零点接近虚轴而加剧。

2）高阶系统的动态性能分析

【实例 3-9】 已知系统闭环传递函数为

$$\phi(s)=\frac{1.05(0.4762s+1)}{(0.125s+1)(0.5s+1)(s^2+s+1)}$$

用 MATLAB 分析该系统的单位阶跃响应及其动态性能指标。

利用主导极点概念，可将该四阶系统近似为二阶系统 $\phi(s)=\dfrac{1.05}{(s^2+s+1)}$，将原四阶系统与近似二阶系统的单位阶跃响应比较，试分析闭环主导极点的特点及作用。

解： 新建一个 m 文件，编写程序，程序为

```
num2=conv(1.05,[0.4762,1]);
den2=conv(conv([0.125,1],[0.5,1]),[1,1,1]);
```

```
g2=tf(num2,den2);
step(g2)
grid
hold on
num6=1.05;
den6=[1,1,1];
g6=tf(num6,den6);
step(g6,'- -')
```

运行程序，得到原四阶系统和近似二阶系统的单位阶跃响应曲线，分别用实线和虚线表示，两条曲线几乎重合，如图 3-27 所示。可见，主导极点体现了它在系统响应中的主导地位，而非主导极点产生的响应分量随着时间的推移迅速衰减，对系统响应过程影响甚微。

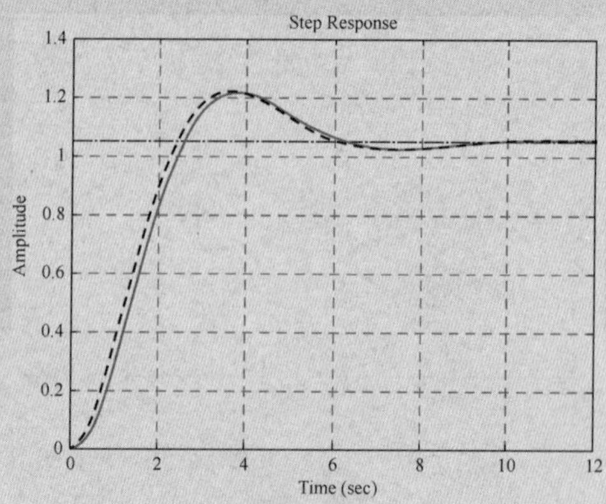

图 3-27　高阶系统单位阶跃响应曲线

事实上，高阶系统毕竟不是二阶系统，因而在用二阶系统性能进行近似时，还需要考虑其他非主导极点和闭环零点对系统动态性能的影响。

3. 任务实现

（1）验证实例 3-8，能够分析三阶系统单位阶跃响应及其动态性能指标与其闭环极点的关系。

（2）验证实例 3-9，能在设计高阶系统时，利用主导极点来选择系统参数，使系统具有一对共轭主导极点，并能利用 MATLAB 对系统动态性能进行初步分析。

（3）用 MATLAB 对以下系统进行仿真，读出各系统动态性能指标，并填入表 3-2。

表 3-2　高阶系统动态性能分析比较表

系统编号	系统闭环传递函数	上升时间	峰值时间	调节时间($\Delta=2\%$)	超调量
1	$\dfrac{1.05}{(0.125s+1)(0.5s+1)(s^2+s+1)}$				
2	$\dfrac{1.05(0.476\,2s+1)}{(0.125s+1)(0.5s+1)(s^2+s+1)}$				
3	$\dfrac{1.05(s+1)}{(0.125s+1)(0.5s+1)(s^2+s+1)}$				
4	$\dfrac{1.05(0.476\,2s+1)}{(0.25s+1)(0.5s+1)(s^2+s+1)}$				
5	$\dfrac{1.05(0.476\,2s+1)}{(0.5s+1)(s^2+s+1)}$				
6	$\dfrac{1.05}{s^2+s+1}$				

① 比较 1、2 和 3 系统，分析增加系统闭环零点对系统动态性能的影响及零点的位置对系统动态性能的影响。

② 比较 4 和 5 系统，分析非主导极点对系统动态性能的影响。

③ 体会分析高阶系统动态性能时，利用主导极点和偶极子的概念将高阶系统转化为低

阶系统的意义。

（4）分析结果与数据，完成实训报告。

4. 拓展思考

（1）高阶系统近似降阶分析的条件是什么？

（2）在工程设计中，如何利用主导极点的作用来改善系统的动态性能？

3.5　线性系统稳定性分析

扫一扫看本节内容思维导图

稳定是自动控制系统的重要性能，也是系统能够正常运行的首要条件。自动控制系统在实际运行过程中，总会受到外界和内部一些因素的扰动，如负载和能源的波动、系统参数的变化、环境条件的改变等。如果系统不稳定，就会在任何微小的扰动下偏离原来的平衡状态，并随着时间的推移而发散。因而如何分析系统的稳定性并提出保证系统稳定的措施，是自动控制理论的基本任务之一。

3.5.1　稳定性的基本概念

扫一扫看稳定性的基本概念教学课件

扫一扫看稳定性的基本概念教学动画

1. 稳定性的定义

为了便于说明稳定性的基本概念，先来看一个直观示例。图 3-28（a）表示一个凹槽里面有个球，图 3-28（b）表示一个凸槽上面有个球，开始都处于某一平稳点，如果施加一个很小的外力（扰动），球会偏离原平稳点，当外界扰动去除后，凹槽里面的这个球来回几次减幅摆动，最终回到原平衡点，称为稳定。而凸槽上面的这个球会飞出去，无论经过多长时间，球都不可能再回到原平衡点，称为不稳定。

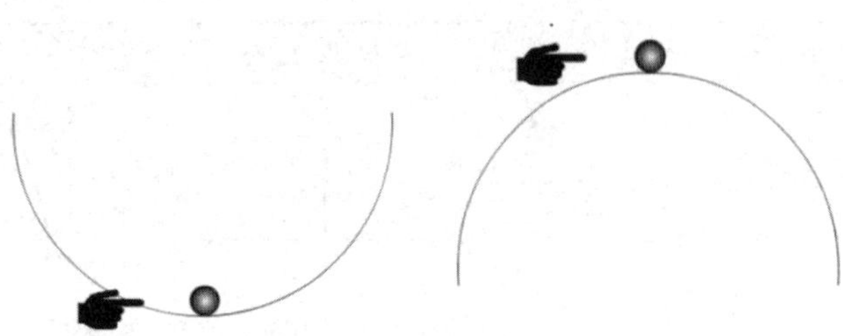

（a）稳定的　　（b）不稳定的

图 3-28　控制系统稳定性示例

凹槽的这种稳定概念，可以推广到系统。假设一个线性定常系统原处于某一平衡状态，受到某一扰动的作用，使系统偏离原来的平衡状态，扰动去除后，如果系统还能回到平衡状态，则该系统是稳定的。反之，扰动去除后，如果系统不能回到平衡状态，则该系统是不稳定的。稳定性是去除扰动后系统本身的一种恢复能力，是系统的一种固有特性，它只取决于系统的结构和参数，与外作用及初始条件无关。

2. 绝对稳定性与相对稳定性

自动控制系统的稳定性包括绝对稳定性与相对稳定性。绝对稳定性是指系统稳定或不稳定（也就是判断系统是否稳定），而相对稳定性是指系统稳定的程度（也就是系统的平稳性）。所以研究系统的相对稳定性，首先需要系统绝对稳定，在绝对稳定的前提下才会探索相对稳定性。例如，图 3-29 中的两个系统，其单位阶跃响应曲线都是收敛的，说明这两个系统绝对稳定。比较这两个系统，图（a）的相对稳定性就明显好于图（b），图（a）的超调量及振荡次数少于图（b），这在前面已经介绍，本节所介绍的稳定性是指系统的绝对稳定性。

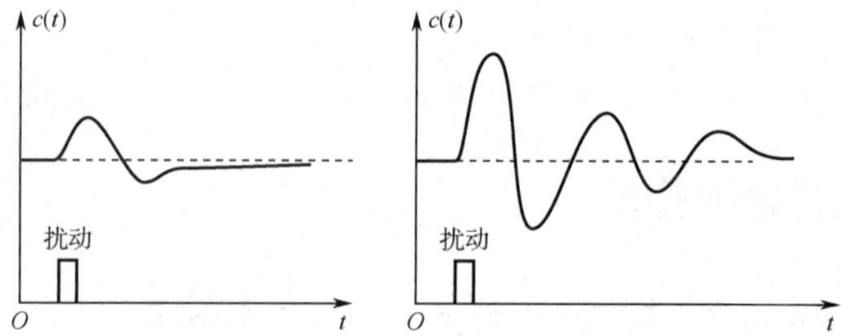

（a）相对稳定性好　　（b）相对稳定性差

图 3-29　自动控制系统的相对稳定性

扫一扫看线性系统稳定的充要条件教学动画

3.5.2　线性系统稳定的充要条件

系统特征根在 s 平面上的分布位置不同，相应地单位阶跃响应的形式也不同，由单位阶跃响应曲线可判别系统稳定性。表 3-3 所示为系统稳定性与特征根的关系。

表 3-3　系统稳定性与特征根的关系

系统特征方程及其特征根	极 点 分 布	单位阶跃响应	稳 定 性
$s^2+2\zeta\omega_n+\omega_n^2=0$ $s_{1,2}=-\zeta\omega_n\pm j\omega_n\sqrt{1-\zeta^2}$ $(0<\zeta<1)$	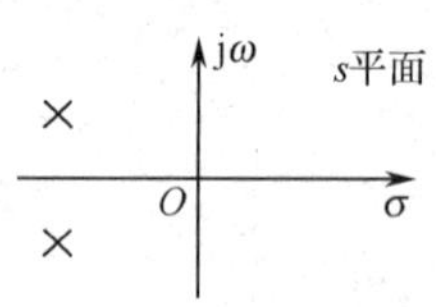	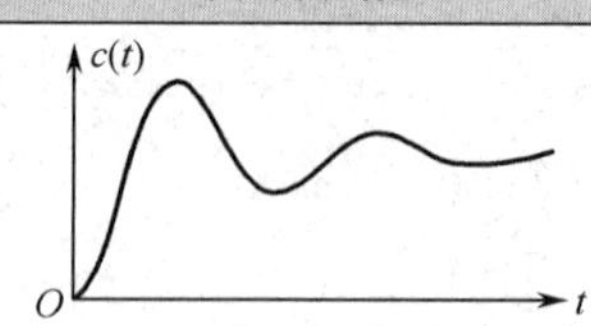 $c(t)=1-\frac{1}{\sqrt{1-\zeta^2}}e^{-\zeta\omega_n t}\sin(\omega_d t+\beta)$	稳定
$s^2+\omega_n^2=0$ $s_{1,2}=\pm j\omega_n$ $(\zeta=0)$	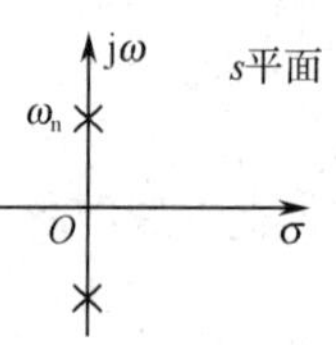	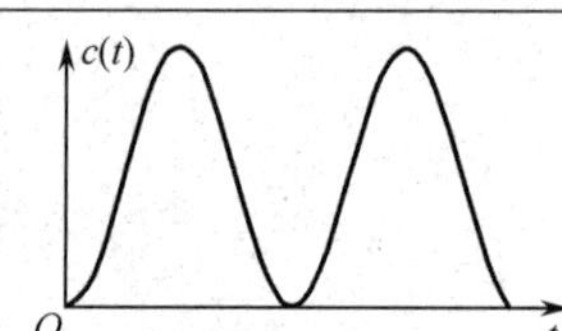 $c(t)=1-\cos\omega_n t$	临界（属不稳定）
$s^2+2\zeta\omega_n+\omega_n^2=0$ $s_{1,2}=-\zeta\omega_n\pm j\omega_n\sqrt{1-\zeta^2}$ $(0>\zeta>-1)$	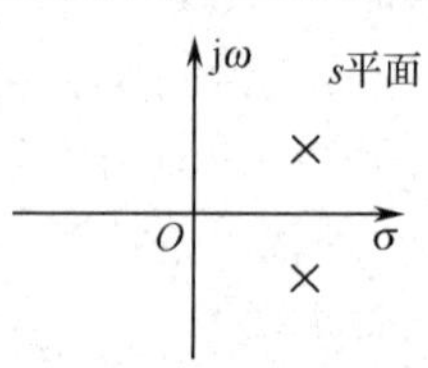	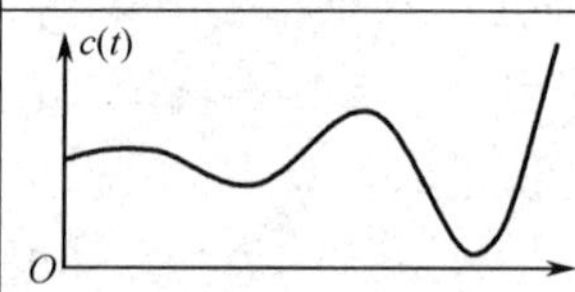 $c(t)=1-\frac{1}{\sqrt{1-\zeta^2}}e^{-\zeta\omega_n t}\sin(\omega_d t+\beta)$	不稳定
$Ts+1=0$ $s=-\frac{1}{T}$	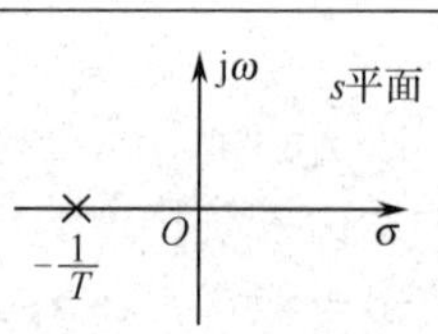	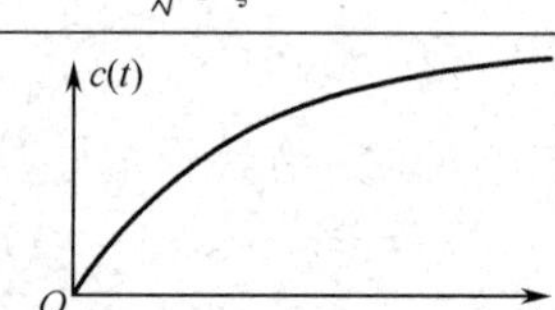 $c(t)=1-e^{-t/T}$	稳定

续表

系统特征方程及其特征根	极 点 分 布	单位阶跃响应	稳 定 性
$Ts-1=0$ $s=\frac{1}{T}$	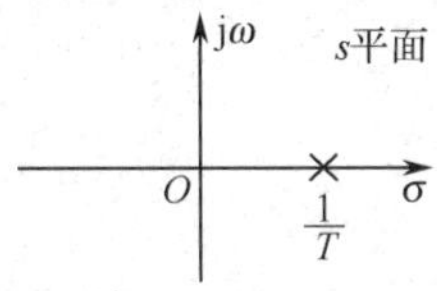	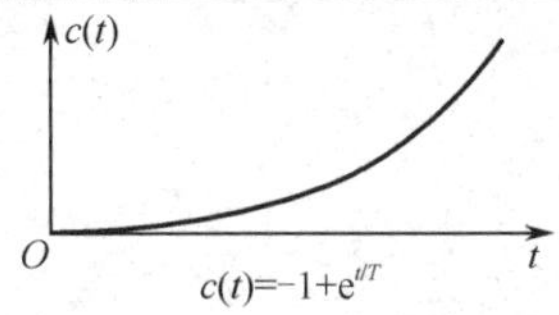	不稳定

说明： 线性系统稳定的充要条件是：闭环系统特征方程的所有根（也就是闭环传递函数的所有极点）均具有负实部，或者说，均位于 s 平面的左半平面。

因此系统稳定性的判断，就变成求解特征根，并检验特征根是否都具有负实部的问题，这是直接法。另外，可采用间接法，即不需要求解特征方程而能间接判断特征根的符号，从而判断出系统稳定性的方法。劳斯稳定判据就是间接法。

3.5.3　劳斯稳定判据

扫一扫看劳斯稳定判据教学课件

1877 年，英国人劳斯（Routh）提出了判断系统稳定性的代数判据，称为劳斯稳定判据。这种判据是根据系统特征方程的各项系数来确定特征根在 s 平面上的分布位置，从而判断系统稳定性的方法。设系统的特征方程（化为标准形式，即降幂形式）为

$$D(s)=a_0s^n+a_1s^{n-1}+\cdots+a_{n-1}s+a_n=0 \quad (a_0>0)$$

1. 必要条件判断

必要条件包含如下两个条件。

（1）特征方程的系数 a_0、a_1、…、a_n 的符号全部相同。

（2）特征方程的系数 a_0、a_1、…、a_n 不为零，即不能有默认项。

注意： 在判断系统的稳定性时，首先判断其必要条件，若不满足必要条件，则系统一定不稳定。但是，若满足必要条件，并不能判断系统稳定，还需要进行充分条件的判断。

2. 充分条件判断

1）列劳斯表

按照 s 的降幂排列从上至下依次写出 s^n、s^{n-1}、…、s^0，共有（n+1）行，将特征方程左边的系数在前面两行按照从上至下、从左到右的顺序全部列出，如下所示：

$$\begin{array}{lllll}
s^n & a_0 & a_2 & a_4 & a_6\cdots \\
s^{n-1} & a_1 & a_3 & a_5 & a_7\cdots \\
s^{n-2} & b_1 & b_2 & b_3 & b_4\cdots \\
s^{n-3} & c_1 & c_2 & c_3\cdots & \\
\vdots & \vdots & \vdots & \vdots & \\
s^1 & f_1 & f_2 & & \\
s^0 & g_1 & & &
\end{array}$$

从第三行开始的所有系数通过其前面两行的相关系数计算得出，其计算方法为

$$b_1=\frac{a_1a_2-a_0a_3}{a_1},\quad b_2=\frac{a_1a_4-a_0a_5}{a_1}\cdots$$

$$c_1=\frac{b_1a_3-a_1b_2}{b_1},\quad c_2=\frac{b_1a_5-a_1b_3}{b_1}\cdots$$

$$d_1=\frac{c_1b_2-b_1c_2}{c_1},\quad d_2=\frac{c_1b_3-b_1c_3}{c_1}\cdots$$

$$\vdots$$

按此规律把所有系数全部计算完，在计算过程中，为了简化数值运算，可将某一行中的各系数均乘一个正数，不会影响稳定性结论。

2）根据劳斯表中可能出现的情况判断系统稳定性

（1）劳斯表中第一列所有系数均不为零的情况。劳斯稳定判据判断系统稳定性的充分条件是：第一列系数不变号，系统稳定；第一列系数变号，系统不稳定，符号改变的次数等于位于 s 平面右半平面的特征根个数。

【实例 3-10】 设系统特征方程为 $s^4+2s^3+3s^2+4s+5=0$，试用劳斯稳定判据判断系统稳定性。

解： 由上述特征方程可看出特征方程不缺项且所有系数均为正数，其满足劳斯稳定判据的必要条件，接下来进行充分条件的判断，列出劳斯表

扫一扫看劳斯稳定判据教学动画

s^4	1	3	5
s^3	2	4	0
s^2	1	5	
s^1	−6		
s^0	5		

$$b_1=\frac{2\times3-1\times4}{2}=1\qquad b_2=\frac{2\times5-1\times0}{2}=5$$

$$c_1=\frac{1\times4-2\times5}{1}=-6$$

$$d_1=\frac{-6\times5-1\times0}{-6}=5$$

从劳斯表中可看出第一列系数有两次符号变化（从+1 变化到−6，从−6 变化到+5），故该系统不稳定，且有两个正实部的根。

（2）劳斯表中某行第一列系数等于零，而其余项中有不为零的情况。这时将第一列系数为零的项，用一个很小的正数 ε 来代替这个零，使劳斯表继续运算下去。如果第一列系数有符号变化，则系统不稳定，不稳定根的个数由符号变化次数决定。

【实例 3-11】 设系统特征方程为 $s^4+2s^3+s^2+2s+2=0$，试用劳斯稳定判据判断系统稳定性。

解： 由上述特征方程可知，特征方程不缺项且所有系数均为正数，其满足劳斯稳定判据的必要条件，接下来进行充分条件的判断，列出劳斯表

s^4	1	1	2
s^3	2	2	0
s^2	ε（取代0）	2	

s^1 $2-4/\varepsilon$

s^0 2

由上面劳斯表可见第一列系数的符号改变两次（因为 $2-4/\varepsilon$为负数），故该系统不稳定，且在 s 平面右半平面上有两个不稳定根。

（3）劳斯表中出现全零行的情况。若劳斯表中某一行（设为第 k 行）的所有系数均为零，则说明特征方程中存在一些绝对值相同但符号相异的特征根。例如，两个互为相反数的实根和（或）一对共轭纯虚根。在这种情况下可做如下处理。

① 利用第 k-1 行（全零行的上一行）的系数构成辅助多项式 $A(s)$。

② 将构造的辅助多项式 $A(s)$求取对 s 的导数，并用求导后的系数代替第 k 行的系数。

③ 继续计算劳斯表。

④ 令辅助多项式 $A(s)=0$ 可求得所有绝对值相同但符号相异的特征根（属于验证，列劳斯表不需要此步骤）。

【实例 3-12】 设系统特征方程为 $s^6+2s^5+6s^4+8s^3+10s^2+4s+4=0$，试用劳斯稳定判据判断系统稳定性。

解： 由上述特征方程可知，特征方程不缺项且所有系数均为正数，其满足劳斯稳定判据的必要条件，接下来进行充分条件的判断，列出劳斯表

s^6	1	6	10	4	
s^5	2	8	4		
s^4	2	8	4		→辅助多项式 $A(s)$的系数
s^3	0	0	0		

计算劳斯表时，第四行出现全零行，因此利用第三行的系数构造辅助多项式 $A(s)=2s^4+8s^2+4$。

对上述辅助多项式求导得 $\mathrm{d}A(s)/\mathrm{d}s=8s^3+16s$。

以导数的系数取代全零行的各元素，继续列写劳斯表

s^6	1	6	10	4
s^5	2	8	4	
s^4	2	8	4	
s^3	8	16	←	$\mathrm{d}A(s)/\mathrm{d}s$ 的系数
s^2	4	4		
s^1	8			
s^0	4			

由上面劳斯表可见第一列系数的符号没有发生改变，故在 s 平面右半平面上无根，即无正实部的根。但由于第四行的所有系数均为零，表示有共轭纯虚根（根位于虚轴上）。解辅助方程 $A(s)=2s^4+8s^2+4=0$ 可得共轭纯虚根：$s_{1,2}=\pm\mathrm{j}\sqrt{0.586}=\pm\mathrm{j}0.766$，$s_{3,4}=\pm\mathrm{j}\sqrt{3.414}=\pm\mathrm{j}1.848$。

有两对共轭纯虚根，故系统临界稳定。

3. 劳斯稳定判据的应用

利用劳斯稳定判据确定一个或两个可调参数对系统稳定性的影响。

【实例 3-13】 系统方框图如图 3-30 所示，试求取使系统稳定的 K 的范围。

解： 由图 3-30 可知，系统的开环传递函数为

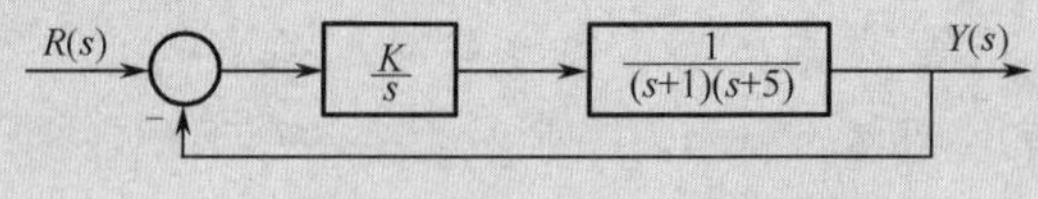

图 3-30　实例 3-13 系统方框图

$$G_k(s)=\frac{K}{s}\cdot\frac{1}{(s+1)(s+5)}=\frac{K}{s(s+1)(s+5)}$$

所以系统的特征方程为

$$1+G_k(s)=0\Rightarrow D(s)=s^3+6s^2+5s+K=0$$

由稳定的必要条件可知，$K>0$。

列劳斯表

$$\begin{array}{lll} s^3 & 1 & 5 \\ s^2 & 6 & K \\ s & \dfrac{30-K}{6} & 0 \\ s^0 & K & \end{array}$$

系统稳定必须满足

$$\begin{cases} \dfrac{30-K}{6}>0 \\ K>0 \end{cases}$$

所以使系统稳定的 K 的范围为 $0<K<30$。

4. 结构不稳定及其改进措施

结构不稳定系统是指仅靠调整系统参数无法稳定的系统，如图 3-31 所示。

系统的开环传递函数为

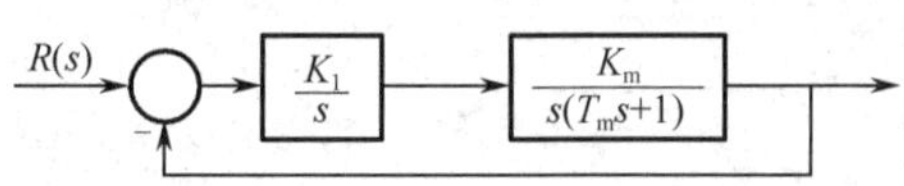

图 3-31　结构不稳定系统方框图

$$G_k(s)=\frac{K_1K_m}{s^2(T_ms+1)}=\frac{K}{s^2(T_ms+1)}$$

得到系统的特征方程为

$$D(s)=1+G_k(s)=0\Rightarrow D(s)=T_ms^3+s^2+K_1K_m=0$$

由于该系统的特征方程缺一次项，因此无论怎样调整 K_1K_m 或 T_m，都不能使系统稳定，此系统为不稳定系统。针对这样的不稳定系统采取的改进措施如下。

（1）用局部反馈包围有积分作用的环节，以破坏其积分性质。

（2）在系统的主通道串入一阶微分环节。

3.5.4 利用 MATLAB 分析系统的稳定性

线性系统稳定的充要条件是它的所有特征根均在 s 平面左半平面，因此系统稳定性的问题可以利用系统的特征根来判断。

在 MATLAB 中可用以下命令来求系统的特征根。

1. 多项式求根命令 roots

可用 roots 命令求出已知系统的特征根。

roots 函数调用格式：roots(p)。

说明：p 为系统特征方程的多项式系数向量。

【实例 3-14】 已知反馈系统特征方程 $s^4+2s^3+3s^2+4s+5=0$，试判断系统稳定性。

解： 此例前面用劳斯稳定判据计算劳斯表时，劳斯表中第一列系数符号变化两次，因而系统有两个正根，系统不稳定，此处用 MATLAB 来判断系统稳定性。

新建一个 m 文件，编写程序，程序为

```
p=roots([1,2,3,4,5])          %对特征方程的多项式的求根
i=find(real(p)>0);            %real(p)表示特征根 p 的实部
                              %find()函数用来得到满足指定条件的数组下标向量
n=length(i);
if n>0
    disp('system is unstable');
    disp('the unstable poles are:')
    disp(p(i))
else
    disp('system is stable');
end
roots([1,2,3,4,5])
```

运行程序，在命令窗口中显示

```
p=

    0.2878+1.4161i
    0.2878-1.4161i
   -1.2878+0.8579i
   -1.2878-0.8579i

system is unstable
the unstable poles are:
    0.2878+1.4161i
    0.2878-1.4161i
```

由此命令执行的结果可看出系统有两对共轭复根，共四个根，其中一对共轭复根位于 s 平面左半平面，另一对共轭复根位于 s 平面右半平面，因而此系统不稳定。利用 MATLAB 不但能根据根的分布情况判断系统稳定性，还能确切地知道根的大小。

2. pzmap 函数

在 MATLAB 中，可利用 pzmap 函数绘制连续系统的零极点分布图。

调用格式：[p,z]=pzmap(sys) 或 pzmap (sys)。

调用格式中的 sys 为所要判断的闭环系统模型。第一种格式的函数返回系统的零点（用 z 表示）和极点（用 p 表示），第二种格式的函数绘制出系统的零极点分布图，因而可由返回的极点或极点图来判断系统稳定性。

【实例 3-15】 系统的传递函数为 $G(s)=\dfrac{3s^4+2s^3+5s^2+4s+6}{s^5+3s^4+4s^3+2s^2+7s+2}$，试判断系统稳定性。

解：在 MATLAB 中编写的程序如下

```
num=[3,2,5,4,6]
den=[1,3,4,2,7,2]
[p,z]=pzmap(num,den)
```

执行结果如下

```
p =
  -1.7680 + 1.2673i
  -1.7680 - 1.2673i
   0.4176 + 1.1130i
   0.4176 - 1.1130i
  -0.2991
z =
   0.4019 + 1.1965i
   0.4019  - 1.1965i
  -0.7352 + 0.8455i
  -0.7352 - 0.8455i
```

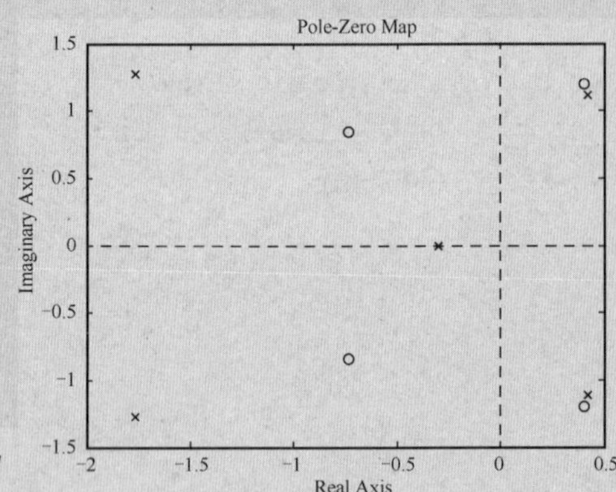

图 3-32 系统的零极点分布图

系统有两个极点分布在 s 平面右半平面，因而此系统不稳定。用第二种格式返回的图形如图 3-32 所示。图中可看出有两个极点分布在 s 平面右半平面，因而此系统不稳定。

3. tf2zp 函数

调用格式：[z,p,k]=tf2zp(num,den)。

这是模型转换函数，将多项式模型转化为零极点增益模型，z 和 p 的含义同上，k 表示增益。

同样上例中用 tf2zp 函数来判断系统稳定性，[z,p,k]=tf2zp(num,den)。

执行结果如下

```
z =
   0.4019 + 1.1965i
   0.4019 - 1.1965i
  -0.7352 + 0.8455i
  -0.7352 - 0.8455i
p =
  -1.7680 + 1.2673i
  -1.7680 - 1.2673i
   0.4176 + 1.1130i
```

```
   0.4176 - 1.1130i
  -0.2991
k =3
```

同样由 p 有两个极点位于 s 平面右半平面来判断系统不稳定。

技能训练 9　三阶系统的稳定性分析

1. 任务目标

（1）掌握三阶系统模拟电路的构成，巩固运用典型环节构造复合控制系统的方法。

（2）观察系统的不稳定现象，总结系统稳定的条件。加深理解线性系统稳定性是属于系统本身的特性，只与系统自身的结构参数有关，而与外作用无关。

（3）研究系统本身结构参数（开环增益和时间常数）与系统稳定性的关系，加深理解系统稳定性只取决于系统特征根，而与系统的零点无关。

（4）掌握劳斯稳定判据的应用。

2. 任务内容

1）由典型环节构造三阶系统模拟电路

将两个惯性环节和一个积分环节串联等效成三阶系统，在实训中为了实现系统开环增益的线性调节，电阻 R 为可调电阻，得到如图 3-33 所示的三阶系统的模拟电路图。

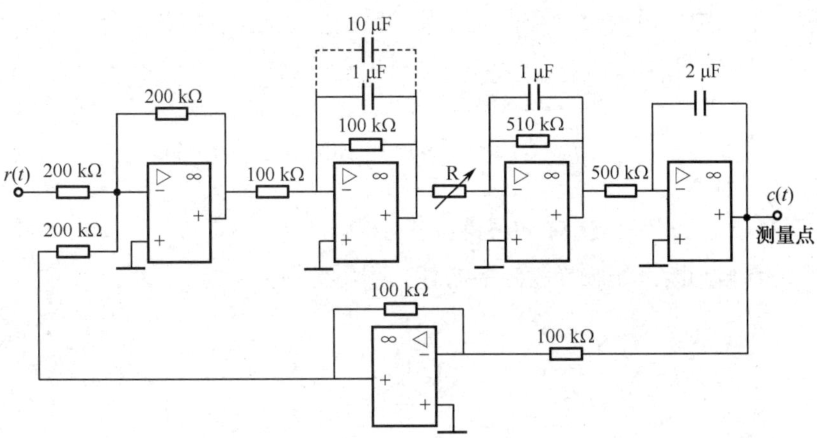

图 3-33　三阶系统的模拟电路图

该电路对应的方框图如图 3-34 所示，其中 $T_1 = 100\,\text{k}\Omega \times 1\,\mu\text{F} = 0.1\,\text{s}$，$T_2 = 510\,\text{k}\Omega \times 1\,\mu\text{F} = 0.51\,\text{s}$，$T_3 = 500\,\text{k}\Omega \times 2\,\mu\text{F} = 1\,\text{s}$。

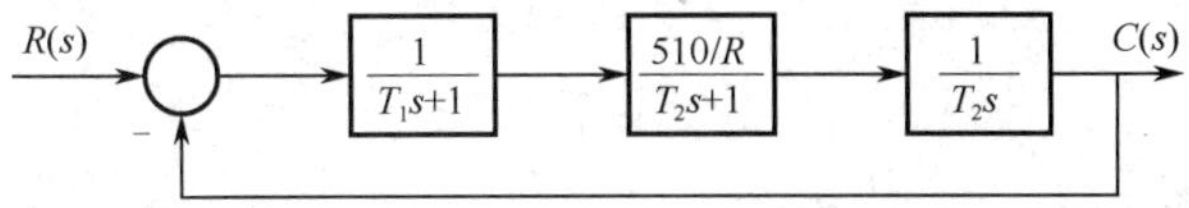

图 3-34　图 3-33 的三阶系统方框图

三阶系统的开环传递函数为

$$G_k(s)=\frac{510/R}{T_3s(T_1s+1)(T_2s+1)}=\frac{K}{s(0.1s+1)(0.51s+1)}$$

2）研究系统的稳定条件与开环增益的关系，确定系统稳定的范围

由开环传递函数得到三阶闭环系统的特征方程为 $D(s)=0.051s^3+0.61s^2+s+K=0$，由劳斯稳定判据判断系统临界稳定的条件。列出劳斯表

$$\begin{array}{lll} s^3 & 0.051 & 1 \\ s^2 & 0.61 & K \\ s^1 & \dfrac{0.61-0.051\times K}{0.61} & \\ s^0 & K & \end{array}$$

由于系统稳定的充要条件是劳斯表中第一列系数符号不发生改变，所以

$0<K<12$，系统稳定

$K=12$，系统临界稳定

$K>12$，系统不稳定

可见，系统临界稳定时，可调电阻 $R=42.6\ \text{k}\Omega$。

对系统做单位阶跃响应，R 在 $42.6\ \text{k}\Omega$ 附近调节，观察系统在临界稳定、稳定和不稳定状态，即系统发生等幅振荡、减幅振荡和增幅振荡时，系统开环增益的变化。

3）研究时间常数的改变对系统稳定性的影响

在上述模拟电路中，改变第一个惯性环节的时间常数，T_1 由 0.1 s 变为 1 s，此时系统开环传递函数为

$$G_k(s)=\frac{510/R}{T_3s(T_1s+1)(T_2s+1)}=\frac{K}{s(s+1)(0.51s+1)}$$

系统特征方程为

$$D(s)=0.51s^3+1.51s^2+s+K=0$$

由劳斯稳定判据判断系统临界稳定的条件。列出劳斯表

$$\begin{array}{lll} s^3 & 0.51 & 1 \\ s^2 & 1.51 & K \\ s^1 & \dfrac{1.51-0.51\times K}{1.51} & \\ s^0 & K & \end{array}$$

由于系统稳定的充要条件是劳斯表中第一列系数符号不发生改变，所以

$0<K<3$，系统稳定

$K=3$，系统临界稳定

$K>3$，系统不稳定

可见，系统临界稳定时，可调电阻 $R=170\ \text{k}\Omega$。

对系统做单位阶跃响应，R 在 $170\ \text{k}\Omega$ 附近调节，观察系统在临界稳定、稳定和不稳定状态，即系统发生等幅振荡、减幅振荡和增幅振荡时，系统开环增益的变化。

分析：与 2）的结果比较，可见系统时间常数变大后，或者说系统的开环极点靠近虚轴时，系统稳定的开环增益和系统稳定性都下降。

扫一扫看三阶系统的稳定性分析仿真程序

3. 任务实现

（1）根据所掌握的数学模型建立方法，建立三阶系统的数学模型。

（2）电阻 R 分别等于100 kΩ、42.6 kΩ和30 kΩ，利用 MATLAB 进行三阶系统的仿真与分析，绘制出单位阶跃响应曲线，找出系统输出产生等幅振荡、减幅振荡和增幅振荡时相应的 *R* 值及 *K* 值，将它们记入表 3-4。

表 3-4　三阶系统稳定性分析记录表

$T_1 = 100\ \text{k}\Omega \times 1\ \mu\text{F} = 0.1\ \text{s}$，$T_2 = 510\ \text{k}\Omega \times 1\ \mu\text{F} = 0.51\ \text{s}$，$T_3 = 500\ \text{k}\Omega \times 2\ \mu\text{F} = 1\ \text{s}$				
$G_k(s)$				
	仿真输出曲线	测试输出波形	*R*	*K*
等幅振荡				
减幅振荡				
增幅振荡				

（3）搭建三阶系统模拟电路，通过改变三阶系统模拟电路图中电阻 R 的变化，使 R 分别等于100 kΩ、42.6 kΩ和30 kΩ，用示波器分别观测系统的输出波形，找出系统输出产生等幅振荡、减幅振荡和增幅振荡时相应的 *R* 值及 *K* 值，将它们记入表 3-4。

（4）在 *R*=100 kΩ 的情况下，将第一个惯性环节时间常数由 0.1 s 变为 1 s，观察系统的单位阶跃响应曲线，并记录系统的动态性能指标：超调量 $\sigma\%$、上升时间 t_r、峰值时间 t_p 和调节时间 t_s，将这些参数填入表 3-5。

表 3-5　*R*=100 kΩ时系统单位阶跃响应曲线及其动态性能指标记录表

三阶系统	$\sigma\%$	t_r	t_p	t_s	单位阶跃响应曲线
$G_k(s) = \dfrac{K}{s(0.1s+1)(0.51s+1)}$					
$G_k(s) = \dfrac{K}{s(s+1)(0.51s+1)}$					

（5）根据实训数据，讨论时间常数改变对系统性能的影响。

（6）分析结果与数据，完成实训报告。

4. 拓展思考

（1）系统中的小惯性环节与大惯性环节，哪个对系统稳定性影响大，为什么？

（2）试分析在三阶系统的实训中，输出为什么会出现削顶的等幅振荡？

（3）当系统因积分环节或惯性环节造成相位滞后而使系统稳定性变差时，除了降低增益，还可以设法增加微分环节或比例-微分环节来抵消这种消极影响，从而显著地改善系统稳定性。试设计实验验证这个结论。

3.6 线性系统稳态性能分析

扫一扫看本节内容思维导图

对于稳定的系统，动态分量随着时间的推移，将逐渐减小并最终趋向于零。稳态分量反映了系统的稳态性能，反映了系统跟随输入量和抑制扰动量的能力和准确度。常以稳态误差来描述稳态性能，稳态误差用来衡量系统控制精度。

系统的稳态误差既与系统的结构、参数及外作用的形式有关，又与系统存在的摩擦、间隙和死区等非线性因素相关，这里所介绍的稳态误差不考虑由于元件的不灵敏区、零点漂移和老化造成的永久性误差。只讨论由于系统结构、参量及输入的不同形式，所引起的原理性稳态误差。应当强调的是，只有稳定的系统，研究其稳态误差才有意义。

3.6.1 误差与稳态误差

扫一扫看误差与稳态误差、系统型别教学课件

1. 误差

误差是指输出量要求达到的期望值 $C_{\mathrm{r}}(s)$ 与实际值 $C(s)$ 之差，即

$$E(s)=C_{\mathrm{r}}(s)-C(s)$$

闭环系统典型方框图如图 3-35 所示，可分别从输入端和输出端来定义系统的误差。

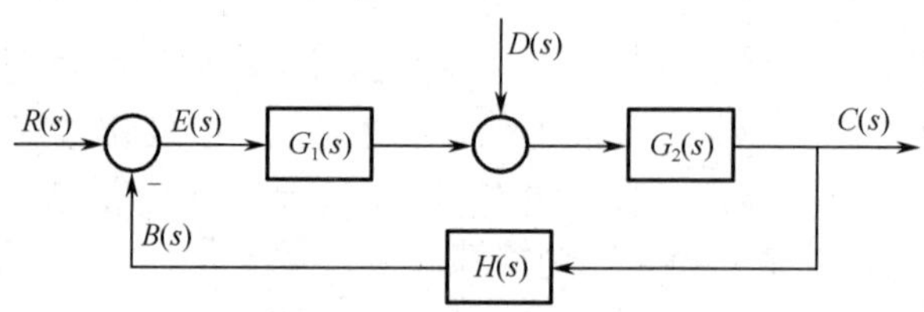

图 3-35　闭环系统典型方框图

1）从输出端定义

令 $C_{\mathrm{r}}(s)=\dfrac{R(s)}{H(s)}$ 为系统输出量的期望值，则系统误差为

$$E'(s)=C_{\mathrm{r}}(s)-C(s)=\frac{R(s)}{H(s)}-C(s)=\frac{R(s)-H(s)C(s)}{H(s)} \tag{3-31}$$

这种定义方法在系统性能指标的定义中经常使用，但在实际系统中有时无法测量，因而一般只有数学意义。

2）从输入端定义

以给定输入信号为期望值，反馈信号为实际值，则系统的误差为

$$E(s)=R(s)-B(s)=R(s)-H(s)C(s) \tag{3-32}$$

从式（3-31）和式（3-32）可看出，对于单位反馈，两种定义相同。

2. 稳态误差

系统的稳态误差定义为稳定系统误差的终值，即

$$e_{\mathrm{ss}}=\lim_{t\to\infty}e(t)$$

由于系统的输入信号分为给定输入信号和扰动输入信号，因而系统稳态误差由两部分组成：给定输入信号所引起的稳态误差（给定或跟随稳态误差 e_{ssr} ）和扰动输入信号所引起的稳态误差（扰动稳态误差 e_{ssd} ）。

1）给定稳态误差

令扰动输入信号 $D(s)=0$，仅考虑给定输入信号 $R(s)$作用。根据图 3-35 可得，给定输入信号作用下的误差传递函数为

$$\phi_{\mathrm{e}}(s)=\frac{E_{\mathrm{r}}(s)}{R(s)}=\frac{1}{1+G_1(s)G_2(s)H(s)}=\frac{1}{1+G_{\mathrm{k}}(s)}$$

给定输入信号作用下的误差象函数为

$$E_{\mathrm{r}}(s)=\phi_{\mathrm{e}}(s)R(s)=\frac{1}{1+G_{\mathrm{k}}(s)}R(s)$$

由终值定理可得给定稳态误差为

$$e_{\mathrm{ssr}}=\lim_{t\to\infty}e_{\mathrm{r}}(t)=\lim_{s\to 0}sE_{\mathrm{r}}(s)=\lim_{s\to 0}s\frac{1}{1+G_{\mathrm{k}}(s)}R(s) \tag{3-33}$$

2）扰动稳态误差

令给定输入信号 $R(s)=0$，仅考虑扰动输入信号 $D(s)$ 作用。根据图 3-35 可得，扰动输入信号作用下的误差传递函数为

$$\phi_{\mathrm{ed}}(s)=\frac{E_{\mathrm{d}}(s)}{D(s)}=\frac{-G_2(s)H(s)}{1+G_1(s)G_2(s)H(s)}=\frac{-G_2(s)H(s)}{1+G_{\mathrm{k}}(s)}$$

扰动输入信号作用下的误差象函数为

$$E_{\mathrm{d}}(s)=\phi_{\mathrm{ed}}(s)D(s)=\frac{-G_2(s)H(s)}{1+G_{\mathrm{k}}(s)}D(s)$$

由终值定理可得扰动稳态误差为

$$e_{\mathrm{ssd}}=\lim_{t\to\infty}e_{\mathrm{d}}(t)=\lim_{s\to 0}sE_{\mathrm{d}}(s)=\lim_{s\to 0}s\frac{-G_2(s)H(s)}{1+G_{\mathrm{k}}(s)}D(s) \tag{3-34}$$

3）系统总稳态误差

系统总稳态误差的象函数为

$$E(s)=E_{\mathrm{r}}(s)+E_{\mathrm{d}}(s)=\phi_{\mathrm{e}}(s)R(s)+\phi_{\mathrm{ed}}(s)D(s)$$

利用拉氏变换终值定理可以直接由象函数 $E(s)$求得系统总稳态误差，即

$$e_{\mathrm{ss}}=\lim_{t\to\infty}e(t)=\lim_{s\to 0}sE(s)=e_{\mathrm{ssr}}+e_{\mathrm{ssn}} \tag{3-35}$$

说明： 稳态误差取决于输入信号的性质和系统的结构类型及参量。

对于同一个系统，由于作用量和作用点不同，其给定稳态误差和扰动稳态误差是不同的。对于随动系统，给定稳态误差是主要的；对于恒值控制系统，扰动稳态误差是主要的。

3.6.2 系统型别

由稳态误差计算式（3-33）和式（3-34）可见，系统稳态误差与开环传递函数 $G_{\mathrm{k}}(s)=$

$G_1(s)G_2(s)H(s)$ 的结构和输入信号形式密切相关。对于一个给定的稳定系统，当输入信号形式一定时，系统是否存在稳态误差取决于开环传递函数描述的系统结构。因此，按照系统跟踪不同输入信号的能力来进行系统分类是必要的。

在一般情况下，系统的开环传递函数可以表示为

$$G_{\mathrm{k}}(s)=\frac{K\prod_{j=1}^{m}(T_j s+1)}{s^{\upsilon}\prod_{i=1}^{n-\upsilon}(T_i s+1)}\quad (n\geqslant m) \tag{3-36}$$

式中，K 为系统的开环增益；T 为时间常数；υ 为开环传递函数中积分环节的个数，工程上称为系统型别或无差度。υ 等于多少则称系统为几型系统。

若 $\upsilon=0$，则称为 0 型系统（又称为零阶无差度系统）；

若 $\upsilon=1$，则称为 I 型系统（又称为一阶无差度系统）；

若 $\upsilon=2$，则称为 II 型系统（又称为二阶无差度系统）。

当 $\upsilon>2$ 时，除复合控制系统外，使系统稳定是相当困难的（后面分析可知），所以除航空航天控制系统外，III型及III型以上的系统几乎不采用。

扫一扫看给定输入信号作用下的稳态误差计算教学课件

3.6.3 给定输入信号作用下的稳态误差计算

可以直接利用式（3-33）求出系统在给定输入信号作用下的稳态误差，下面举例说明。

【实例 3-16】 在如图 3-36 所示的系统中，$G(s)=\dfrac{100}{s(s+10)}$，$H(s)=0.5$，求此二阶系统在单位阶跃信号作用下的稳态误差。

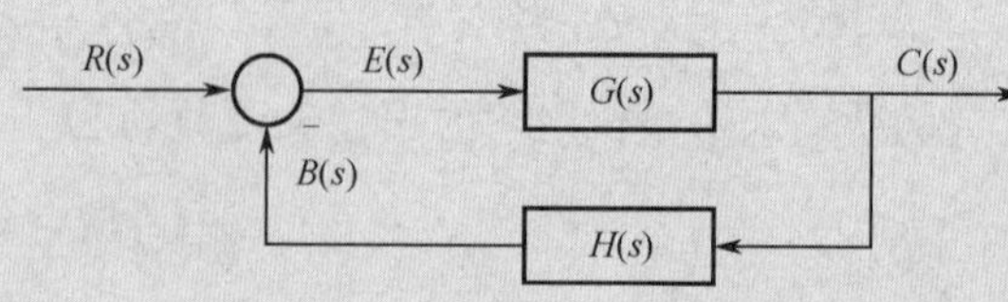

图 3-36　实例 3-16 的系统方框图

解： 直接套用式（3-33），应用终值定理求稳态误差为

$$e_{\mathrm{ssr}}=\lim_{s\to 0}sE_{\mathrm{r}}(s)=\lim_{s\to 0}s\frac{1}{1+G(s)H(s)}R(s)=\lim_{s\to 0}s\frac{1}{1+\dfrac{100}{s(s+10)}0.5}\frac{1}{s}=0$$

由于系统输入多为阶跃信号、斜坡信号和加速度信号，或者是其组合，因此除了利用拉氏变换终值定理计算稳态误差，还可利用系统的静态误差系数来计算稳态误差。利用静态误差系数计算稳态误差更方便快捷，下面介绍各静态误差系数及稳态误差的计算。

1. 阶跃信号作用下的稳态误差及静态位置误差系数

设输入信号为阶跃信号，则 $r(t)=R\cdot 1(t)$，其中 R 为阶跃信号的幅值，则 $R(s)=\dfrac{R}{s}$。代入式（3-33）得到系统在阶跃信号作用下的稳态误差为

$$\begin{aligned}e_{\mathrm{ssr}}&=\lim_{s\to 0}sE_{\mathrm{r}}(s)=\lim_{s\to 0}s\cdot\frac{1}{1+G_{\mathrm{k}}(s)}\cdot\frac{R}{s}\\&=\lim_{s\to 0}\frac{R}{1+G_{\mathrm{k}}(s)}=\frac{R}{1+\lim\limits_{s\to 0}G_{\mathrm{k}}(s)}\end{aligned}\tag{3-37}$$

定义静态位置误差系数为

$$K_{\mathrm{p}} = \lim_{s\to 0} G_{\mathrm{k}}(s) \tag{3-38}$$

于是

$$e_{\mathrm{ssr}} = \frac{R}{1+K_{\mathrm{p}}} \tag{3-39}$$

由式（3-39）可知，阶跃信号作用下的稳态误差及静态位置误差系数 K_{p} 和阶跃信号的幅值 R 有关。将式（3-36）代入式（3-38），并利用式（3-39）可得

$$\left.\begin{array}{lll} 0\text{型系统}, & K_{\mathrm{p}} = K, & e_{\mathrm{ssr}} = \dfrac{R}{1+K} \\ \text{I 型系统}, & K_{\mathrm{p}} = \infty, & e_{\mathrm{ssr}} = 0 \\ \text{II型系统}, & K_{\mathrm{p}} = \infty, & e_{\mathrm{ssr}} = 0 \end{array}\right\}$$

可见，在阶跃信号作用下，仅 0 型系统有稳态误差，其大小与阶跃信号的幅值 R 成正比，与系统的开环增益 K 近似成反比。对于 I 型及 I 型以上的系统，稳态误差为零。习惯上把系统在阶跃信号作用下的稳态误差称为静差，所以，0 型系统称为有静差系统或零阶无差度系统，I 型系统称为一阶无差度系统，II 型系统称为二阶无差度系统，以此类推。

2. 斜坡信号作用下的稳态误差及静态速度误差系数

设输入信号为斜坡信号，则 $r(t) = Rt$，其中 R 为斜坡信号的斜率，则 $R(s) = \dfrac{R}{s^2}$。代入式（3-33）得到系统在斜坡信号作用下的稳态误差为

$$\begin{aligned} e_{\mathrm{ssr}} &= \lim_{s\to 0} s E_{\mathrm{r}}(s) = \lim_{s\to 0} s \cdot \frac{1}{1+G_{\mathrm{k}}(s)} \cdot \frac{R}{s^2} \\ &= \lim_{s\to 0} \frac{R}{s + sG_{\mathrm{k}}(s)} = \frac{R}{\lim\limits_{s\to 0} sG_{\mathrm{k}}(s)} \end{aligned} \tag{3-40}$$

定义静态速度误差系数为

$$K_{\mathrm{v}} = \lim_{s\to 0} sG_{\mathrm{k}}(s) \tag{3-41}$$

于是

$$e_{\mathrm{ssr}} = \frac{R}{K_{\mathrm{v}}} \tag{3-42}$$

由式（3-42）可知，斜坡信号作用下的稳态误差及静态速度误差系数 K_{v} 和斜坡信号的斜率 R 有关。将式（3-36）代入式（3-41），并利用式（3-42）可得

$$\left.\begin{array}{lll} 0\text{型系统}, & K_{\mathrm{v}} = 0, & e_{\mathrm{ssr}} = \infty \\ \text{I 型系统}, & K_{\mathrm{v}} = K, & e_{\mathrm{ssr}} = \dfrac{R}{K} \\ \text{II 型系统}, & K_{\mathrm{v}} = \infty, & e_{\mathrm{ssr}} = 0 \end{array}\right\}$$

可见，0 型系统在稳态时不能跟踪斜坡信号；对于 I 型系统，其稳态输出与斜坡输入存在一个恒定的稳态误差，其数值与斜坡信号的斜率 R 成正比，与开环增益 K 成反比；对于 II 型及 II 型以上的系统，稳态时能准确跟踪斜坡信号，不存在稳态误差。

3. 加速度信号作用下的稳态误差及静态加速度误差系数

设输入信号为加速度信号，则 $r(t)=\frac{1}{2}Rt^2$，其中 R 为加速度信号的速度变化率，$R(s)=\frac{R}{s^3}$。代入式（3-33）得到系统在加速度信号作用下的稳态误差为

$$e_{\mathrm{ssr}}=\lim_{s\to 0}sE_{\mathrm{r}}(s)=\lim_{s\to 0}s\cdot\frac{1}{1+G_{\mathrm{k}}(s)}\cdot\frac{R}{s^3}=\lim_{s\to 0}\frac{R}{s^2+s^2G_{\mathrm{k}}(s)}=\frac{R}{\lim\limits_{s\to 0}s^2G_{\mathrm{k}}(s)} \tag{3-43}$$

定义静态加速度误差系数为

$$K_{\mathrm{a}}=\lim_{s\to 0}s^2G_{\mathrm{k}}(s) \tag{3-44}$$

于是

$$e_{\mathrm{ssr}}=\frac{R}{K_{\mathrm{a}}} \tag{3-45}$$

由式（3-45）可看出加速度信号作用下的稳态误差及静态加速度误差系数 K_{a} 和加速度信号的速度变化率 R 有关。将式（3-36）代入式（3-44），并利用式（3-45）可得

$$\left.\begin{array}{lll}0\ \text{型系统}, & K_{\mathrm{a}}=0, & e_{\mathrm{ssr}}=\infty \\ \text{I 型系统}, & K_{\mathrm{a}}=0, & e_{\mathrm{ssr}}=\infty \\ \text{II 型系统}, & K_{\mathrm{a}}=k, & e_{\mathrm{ssr}}=\dfrac{R}{K}\end{array}\right\}$$

可见，0 型及 I 型系统，都不能跟踪加速度信号；II 型系统的稳态输出与加速度输入存在一个恒定的稳态误差，其数值与加速度信号的变化率 R 成正比，与系统开环增益 K 成反比，对于III型及III型以上的系统，只要系统稳定，就能准确地跟踪加速度信号，不存在稳态误差。

通过上述三种常见输入信号及其作用下的稳态误差，可总结得到系统型别、静态误差系数与输入信号之间的关系，如表 3-6 所示。

表 3-6　稳态误差系统型别、静态误差系数与输入信号之间的关系

系统型别	静态误差系数			阶跃信号 $r(t)=R\cdot 1(t)$	斜坡信号 $r(t)=Rt$	加速度信号 $r(t)=Rt^2/2$
ν	K_{p}	K_{v}	K_{a}	$e_{\mathrm{ss}}=R/(1+K_{\mathrm{p}})$	$e_{\mathrm{ss}}=R/K_{\mathrm{v}}$	$e_{\mathrm{ss}}=R/K_{\mathrm{a}}$
0	K	0	0	$R/(1+K)$	∞	∞
I	∞	K	0	0	R/K	∞
II	∞	∞	K	0	0	R/K
III	∞	∞	∞	0	0	0

说明： 系统稳态误差只与系统的开环增益、输入信号及系统型别有关，因而减小或消除误差的措施有提高开环积分环节的阶次 υ 和增加开环增益 K，但应以保证系统稳定性为前提。

【实例 3-17】 已知图 3-37 中的 $G_1(s)=\dfrac{250}{s+50}$，$G_2(s)=\dfrac{2}{s(s+1)}$，求 $r(t)=1(t)+2t$ 下的系统稳态误差。

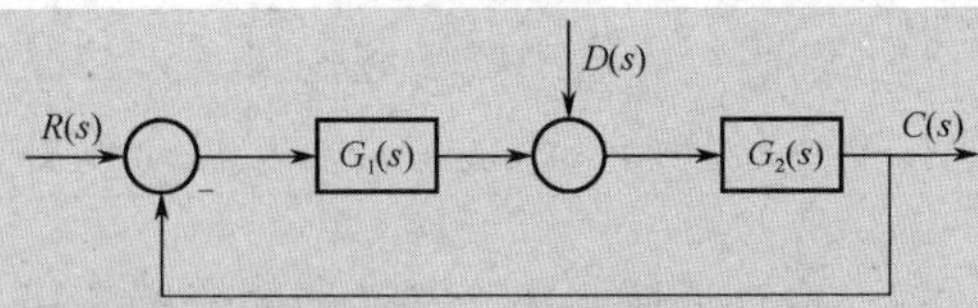

图 3-37　实例 3-17 的系统方框图

解： 系统的开环传递函数为

$$G_{\mathrm{k}}(s)=G_1(s)G_2(s)=\frac{5}{\frac{1}{50}s+1}\cdot\frac{2}{s(s+1)}=\frac{10}{s(0.02s+1)(s+1)}$$

$r(t)=1(t)$ 作用时，$K_{\mathrm{p}}=\infty$，$e_{\mathrm{ssr1}}=0$；$r(t)=2t$ 作用时，$K_{\mathrm{v}}=K=10$，$e_{\mathrm{ssr2}}=\dfrac{2}{10}=0.2$。

应用叠加定理，可得在 $r(t)=1(t)+2t$ 下的系统稳态误差为

$$e_{\mathrm{ssr}}=e_{\mathrm{ssr1}}+e_{\mathrm{ssr2}}=0+0.2=0.2$$

3.6.4　扰动输入信号作用下的稳态误差计算

扫一扫看扰动输入信号作用下的稳态误差计算教学课件

1. 扰动稳态误差的计算方法

令给定输入信号 $R(s)=0$，仅考虑扰动输入信号 $D(s)$ 作用，先求出扰动输入信号作用下的误差传递函数 $\phi_{\mathrm{ed}}(s)$，得到误差象函数 $E_{\mathrm{d}}(s)$，然后利用终值定理求出扰动稳态误差 e_{ssd}。对于如图 3-35 所示的系统方框图，其扰动稳态误差计算公式为式（3-34）。下面举例说明。

【实例 3-18】 已知系统方框图如图 3-37 所示，图中 $G_1(s)=\dfrac{K_1}{2s+1}$，$G_2(s)=\dfrac{K_2}{s(s+1)}$，求系统在单位阶跃扰动输入信号作用下的稳态误差。

解： 系统在扰动输入信号作用下的误差传递函数为

$$\phi_{\mathrm{ed}}(s)=\frac{E_{\mathrm{d}}(s)}{D(s)}=\frac{-G_2(s)}{1+G_1(s)G_2(s)}=\frac{-\dfrac{K_2}{s(s+1)}}{1+\dfrac{K_1}{2s+1}\cdot\dfrac{K_2}{s(s+1)}}=\frac{-K_2(2s+1)}{s(2s+1)(s+1)+K_1K_2}$$

扰动输入信号为单位阶跃信号，即 $d(t)=1(t)$，则 $D(s)=\dfrac{1}{s}$，因而

$$E_{\mathrm{d}}(s)=\phi_{\mathrm{ed}}(s)D(s)=\frac{-K_2(2s+1)}{s(2s+1)(s+1)+K_1K_2}\cdot\frac{1}{s}$$

利用终值定理得

$$e_{\mathrm{ssd}}=\lim_{s\to 0}sE_{\mathrm{d}}(s)=\lim_{s\to 0}s\frac{-K_2(2s+1)}{s(2s+1)(s+1)+K_1K_2}\cdot\frac{1}{s}=-\frac{1}{K_1}$$

可见，扰动稳态误差与输入前向通道传递函数 $G_1(s)$ 中的 K_1 有关。

如果令图 3-37 中的 $G_1(s)=\dfrac{K_1}{s(2s+1)}$，$G_2(s)=\dfrac{K_2}{s+1}$，也就是将积分环节放到扰动作用点前，则利用终值定理同样可求出系统在单位阶跃扰动输入信号作用下的稳态误差 $e_{\mathrm{ssd}}=0$。

说明：要减小扰动稳态误差，应使扰动作用点前的前向通道中的增益 K_1 适当大一些；要消除扰动稳态误差，应在扰动作用点前的前向通道中增加积分环节。

2. 自动调速系统稳态性能的分析应用

1）自动调速系统稳态性能的特点

（1）自动调速系统是恒值控制系统，其输入量是恒定的（确切地说，是预选的），因此，其输入量产生的稳态误差可以通过调节输入量来加以补偿。所以，对自动调速系统来说，主要是扰动量产生的稳态误差。这是因为扰动量是事先无法确定，并且在不断变化的。

（2）对自动调速系统来说，作用信号一般都以阶跃信号为代表，这是因为从稳态来看，阶跃信号是一个恒值控制信号，从动态来看，阶跃信号是突变信号中最严重的一种输入信号。因此，对于自动调速系统，其扰动量一般以 $D(s)=D/s$ 为代表。

2）自动调速系统的静差率 s

自动调速系统的稳态误差用转速降 Δn 来表示。转速降 Δn 对额定转速的相对值称为静差率 s，而自动调速系统的静差率通常对最低额定转速而言，即

$$s=\frac{\Delta n}{n_{\mathrm{N\,min}}}\times 100\% \tag{3-46}$$

式中，Δn 为负载由空载到额定负载的转速降（负载阶跃扰动产生的稳态误差）；$n_{\mathrm{N\,min}}$ 为系统额定最低转速。

对于不同的生产机械，允许的静差率也是不同的，如普通车床允许的静差率为10%～20%；龙门刨床为6%；冷轧机为2%；热轧机为 0.2%～0.5%；造纸机为1%以下等。

【实例 3-19】 在如图3-38 所示的调速系统中，已知电网电压波动（扰动量）$\Delta U(s)=-\dfrac{20}{s}$ V，系统的额定输入量 $U_s(s)=\dfrac{10}{s}$ V。（1）求电网电压波动产生的转速降Δn；（2）求该系统的静差率（设转速为系统额定最低转速）。

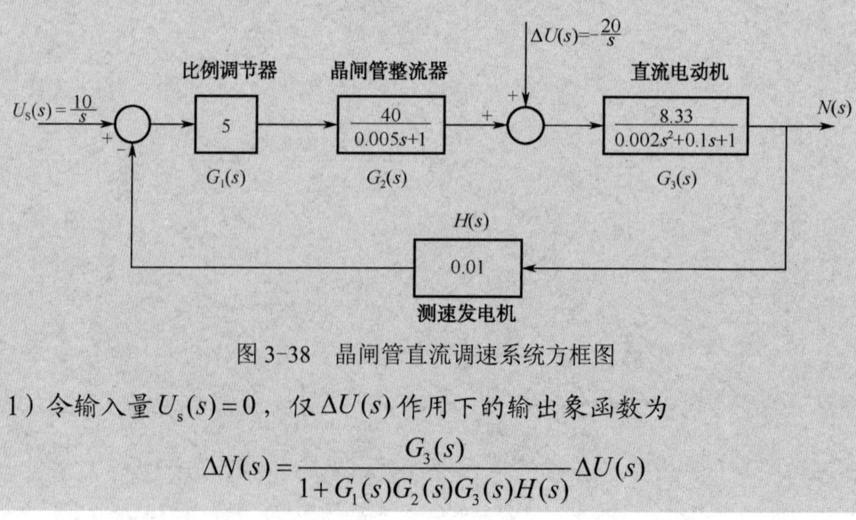

图 3-38 晶闸管直流调速系统方框图

解:（1）令输入量 $U_s(s)=0$，仅 $\Delta U(s)$ 作用下的输出象函数为

$$\Delta N(s)=\frac{G_3(s)}{1+G_1(s)G_2(s)G_3(s)H(s)}\Delta U(s)$$

已知$\Delta U(s)=-\dfrac{20}{s}$，利用终值定理可求出电网电压波动产生的转速降为

$$\Delta n=\lim_{s\to 0}s\Delta N(s)=\lim_{s\to 0}s\frac{G_3(s)}{1+G_1(s)G_2(s)G_3(s)H(s)}\left(-\frac{20}{s}\right)=-9.4\ \text{r/min}$$

（2）系统的输入信号有给定信号和扰动信号，因而系统在扰动量和输入量作用下的输出$n_{\text{Nmin}}=n_{\text{N}}+\Delta n$，其中$n_{\text{N}}$为给定输入信号$U_{\text{s}}(s)$作用下的输出量，$\Delta n$为扰动输入信号$\Delta U(s)$作用下的输出量

$$n_{\text{N}}=\lim_{s\to 0}sN_{\text{N}}(s)=\lim_{s\to 0}s\left(\frac{G_1G_2G_3}{1+G_1G_2G_3H}U_{\text{s}}(s)\right)=\frac{5\times 40\times 8.33\times 10}{1+5\times 40\times 8.33\times 0.01}=\frac{16\,660}{17.66}=943\ \text{r/min}$$

$$n_{\text{Nmin}}=n_{\text{N}}+\Delta n=943-9.4=933.6\ \text{r/min}$$

由静差率的定义式可求出

$$s=\frac{\Delta n}{n_{\text{Nmin}}}=-\frac{9.4}{933.6}\times 100\%\approx -1\%$$

技能训练10　基于Simulink系统的稳态误差分析

1. 任务目标

（1）掌握使用Simulink仿真环境进行系统稳态误差分析的方法。

（2）了解稳态误差分析的前提条件是系统处于稳定状态。

（3）研究系统在不同典型输入信号作用下稳态误差的变化。

（4）分析系统在扰动输入信号作用下的稳态误差。

（5）分析系统型别及开环增益对稳态误差的影响。

2. 任务内容

1）研究系统在不同典型输入信号作用下稳态误差的变化

【实践 1】已知单位负反馈系统的开环传递函数为$G_{\text{k}}(s)=\dfrac{10K}{s(0.1s+1)}$，分别绘制出$K$=1和$K$=10时，系统在各典型输入信号作用下的单位阶跃响应曲线和误差响应曲线，并读出稳态误差，分析仿真结果。

2）研究系统型别不同时稳态误差的变化

【实践 2】（1）将实践1系统的积分环节换为惯性环节，开环增益改为1，系统变为0型系统，开环传递函数为$G(s)=\dfrac{1}{(s+1)(0.1s+1)}$，在输入端分别给定单位阶跃信号和单位斜坡信号，重新仿真运行，观察单位阶跃响应曲线和误差响应曲线，并读出稳态误差，分析仿真结果。

（2）将实践1系统变为Ⅱ型系统，为使系统稳定，在前向通道中增加比例-微分环节，开环传递函数为$G(s)=\dfrac{s+5}{s^2(0.1s+1)}$，在输入端分别给定单位斜坡信号和单位加速度信号，重新仿真运行，观察单位阶跃响应曲线和误差响应曲线，并读出稳态误差，分析仿真结果。

3）分析系统在扰动输入信号作用下的稳态误差

【实践 3】已知系统如图 3-39 所示，若输入信号 $r(t)=1(t)$，则扰动信号 $n(t)=0.1\times1(t)$，令 $e(t)=r(t)-c(t)$，要求：

（1）仿真运行，观察扰动误差响应曲线和总误差响应曲线，并读出扰动稳态误差及总稳态误差。

（2）分析如何消除扰动稳态误差，仿真并验证结论。

（3）分析如何减小扰动稳态误差，仿真并验证结论。

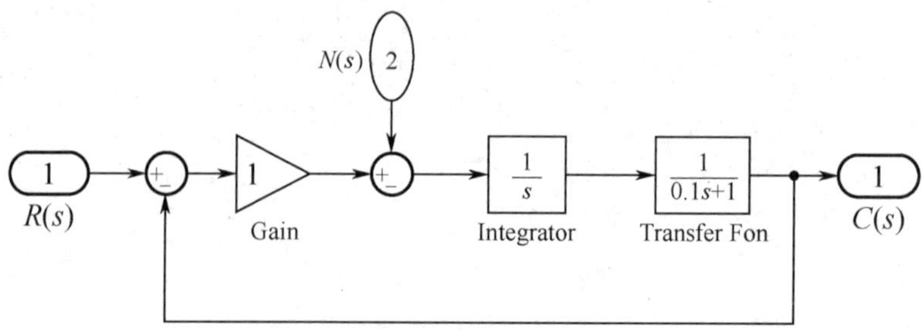

图 3-39　实践 3 系统方框图

3. 任务实现

（1）熟练运用 Simulink 构造实践 1、实践 2 和实践 3 的系统方框图，能正确设置各模块参数，实现观测效果。

（2）熟练使用各函数命令，编写 m 文件，完成任务内容，并记录结果。

（3）从以下几个方面进行实践结果与数据的分析。

① 系统在不同典型输入信号作用下稳态误差变化的规律。

② 系统开环增益的变化对稳态误差的影响。

③ 系统型别的变化对稳态误差的影响。

④ 分析系统在扰动输入信号作用下的稳态误差。

（4）完成实训报告。

4. 拓展思考

（1）影响系统稳定性和稳态误差的因素有哪些？如何改善系统稳定性，减小和消除稳态误差？

（2）Simulink 环境下的模块组中没有加速度信号源，如何实现加速度信号源的输入仿真？

技能训练 11　转速负反馈有静差直流调速系统性能分析

1. 任务目标

（1）通过转速负反馈有静差直流调速系统的组成分析，建立系统的数学模型。

（2）掌握利用自动控制系统的分析方法分析直流调速系统的性能（稳定性、动态性能和稳态性能）。

2. 任务内容

在技能训练 5“单闭环直流调速系统数学模型建立”中，明确如图 3-40（a）所示的系统基本工作原理基础上，建立系统方框图，如图 3-40（b）所示。

设系统参数为 $T_a = 0.03\,\text{s}$，$T_m = 0.2\,\text{s}$，$K_s = 40$，$R_a = 0.5\,\Omega$，$K_e\phi = 0.132(\text{V/r}\cdot\text{min}^{-1})$，$\alpha = 0.07$，$\tau_0 = 0.001\,67\,\text{s}$，在此基础上，分析转速负反馈有静差直流调速系统的稳定性、动态性能和稳态性能。

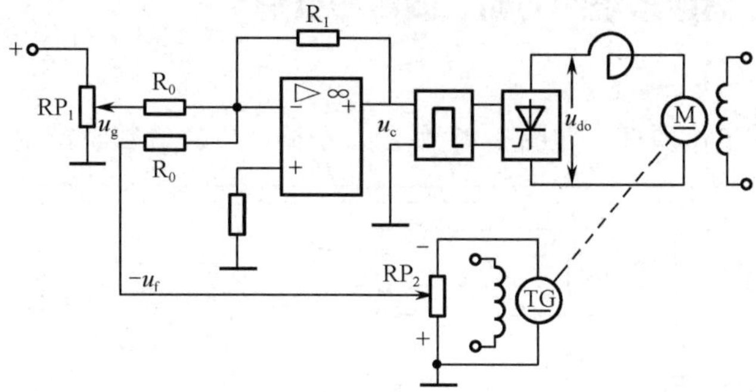

（a）工作原理

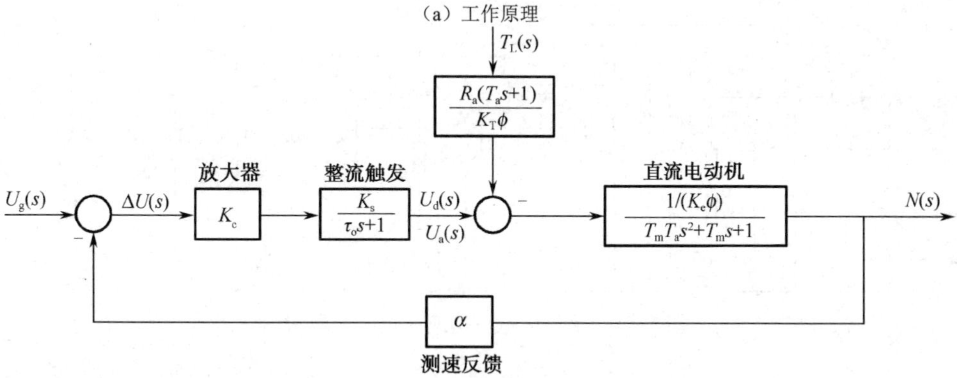

（b）系统方框图

图 3-40　转速负反馈有静差直流调速系统

3. 任务实现

1）转速负反馈有静差直流调速系统稳定性分析

根据所建立的系统方框图，由劳斯稳定判据判断系统稳定的放大器 K_c 的范围，并利用 MATLAB 进行系统稳定性的仿真。

2）转速负反馈有静差直流调速系统动态性能分析

由于晶闸管整流时间常数 $\tau_0 = 0.001\,67\,\text{s}$ 很小，因而系统可近似简化为二阶系统，将系统设计为最佳二阶系统，则 ζ=0.707，确定系统放大器 K_c 的值。利用 MATLAB 进行系统动态性能的仿真。

3）转速负反馈有静差直流调速系统稳态性能分析

熟练运用 Simulink 构造转速负反馈有静差直流调速系统的结构图，能正确设置各模块参数，分别绘制出以给定信号为单位阶跃信号的给定误差响应曲线和单位阶跃扰动输入信号作用下的扰动误差响应曲线，并读出给定稳态误差和扰动稳态误差，分析仿真结果。

4）分析结果与数据，完成实训报告

4. 拓展思考

上述转速负反馈有静差直流调速系统为什么会存在稳态误差，即有静差存在，如何减小静差或消除静差？有静差直流调速系统如何实现稳定性？如何改善系统的动态性能？

技能训练 12　调速系统的分析、调试与维护

1. 任务目标

（1）理解系统的工作原理，如图 3-41 所示，正确建立系统数学模型。

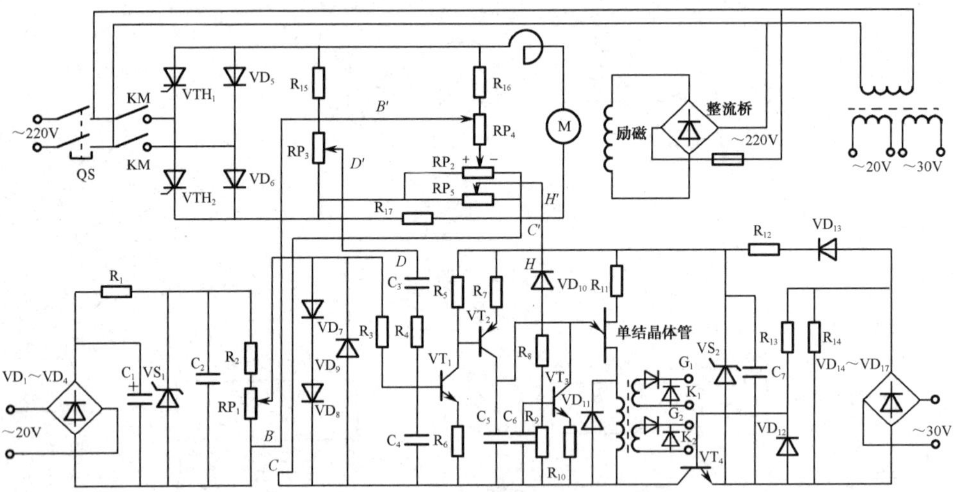

图 3-41　单闭环直流调速系统的原理图

（2）掌握通过对系统各组成部件功能、性能的分析，正确连接组成系统方框图。

（3）掌握自动控制系统等效变换的规则，求取系统闭环传递函数。

2. 任务内容

（1）触发电路工作状态检查：先不接入主电路，只接通触发电路，检查图 3-41 中各点波形是否正常，脉冲变压器的两个副绕组是否均无脉冲输出。连接 D_1～D_4 到同步电源的 20 V，连接 VD_{14}～VD_{17} 到电源的 30 V。短接 *B*、*C* 两点。观测各点波形，并做记录。

（2）各点波形正确后，连接 *B*、*C*、*D*、*H* 点到主电路中的 *B*′、*C*′、*D*′、*H*′点。

（3）调节励磁电流：在励磁电路中串入电流表，接通励磁电路，调节外接电阻器，使电流达到额定励磁电流。

（4）将给定电压 U_g 从 0 开始，逐步增大，观察电动机运行是否正常。

（5）测试系统的稳态特性，并记录波形。

（6）进行系统的动态特性测试。

（7）运用所学知识，对系统进行稳定性、动态性能和稳态性能分析。

3. 任务实现

1）系统分析

先进行定性分析，搞清楚系统的工作原理，然后建立系统的数学模型，从而进行定量分

析。按照以下次序进行分析：主电路→触发电路→放大电路→控制电路→辅助电路。

（1）主电路：本系统容量比较小，调速精度的要求也不是很高，因此采用的是桥式整流电路。交流输入直接由 220 V 交流电源供电。为限制电流脉动，改善换向条件，减少电枢损耗，接入了平波电抗器。

（2）触发电路：采用单结晶体管触发电路，结构简单，可靠性较高。

（3）放大电路：系统中由晶体管及电阻等元件构成了放大电路，为了使放大电路供电电压平稳，通常可以并联一个电容，为了保证触发脉冲与主电压同步，可采用二极管来隔离电容对于同步电压的影响。

（4）控制电路：为了保证调速系统的转速恒定，可以引入转速负反馈，但安装测速发电机往往比较麻烦，有时还受到空间位置的限制，安装起来也比较麻烦，成本较高。所以在本系统中，采用了电压负反馈和电流正反馈环节来代替转速负反馈。

（5）辅助电路：一般包括保护、指示、报警电路等。由于本系统是小容量调速系统，所以未设报警和过电流继电器保护。

2）建立组成框图

本系统的组成框图如图 3-42 所示。

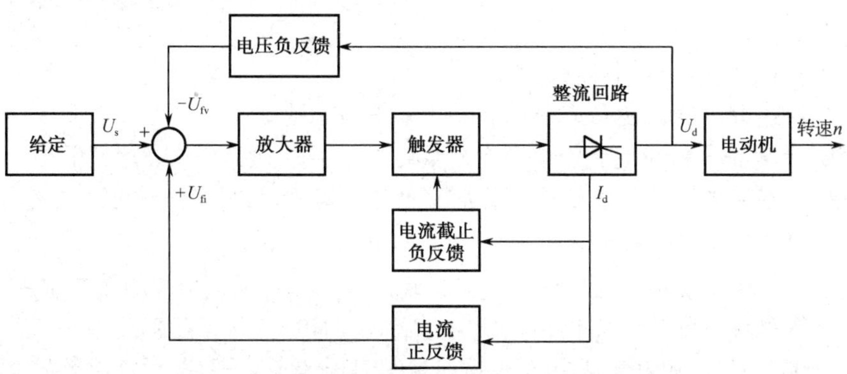

图 3-42　单闭环直流调速系统的组成框图

结合各环节特征，归纳出系统大致的方框图，如图 3-43 所示。

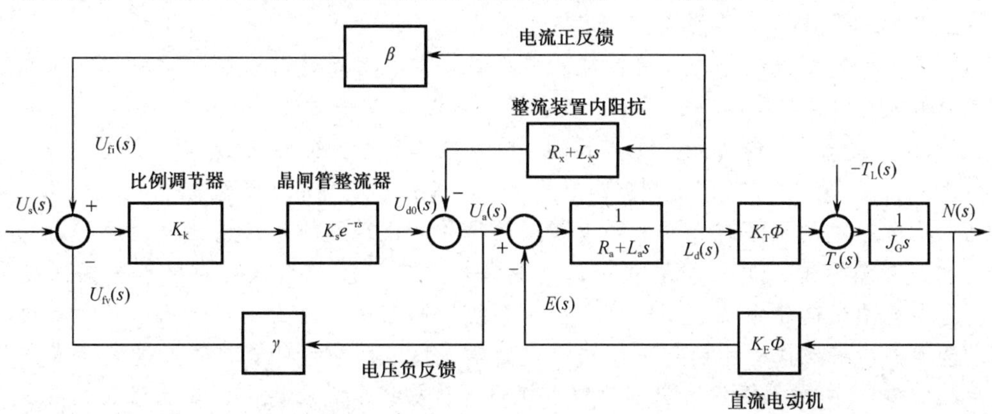

图 3-43　单闭环直流调速系统方框图

在图 3-43 中，$U_a(s)$为电枢两端电压，$U_{do}(s)$为整流装置空载时的输出电压，R_x 为变压器、电抗器和晶闸管换相压降的总等效电阻，L_x 为变压器漏磁电感与电抗器电感之和，R_a 为电枢电阻，L_a 为电枢漏磁电感，β为电流反馈系数，γ为电压反馈系数。

4. 分析与思考

（1）单结晶体管触发电路的振荡频率与电路中电容 C 的值有什么关系？

（2）单结晶体管触发电路的移相范围能否达到 180°？

（3）系统中的反馈起到什么作用？

（4）分析系统的稳定性和稳态性能。

知识梳理与总结

（1）系统时间响应由动态响应和稳态响应两部分组成，对应地，系统性能由动态性能和稳态性能两部分组成。通常以单位阶跃输入信号作用下的输出响应来定义系统动态性能指标，动态性能指标包括表征系统快速性的指标：上升时间、峰值时间、调节时间等；表征系统平稳性的性能指标：超调量和振荡次数等。

（2）以一阶微分方程为运动方程的自动控制系统称为一阶系统；表征一阶系统特征的唯一参数为时间常数 T；一阶系统单位阶跃响应没有振荡，也没有超调，时间常数 T 反映系统的惯性，T 越小，其响应过程越快。

（3）以二阶微分方程为运动方程的自动控制系统称为二阶系统；阻尼比 ζ 和无阻尼自然振荡频率 ω_n 为表征二阶系统特性的两个参数；对于不同的 ζ，系统特征根在 s 平面上的分布位置不同，相应地，单位阶跃响应的形式也是不同的，$\zeta>1$ 为过阻尼系统，$\zeta=1$ 为临界阻尼系统，$0<\zeta<1$ 为欠阻尼系统，$\zeta=0$ 为无阻尼系统；二阶系统一般设计在欠阻尼状态，研究欠阻尼二阶系统动态性能的分析与计算；对于二阶系统性能的改善常用比例-微分控制和速度反馈控制；利用 MATLAB 对系统进行动态性能分析与仿真。

（4）凡是用高于二阶的常微分方程描述输出信号与输入信号之间关系的自动控制系统，均称为高阶系统。对于不能由一、二阶系统近似的高阶系统，其动态性能指标的确定是比较复杂的。工程上常采用闭环主导极点和偶极子的概念对高阶系统进行近似分析，或者直接应用 MATLAB 进行高阶系统分析。

（5）稳定性是系统性能的首要性能；系统稳定的充要条件是系统闭环特征根（也就是闭环传递函数的极点）均具有负实部，或者说，均位于 s 平面左半平面；1877 年，英国人劳斯（Routh）提出了根据系统特征方程的各项系数来确定特征根在 s 平面上的分布位置，从而判断系统稳定性的劳斯稳定判据；利用 MATLAB 分析系统的稳定性。

（6）不考虑由于元件的不灵敏区、零点漂移和老化造成的永久性误差，而只讨论由于系统结构、参量及输入的不同形式引起的原理性稳态误差。常以稳态误差来描述稳态性能，稳态误差用来衡量系统控制精度。由于系统的输入信号分为给定输入信号和扰动输入信号，因而系统稳态误差由两部分组成：给定输入信号所引起的稳态误差（给定或跟随稳态误差 e_{ssr}）和扰动输入信号所引起的稳态误差（扰动稳态误差 e_{ssd}）；系统给定稳态误差只与系统的开环增益与输入信号及系统型别有关，扰动稳态误差与扰动作用点前的前向通道

传递函数 $G_1(s)$ 中的增益 K_1 有关，要消除扰动稳态误差，应在扰动作用点前的前向通道中增加积分环节。

思考与练习题 3

扫一扫看思考与练习题 3 答案

3-1　填空题

1．时域分析中最常用的典型输入信号是_______。

2．表征一阶系统特征的参数是_______。

3．表征二阶系统特征的参数有______和__________。

4．线性系统稳定的充要条件是___________________。特征方程的所有根均在 s 平面左半平面。

3-2　选择题

1．在时域分析的性能指标中，（　　）是反映相对稳定性的。

A．上升时间　　B．峰值时间　　C．调整时间　　D．超调量

2．系统的稳态误差 e_{ss} 反映了系统的（　　）。

A．稳态控制精度　B．相对稳定性　　C．快速性　　D．平稳性

3．设一阶系统的传递函数为 $G(s)=\dfrac{3}{s+2}$，且容许误差为 2%，则其调整时间为（　　）。

A．1　　B．1.5　　C．2　　D．3

4．一阶系统 $G(s)=\dfrac{K}{Ts+1}$ 的放大系数 K 越小，系统输出响应的稳态值（　　）。

A．不变　　B．不定　　C．越小　　D．越大

5．已知系统的传递函数为 $G(s)=\dfrac{4}{s^2+s+4}$，系统的无阻尼振荡频率为（　　）。

A．0.25　　B．0.5　　C．1　　D．2

6．二阶系统的传递函数为 $G(s)=\dfrac{5}{s^2+2s+5}$，该系统是（　　）。

A．临界阻尼系统　B．欠阻尼系统　　C．过阻尼系统　　D．无阻尼系统

7．欠阻尼二阶系统的性能指标中只与阻尼比有关的是（　　）。

A．上升时间　　B．峰值时间　　C．调整时间　　D．最大超调量

8．根据系统的特征方程 $D(s)=3s^3+s^2-3s+5=0$，可以判断系统（　　）。

A．稳定　　B．不稳定　　C．临界稳定　　D．稳定性不确定

9．根据系统的特征方程 $D(s)=5s^4+3s^2+3=0$，可以判断系统（　　）。

A．稳定　　B．不稳定　　C．临界稳定　　D．稳定性不确定

10．下列系统中属于不稳定系统的是（　　）。

A．闭环极点为 $s_{1,2}=-1\pm \mathrm{j}2$ 的系统　　B．闭环特征方程为 $s^2+2s+1=0$ 的系统

C．单位阶跃响应为 $c(t)=20(1+e^{-0.4t})$ 的系统　D．脉冲响应为 $h(t)=8e^{0.4t}$ 的系统

11．以下关于系统稳态误差的概念正确的是（　　）。

A．只取决于系统的结构和参数　　B．只取决于系统的输入和干扰

C．与系统的结构和参数、输入和干扰有关　　D．始终为0

12．系统的开环传递函数为$G(s)=\dfrac{5}{s^2(s+1)(s+4)}$，其开环增益和型别为（　　）。

A．5，Ⅱ型　　B．5/4，Ⅱ型　　C．5，Ⅲ型　　D．5/4，Ⅲ型

13．系统型别越高，稳态误差（　　）。

A．越小　　B．越大　　C．不变　　D．无法确定

14．单位反馈系统开环传递函数为$G(s)=\dfrac{5}{s^2+6s+5}$，当输入信号为单位阶跃信号时，其位置误差为（　　）。

A．2　　B．0.2　　C．0.5　　D．0.05

15．已知单位反馈系统在单位阶跃信号作用下，稳态误差e_{ss}为常数，则此系统为（　　）。

A．0型系统　　B．Ⅰ型系统　　C．Ⅱ型系统　　D．Ⅲ型系统

16．某系统的速度误差为零，则该系统的开环传递函数可能是（　　）。

A．$\dfrac{K}{Ts+1}$　　B．$\dfrac{s+d}{s(s+a)(s+b)}$　　C．$\dfrac{K}{s(s+a)}$　　D．$\dfrac{K}{s^2(s+a)}$

3-3　综合分析题

1．已知系统的单位阶跃响应为$c(t)=1+0.2\mathrm{e}^{-60t}-1.2\mathrm{e}^{-10t}$，试确定系统的阻尼比$\zeta$和无阻尼自然振荡频率$\omega_{\mathrm{n}}$。

2．已知单位负反馈系统的开环传递函数为$G_{\mathrm{k}}(s)=\dfrac{5}{s(0.2s+1)}$，求该系统单位阶跃响应和系统各动态性能指标$t_{\mathrm{r}}$、$t_{\mathrm{p}}$、$t_{\mathrm{s}}$、$\sigma\%$。

3．典型二阶系统的单位阶跃响应为$c(t)=1-1.25\mathrm{e}^{-1.2t}\sin(1.6t+53.1^\circ)$，试求系统的超调量$\sigma\%$、峰值时间$t_{\mathrm{p}}$和调节时间$t_{\mathrm{s}}$。

4．有一位置随动系统，其方框图如图3-44所示，$K=40$，$\tau=0.1$。当输入量$r(t)$为单位阶跃信号时，求系统的无阻尼自然振荡频率ω_{n}，阻尼比ζ和系统的动态性能指标t_{r}、t_{s}、$\sigma\%$。

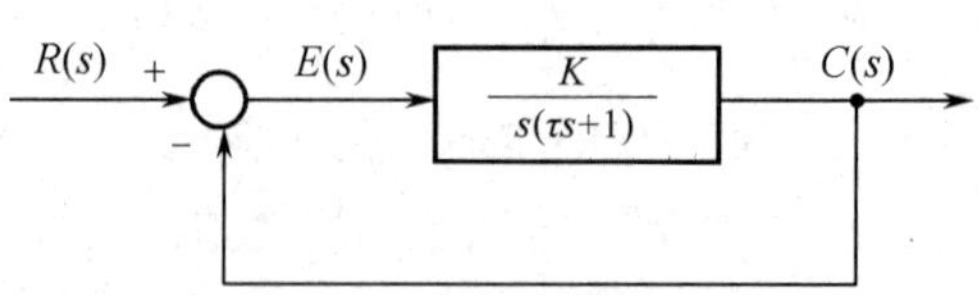

图3-44　位置随动系统方框图

5．已知系统特征方程为$s^4+8s^3+10s^2+16s+5=0$，试判断该系统的稳定性。

6．已知系统特征方程为$s^5+3s^4+12s^3+24s^2+32s+40=0$，试求系统在$s$平面右半平面的根的个数及虚根值。

7．设单位负反馈系统的开环传递函数为$G_{\mathrm{k}}(s)=\dfrac{K}{s(s+2)(s^2+s+1)}$，试确定使系统稳定的$K$的取值范围。

8．已知单位反馈系统开环传递函数为 $G_k(s)=\dfrac{100}{(0.1s+1)(s+5)}$，试求静态位置误差系数 K_p、静态速度误差系数 K_v、静态加速度误差系数 K_a。

9．已知单位反馈系统开环传递函数为 $G_k(s)=\dfrac{50}{s(0.1s+1)(s+5)}$，试求静态位置误差系数 K_p、静态速度误差系数 K_v、静态加速度误差系数 K_a。

10．已知单位反馈系统开环传递函数为 $G_k(s)=\dfrac{10(2s+1)}{s^2(s^2+6s+100)}$，试求输入为 $r(t)=2+2t+t^2$ 时，系统的稳态误差。

11．已知系统方框图如图 3-45 所示。欲保证阻尼比 $\zeta=0.7$ 和单位斜坡信号输入时稳态误差 $e_{ss}=0.25$，试确定系统参数 K 和 τ 的取值。

12．设系统方框图如图 3-46 所示。其中 $G(s)=K_p+\dfrac{K_i}{s}$，$F(s)=\dfrac{1}{Js}$，输入 $r(t)$ 及 $d_1(t)$ 和 $d_2(t)$ 均为单位阶跃信号。试求：

（1）$r(t)$ 作用下系统的稳态误差。

（2）$d_1(t)$ 作用下系统的稳态误差。

（3）$d_1(t)$ 和 $d_2(t)$ 同时作用下系统的稳态误差。

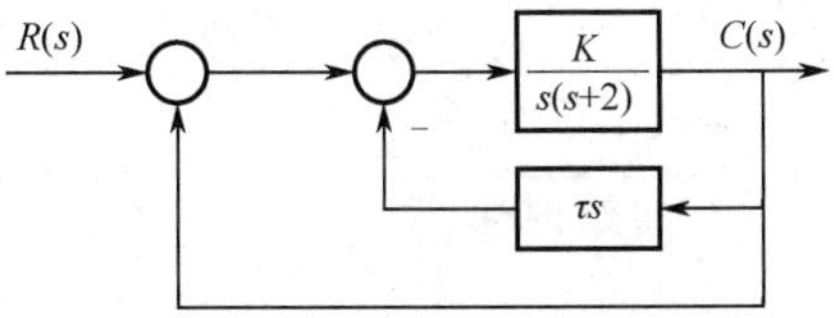

图 3-45　习题 11 系统方框图

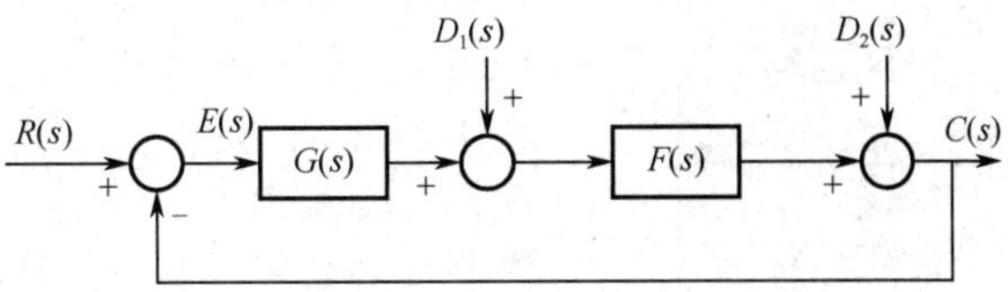

图 3-46　习题 12 系统方框图

13．图 3-47 所示为某调速系统方框图，求：

（1）该系统因扰动而引起的稳态误差。

（2）该系统的静差率（设转速为系统额定最低转速）。

（3）怎样才能减小静差率？怎样才能实现无静差？

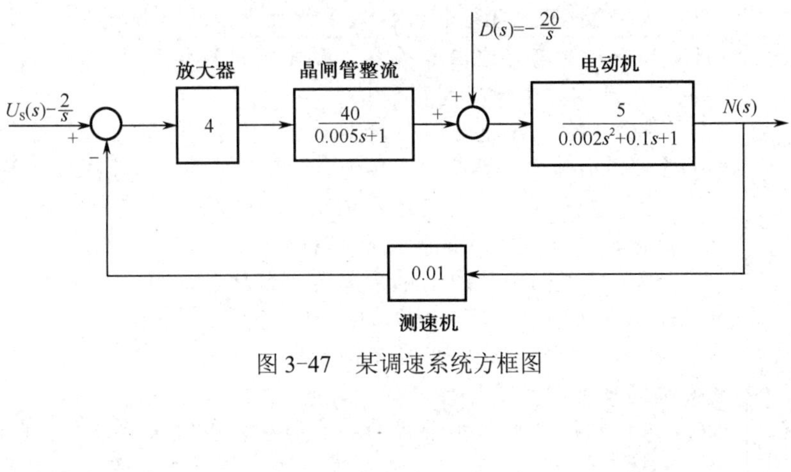

图 3-47　某调速系统方框图

单元4 自动控制系统频域分析法

教学导航

知识目标	1. 掌握频率特性基本概念； 2. 掌握系统开环频率特性曲线（Nyquist 图、Bode 图）的绘制方法； 3. 掌握奈奎斯特稳定判据的应用； 4. 掌握系统稳定裕度的定义、求法
技能目标	1. 能够利用频域分析法进行系统分析； 2. 能够根据系统性能指标进行系统综合； 3. 能够利用 MATLAB 进行系统分析和综合
素质目标	1. 团队协作能力； 2. 组织沟通能力； 3. 严谨认真的学习及工作作风； 4. 严谨规范的职业素养，独立探究和解决问题的专业素质
重/难点	重点：频率特性的定义、开环频率特性曲线的绘制、奈奎斯特稳定判据及稳定裕度的概念； 难点：奈奎斯特稳定判据的应用
技能训练	1. 典型环节频率特性测试； 2. 基于 MATLAB 绘制幅相频率特性曲线及其稳定性分析； 3. 基于 MATLAB 绘制对数频率特性曲线及其频域分析
思政元素	1. 频率特性与传递函数关系、频率特性数学表示与图形表示所蕴含的“诚信、友爱、平等思想”； 2. 奈奎斯特（Nyquist）、伯德（Bode）探索并提出在频域内研究系统的频率响应法，引导学生具有“开拓进取，孜孜不倦，勇于探索的精神”； 3. 分析系统首先需要进行系统稳定性判据，映射出国家社会稳定才能进行五个文明建设，才能构建和谐社会； 4. 稳定裕度的含义映射做事要留有余地，做好充分准备，这样才能遇事沉着、冷静，游刃有余地处理任何事情； 5. 频域三频段理论映射在不同阶段要规划好不同的人生目标，引导学生要确定目标，有了目标才有努力的方向； 6. 讲授频域带宽与抗干扰的关系引导学生做人做事要有底线，坚持社会主义核心价值观，坚守法律法规底线，坚守职业道德与素养
推荐教学方法	任务引领线上线下相结合课堂教学、利用丰富的课程资源开展启发式、讨论式、参与式等多元化教学等

单元 3 介绍的时域分析法是一种解析法，用时域响应来描述系统的动态性能较为直观与准确，但用解析方法求解高阶系统的时域响应往往比较困难。有时，还会遇到难以列写其微分方程的元件或系统。因此，在工程实践中，人们借助图解分析法——频率特性法（又称为频域分析法）来进行系统性能分析。

所谓频域分析，即在频率域（简称频域）内进行分析，应用频率特性研究系统性能。频域分析法具有以下特点。

（1）频率特性具有明确的物理意义，可用实验的方法来确定，这对于难以列写其微分方程的元件或系统来说，具有很重要的实际意义。

（2）频率特性可用多种形式的曲线表示，因而进行自动控制系统分析和设计时可应用频域分析法。

（3）频域分析法通过研究系统的开环频率特性曲线来确定闭环系统性能，因而计算量减少。

（4）频域分析法不仅适用于线性定常系统，还可以推广应用于某些非线性控制系统。

4.1　频率特性基本概念

扫一扫看本节内容思维导图

扫一扫看频率特性基本概念教学课件

4.1.1　频率特性定义

以如图 4-1 所示的 RC 电路为例，说明频率特性的基本概念。

设 $u_{\rm i}$ 为输入，$u_{\rm o}$ 为输出，其传递函数为

$$G(s)=\frac{U_{\rm o}(s)}{U_{\rm i}(s)}=\frac{1}{1+RCs}=\frac{1}{1+Ts}$$

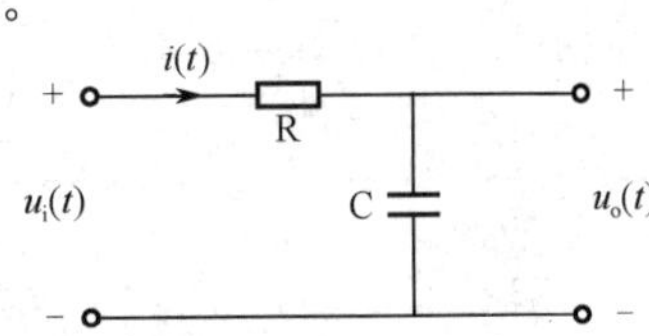

图 4-1　RC 电路

式中，$T=RC$ 为时间常数。令输入电压 $u_{\rm i}$ 为正弦信号，即 $u_{\rm i}(t)=A_{\rm m}\sin(\omega t)$，其拉氏变换为

扫一扫看频率响应的概念教学动画

$$U_{\rm i}(s)=A_{\rm m}\times\frac{\omega}{s^2+\omega^2}$$

则该一阶 RC 电路输出响应的拉氏变换为

$$U_{\rm o}(s)=G(s)U_{\rm i}(s)=A_{\rm m}\times\frac{1}{Ts+1}\times\frac{\omega}{s^2+\omega^2} \tag{4-1}$$

对式（4-1）取拉氏反变换得

$$u_{\rm o}(t)=\frac{A_{\rm m}}{\sqrt{1+(T\omega)^2}}{\rm e}^{-t/T}+\frac{A_{\rm m}}{\sqrt{1+(T\omega)^2}}\sin[\omega t-\arctan(T\omega)] \tag{4-2}$$

式（4-2）表明系统的输出响应由两项组成：第一项为动态分量 $\frac{A_{\rm m}}{\sqrt{1+(T\omega)^2}}{\rm e}^{-t/T}$，随着时间延长而趋近于零；第二项为稳态分量，即

$$\lim_{t\to\infty}u_{\rm o}(t)=\frac{A_{\rm m}}{\sqrt{1+(T\omega)^2}}\sin[\omega t-\arctan(T\omega)]$$

说明： 在系统的输入端加上一个正弦信号，其稳态输出响应也是一个正弦信号，频率 ω 与输入信号频率相同，但幅值和相角发生变化，且如何变化取决于输入信号的频率。

由于输入信号和稳态输出都是正弦量，并且频率相同，可用相量的形式来表示，因此输入电压相量表示为

$$\dot{U}_{\mathrm{i}} = A_{\mathrm{m}}\angle 0^{\circ} \tag{4-3}$$

稳态输出电压相量表示为

$$\dot{U}_{\mathrm{o}} = \frac{A_{\mathrm{m}}}{\sqrt{1+(T\omega)^2}}\angle -\arctan(T\omega) \tag{4-4}$$

将式（4-4）除以式（4-3），也就是稳态输出电压相量与输入电压相量之比，即频率特性记作 $G(\mathrm{j}\omega)$，可得 RC 网络频率特性为

$$G(\mathrm{j}\omega) = \frac{\dot{U}_{\mathrm{o}}}{\dot{U}_{\mathrm{i}}} = \frac{1}{\sqrt{1+(T\omega)^2}}\angle -\arctan(T\omega) = A(\omega)\angle\varphi(\omega) \tag{4-5}$$

式中，$A(\omega)$ 为幅频特性，是稳态输出与输入的幅值之比

$$A(\omega) = \frac{1}{\sqrt{1+T^2\omega^2}} \tag{4-6}$$

$\varphi(\omega)$ 为相频特性，是稳态输出与输入之间的相角差

$$\varphi(\omega) = -\arctan(T\omega) \tag{4-7}$$

频率特性定义：线性定常系统在正弦信号作用下，其稳态输出电压相量与输入电压相量之比与频率 ω 的变化关系，记作 $G(\mathrm{j}\omega)$。频率特性包含幅频特性 $A(\omega)$ 和相频特性 $\varphi(\omega)$，其表示形式为

$$G(\mathrm{j}\omega) = A(\omega)\angle\varphi(\omega) \tag{4-8}$$

4.1.2 频率特性与传递函数的关系

频率特性和传递函数都是系统的数学模型，传递函数是复域中的数学模型，频率特性是频域中的数学模型，频率特性是传递函数的一种特殊情形。传递函数中的复变量 $s=\sigma+\mathrm{j}\omega$，若 $\sigma=0$，则 $s=\mathrm{j}\omega$，$G(\mathrm{j}\omega)$ 就是 $\sigma=0$ 时的 $G(s)$。也就是说，只要将传递函数中的复变量 s 用纯虚数 $\mathrm{j}\omega$ 代替，就可以得到频率特性。

频率特性与传递函数的关系：

$$G(\mathrm{j}\omega) = G(s)\big|_{s=\mathrm{j}\omega} \tag{4-9}$$

根据频率特性与传递函数的关系，可以很方便地由传递函数求取频率特性，也可由频率特性求取传递函数。既然频率特性是传递函数的一种特殊情形，那么传递函数的有关性质和运算规律同样适用于频率特性。

扫一扫看频率特性的数学表示法微课视频

4.1.3 频率特性的数学表示法

由于频率特性是一个复数，所以它和其他复数一样，可以表示为指数、直角坐标和极坐标等几种形式，如图 4-2 所示。直角坐标的横轴为实轴，以 Re 表示；纵轴为虚轴，以 Im 表示。取极坐标极轴为直角坐标实轴，极点为直角坐标原点，极坐标与直角坐标重合。

频率特性的几种表示形式如下。

$$G(\mathrm{j}\omega)=U(\omega)+\mathrm{j}V(\omega) \text{——直角坐标表示式} \tag{4-10}$$

$$G(\mathrm{j}\omega)=A(\omega)\angle\varphi(\omega) \text{——极坐标表示式} \tag{4-11}$$

$$G(\mathrm{j}\omega)=A(\omega)\mathrm{e}^{\mathrm{j}\varphi(\omega)} \text{——指数表示式} \tag{4-12}$$

式中，$U(\omega)$ 为实频特性；$V(\omega)$ 为虚频特性；$A(\omega)$ 为幅频特性；$\varphi(\omega)$ 为相频特性。

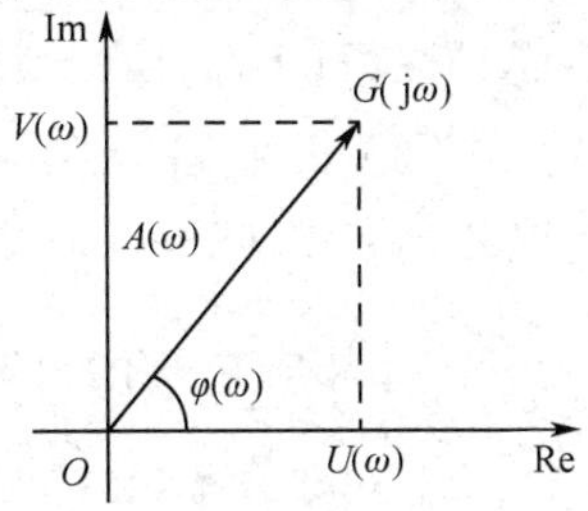

图 4-2　频率特性的几种表示形式

它们之间的关系为

$$A(\omega)=|G(\mathrm{j}\omega)|=\sqrt{U^2(\omega)+V^2(\omega)} \tag{4-13}$$

$$\varphi(\omega)=\angle G(\mathrm{j}\omega)=\arctan\frac{V(\omega)}{U(\omega)} \tag{4-14}$$

若 RC 电路传递函数为

$$G(s)=\frac{1}{1+Ts}$$

则其频率特性为

$$G(\mathrm{j}\omega)=G(s)\Big|_{s=\mathrm{j}\omega}=\frac{1}{1+\mathrm{j}T\omega}$$

直角坐标形式为

$$G(\mathrm{j}\omega)=\frac{1}{1+\mathrm{j}T\omega}=\frac{1-\mathrm{j}T\omega}{(1+\mathrm{j}T\omega)(1-\mathrm{j}T\omega)}=\frac{1}{1+(T\omega)^2}-\mathrm{j}\frac{T\omega}{1+(T\omega)^2}=U(\omega)+\mathrm{j}V(\omega)$$

极坐标形式为

$$G(\mathrm{j}\omega)=\frac{1}{1+\mathrm{j}T\omega}=\frac{1\angle 0}{\sqrt{1+(T\omega)^2}\angle\arctan(T\omega)}=\frac{1}{\sqrt{1+(T\omega)^2}}\angle-\arctan(T\omega)=A(\omega)\angle\varphi(\omega)$$

指数形式为

$$G(\mathrm{j}\omega)=\frac{1}{1+\mathrm{j}T\omega}=\frac{1}{\sqrt{1+(T\omega)^2}}\mathrm{e}^{-\mathrm{j}\arctan(T\omega)}=A(\omega)\mathrm{e}^{\mathrm{j}\varphi(\omega)}$$

4.1.4　频率特性的图形表示法

在应用频率特性研究系统性能的过程中，奈奎斯特（Nyquist）采用了极坐标的图形表示，并在 1932 年提出了著名的奈奎斯特稳定判据，使频率特性在分析系统中的应用达到了一个新的高度。1945 年，伯德（Bode）提出了对数坐标的图形表示法，使频率特性的绘制和应用更加方便、直观，更为实用，对数频率特性成为经典理论在工程上应用得最多的一种方法。下面介绍频率特性的这两种图形表示法。

1．幅相频率特性曲线

幅相频率特性曲线（Nyquist 图）简称幅相曲线、极坐标图。以横轴为实轴，纵轴为虚轴，构成 s 平面。当 ω 从 $-\infty\to+\infty$ 变化时，可计算出每个 ω 值所对应的幅值 $A(\omega)$和相角 $\varphi(\omega)$，频率特性 $G(\mathrm{j}\omega)$表示成矢量，矢量的长度为频率特性的幅值，矢量与实轴正方向的夹角等于频率特性的相角，矢量的终端所描绘的运动轨迹称为幅相频率特性曲线。

注意：（1）幅相频率特性曲线上要标箭头，箭头为 ω 增大方向；

（2）由于 ω 从 $0\to+\infty$ 和 ω 从 $-\infty\to0$ 的幅相频率特性曲线关于实轴对称，因此一般只绘制 ω 从 $0\to+\infty$ 的幅相频率特性曲线。

图 4-3 所示为 RC 网络的幅相频率特性曲线。

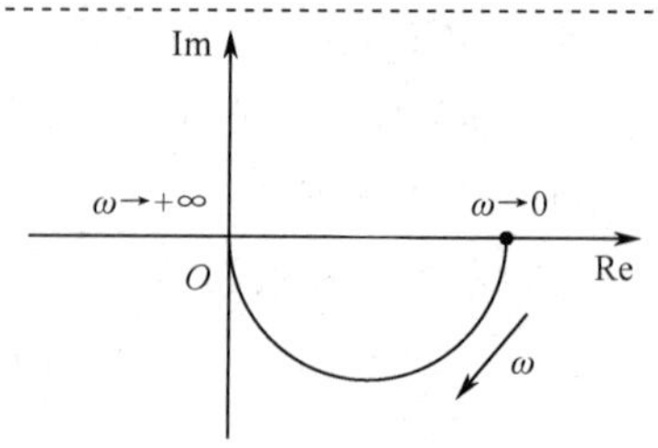

图 4-3　RC 网络的幅相频率特性曲线

2．对数频率特性曲线

对数频率特性曲线又称为 Bode 图或对数坐标图，由对数幅频特性和对数相频特性两条曲线组成，对数频率特性曲线的坐标轴如图 4-4 所示。

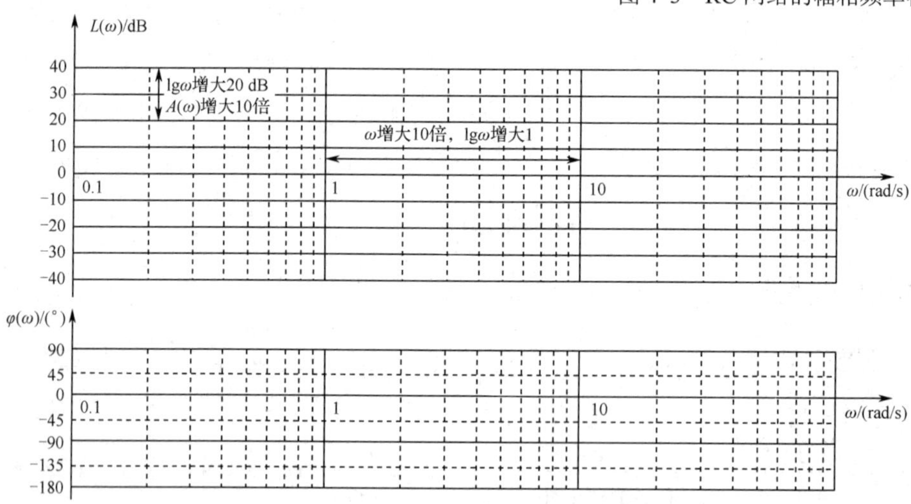

图 4-4　对数频率特性曲线的坐标轴

对数幅频特性曲线的横轴以频率 ω 加以标注，单位为弧度/秒（rad/s），按 $\lg\omega$（对数）分度，即 $\lg\omega$ 每变化一个单位长度，ω 变化 10 倍，称为一个“10 倍频程”（decade），记为 dec。纵轴按 $L(\omega)=20\lg A(\omega)$ 线性分度，单位是分贝（dB）。

为便于对照比较，对数相频特性曲线的横轴取值与对数幅频特性曲线的横轴取值相同，按 $\lg\omega$ 分度，纵轴按 $\varphi(\omega)$ 线性分度，单位为度（°）。

对数频率特性曲线采用 $\lg\omega$ 分度实现了横轴的非线性压缩，便于在较大频率范围内反映频率特性的变化情况。对数幅频特性曲线采用 $20\lg A(\omega)$ 将幅值的乘除运算化为加减运算，可以简化曲线的绘制过程。RC 网络的对数频率特性曲线如图 4-5 所示。

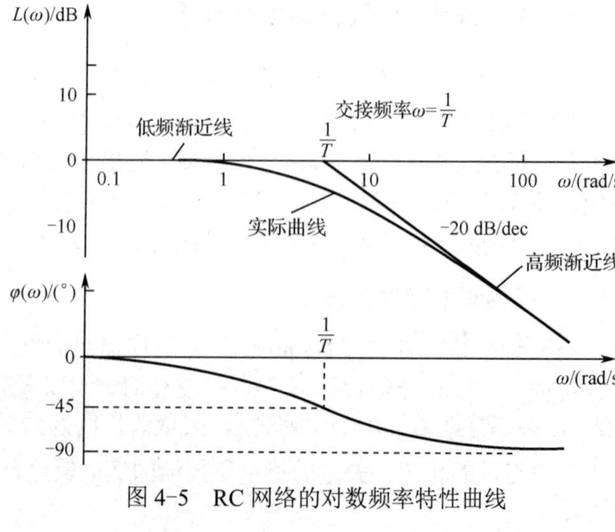

图 4-5　RC 网络的对数频率特性曲线

扫一扫看本节内容思维导图

扫一扫看典型环节频率特性教学课件

4.2　典型环节频率特性

自动控制系统通常由典型环节串联组成，若熟悉了典型环节频率特性，则系统的频率特性就很容易求取。下面介绍典型环节频率特性。

4.2.1　比例环节频率特性

1．传递函数

$$G(s)=K \tag{4-15}$$

2．频率特性

$$G(\mathrm{j}\omega)=K=K\angle 0^\circ \tag{4-16}$$

比例环节的幅频特性 $A(\omega)=K$，为一常数，不随 ω 变化而变化，相频特性 $\varphi(\omega)=0^\circ$，也为一常数。因此比例环节的幅相频率特性曲线是位于实轴上的一点，如图 4-6 所示。

3．对数频率特性

$$\begin{cases} L(\omega)=20\lg K \\ \varphi(\omega)=0 \end{cases} \tag{4-17}$$

1）对数幅频特性

由于比例环节的增益为常数，因此其对数幅频特性曲线 $L(\omega)$ 是一条与 ω 无关的通过纵轴的水平直线，高度为 $20\lg K$（dB）。若 $K>1$，则 $L(\omega)$ 为正值，对数幅频特性曲线位于横轴上方；若 $K<1$，则 $L(\omega)$ 为负值，对数幅频特性曲线位于横轴下方；若 $K=1$，则 $L(\omega)=0$，对数幅频特性曲线与横轴（零分贝线）重合。

2）对数相频特性

由于 $\varphi(\omega)=0$，因此其对数相频特性曲线是一条与横轴重合的水平直线。由此得到比例环节的对数频率特性曲线，如图 4-7 所示。

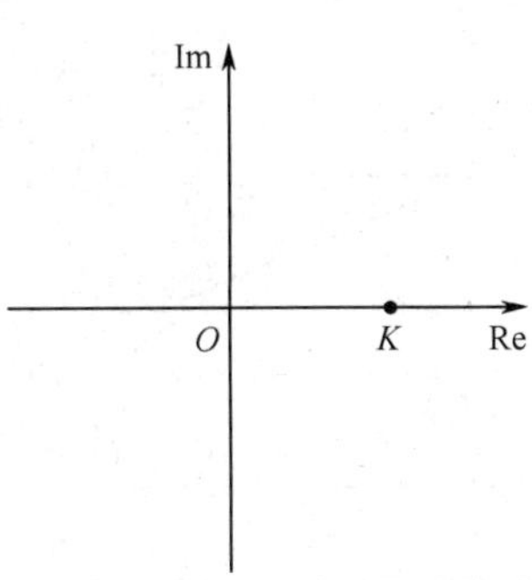

图 4-6　比例环节的幅相频率特性曲线

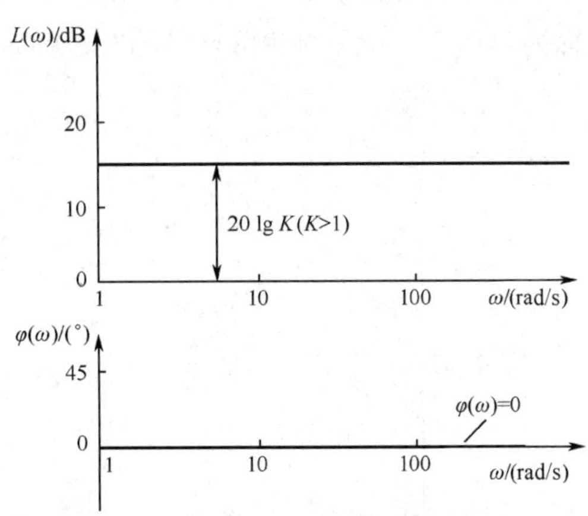

图 4-7　比例环节的对数频率特性曲线

由图 4-7 可知，当系统的比例增益变化后，其对数幅频特性曲线 $L(\omega)$ 将上下平行移动，并且形状不变，对数相频特性曲线 $\varphi(\omega)$ 不发生任何变化。

4.2.2 积分环节频率特性

1. 传递函数

$$G(s)=\frac{1}{s} \tag{4-18}$$

2. 频率特性

$$G(\mathrm{j}\omega)=\frac{1}{\mathrm{j}\omega}=-\mathrm{j}\frac{1}{\omega}=\frac{1}{\omega}\mathrm{e}^{-\mathrm{j}90^\circ} \tag{4-19}$$

积分环节的幅频特性 $A(\omega)=\frac{1}{\omega}$，$\omega$ 由 $0\to\infty$，幅频值由 $\infty\to 0$，相频特性 $\varphi(\omega)=-90^\circ$，为一常数；实频特性 $U(\omega)=0$，虚频特性 $V(\omega)=-\frac{1}{\omega}$，$\omega$ 由 $0\to\infty$，虚频值由 $-\infty\to 0$。因此积分环节的幅相频率特性曲线是一条与负虚轴重合的直线，如图 4-8 所示。

3. 对数频率特性

$$\begin{cases}L(\omega)=20\lg\frac{1}{\omega}=-20\lg\omega\\ \varphi(\omega)=-90^\circ\end{cases} \tag{4-20}$$

1）对数幅频特性

由于对数幅频特性曲线 $L(\omega)$ 为一条斜率为每 10 倍频程下降 20 dB（−20 dB/dec）的直线，因此当 $\omega=1$ 时，$L(\omega)=0$，该曲线是一条通过横轴 $\omega=1$ 处，斜率为−20 dB/dec 的直线。

2）对数相频特性

由于对数相频特性 $\varphi(\omega)=-90^\circ$，因此其对数相频特性曲线是一条与横轴平行的直线，其纵坐标为 -90°。由此得到积分环节的对数频率特性曲线，如图 4-9 所示。

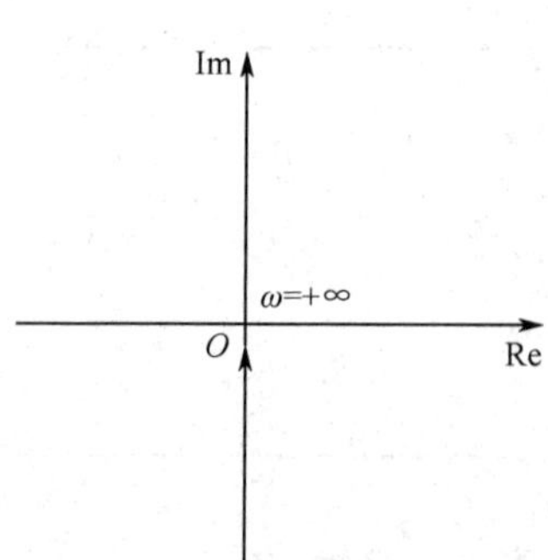

图 4-8　积分环节的幅相频率特性曲线

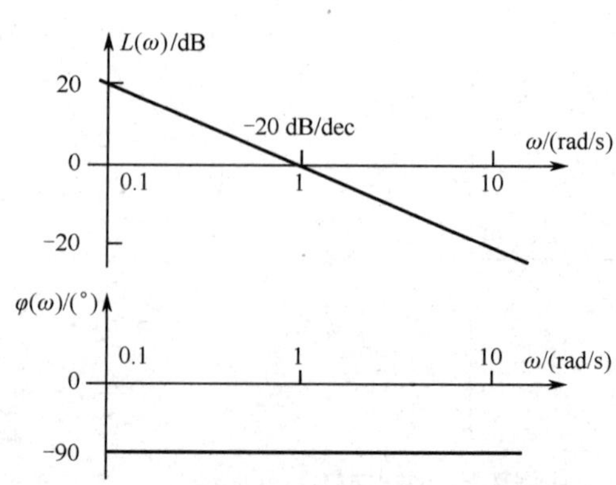

图 4-9　积分环节的对数频率特性曲线

4.2.3　微分环节频率特性

1．传递函数

$$G(s)=s \tag{4-21}$$

2．频率特性

$$G(\mathrm{j}\omega)=\mathrm{j}\omega=\omega \mathrm{e}^{\mathrm{j}90^\circ} \tag{4-22}$$

微分环节的幅频特性 $A(\omega)=\omega$，ω 由 $0\to\infty$，幅频值由 $0\to\infty$，相频特性 $\varphi(\omega)=90^\circ$，为一常数；实频特性 $U(\omega)=0$，虚频特性 $V(\omega)=\omega$，ω 由 $0\to\infty$，虚频值由 $0\to\infty$。因此微分环节的幅相频率特性曲线是一条与正虚轴重合的直线，如图 4-10 所示。

3．对数频率特性

$$\begin{cases}L(\omega)=20\lg\omega \\ \varphi(\omega)=90^\circ\end{cases} \tag{4-23}$$

1）对数幅频特性

对比积分环节的对数幅频特性可知，它们之间仅差一个负号，因此微分环节的对数幅频特性曲线 $L(\omega)$ 为一条通过点(1,0)，斜率为+20 dB/dec 的直线，与积分环节的对数幅频特性曲线关于横轴对称。

2）对数相频特性

由于对数相频特性 $\varphi(\omega)=90^\circ$，因此其对数相频特性曲线是一条与横轴平行的直线，其纵坐标为 90°。与积分环节的对数相频特性曲线关于横轴对称。由此得到微分环节的对数频率特性曲线，如图 4-11 所示。

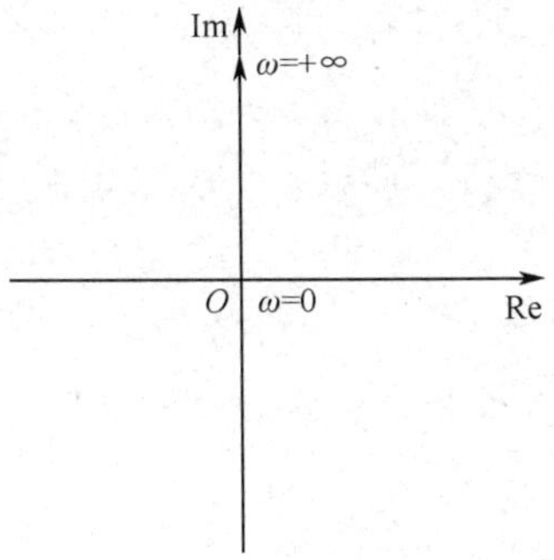

图 4-10　微分环节的幅相频率特性曲线

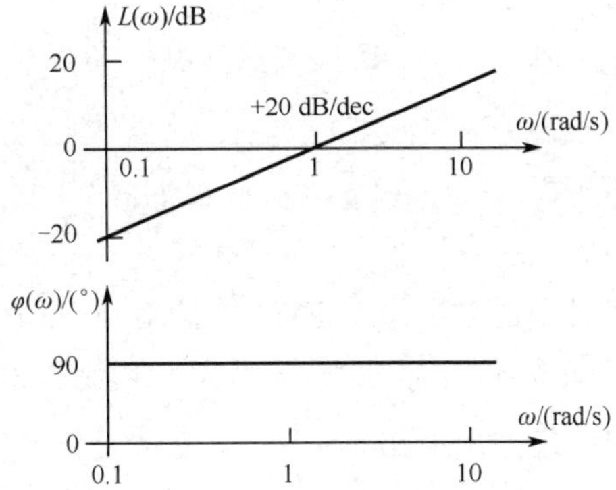

图 4-11　微分环节的对数频率特性曲线

4.2.4　惯性环节频率特性

1．传递函数

$$G(s)=\frac{1}{Ts+1} \tag{4-24}$$

2．频率特性

$$G(\mathrm{j}\omega)=\frac{1}{\mathrm{j}\omega T+1}=\frac{1}{1+\omega^2T^2}+\mathrm{j}\frac{-T\omega}{1+\omega^2T^2}=\frac{1}{\sqrt{T^2\omega^2+1}}\mathrm{e}^{-\mathrm{j}\arctan(T\omega)} \tag{4-25}$$

实频特性$U(\omega)=\dfrac{1}{1+\omega^2T^2}$，虚频特性$V(\omega)=\dfrac{-\omega T}{1+\omega^2T^2}$，可以证明

$$\left(U(\omega)-\frac{1}{2}\right)^2+V^2(\omega)=\left(\frac{1}{2}\right)^2$$

由此可知，ω由$0\to\infty$，惯性环节的幅相频率特性曲线是以$\left(\dfrac{1}{2},\mathrm{j}0\right)$为圆心，以$\dfrac{1}{2}$为半径的半圆，如图4-12所示。

3．对数频率特性

$$\begin{cases}L(\omega)=-20\lg\sqrt{T^2\omega^2+1}\\ \varphi(\omega)=-\arctan(T\omega)\end{cases} \tag{4-26}$$

1）对数幅频特性

由式（4-26）可知，惯性环节的对数幅频特性为$L(\omega)=-20\lg\sqrt{T^2\omega^2+1}$，当$\omega\ll\dfrac{1}{T}$时，$T^2\omega^2\ll1$，故

$$L(\omega)\approx20\lg1=0\ \mathrm{dB}$$

因此，在$\omega<\dfrac{1}{T}$频段，可用0 dB的水平线近似代替精确曲线，称为低频渐近线。

当$\omega\gg\dfrac{1}{T}$时，$T^2\omega^2\gg1$，故

$$L(\omega)\approx-20\lg(T\omega)$$

因此，在$\omega>\dfrac{1}{T}$频段，渐近线是一条斜率为–20 dB/dec的直线，称为高频渐近线。

说明：两渐近线交点的频率为$\omega=\dfrac{1}{T}$，称为惯性环节的转折频率或交接频率。

惯性环节的对数频率特性曲线如图4-13所示。

绘制曲线时，用渐近线近似代替精确曲线将大大减少工作量。由图4-13可见，惯性环节的最大误差值出现在$\omega=\dfrac{1}{T}$处，它的具体数值为

$$L(\omega)\Big|_{\omega=\frac{1}{T}}=-20\lg\sqrt{(T\omega)^2+1}\Big|_{\omega=\frac{1}{T}}=-20\lg\sqrt{2}=-3.03\ \mathrm{dB}$$

可见，误差不大，故工程上为简化对数频率特性曲线的绘制，常常使用对数幅频特性渐近线代替精确曲线。

2）对数相频特性

绘制对数相频特性曲线时，取一些特殊点求出其相应的$\varphi(\omega)$，$\omega=0$时，$\varphi(\omega)=0$；

$\omega=\dfrac{1}{T}$时，$\varphi(\omega)=-45^\circ$；$\omega\to\infty$时，$\varphi(\omega)\to-90^\circ$。也可以根据需要，再选择并计算出其他的一些点，用光滑曲线将它们连接起来，即可得到近似的对数相频特性曲线，如图 4-13 所示。

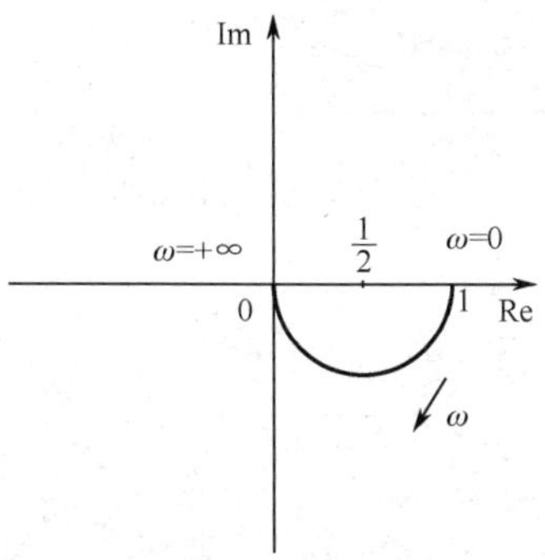

图 4-12　惯性环节的幅相频率特性曲线

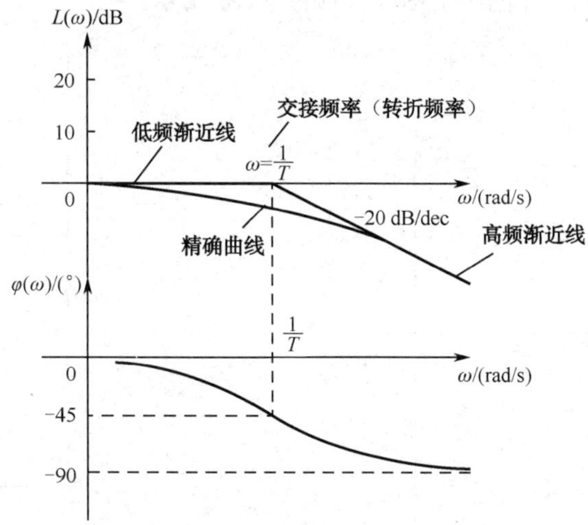

图 4-13　惯性环节的对数频率特性曲线

4.2.5　比例-微分环节频率特性

1．传递函数

$$G(s)=Ts+1 \tag{4-27}$$

2．频率特性

$$G(\mathrm{j}\omega)=\mathrm{j}\omega T+1=\sqrt{T^2\omega^2+1}\mathrm{e}^{\mathrm{j}\arctan(T\omega)} \tag{4-28}$$

比例-微分环节的实频特性 $U(\omega)=1$，是一个常数，虚频特性 $V(\omega)=T\omega$，ω 由 $0\to\infty$，虚频值由 $0\to\infty$。因此比例-微分环节的幅相频率特性曲线是一条通过点(1,j0)平行于虚轴的直线，实部不变，虚部增加，如图 4-14 所示。

3．对数频率特性

$$\begin{cases}L(\omega)=20\lg\sqrt{T^2\omega^2+1}\\ \varphi(\omega)=\arctan(T\omega)\end{cases} \tag{4-29}$$

1）对数幅频特性

由于比例-微分环节与惯性环节的传递函数成倒数关系，对比惯性环节的对数频率特性式（4-26）与比例-微分环节的对数频率特性式（4-29）中的对数幅频特性可知，它们之间仅差一个负号，因此它们的对数幅频特性曲线关于横轴对称，如图 4-15 所示。

说明：比例-微分环节的转折频率为 $\omega=\dfrac{1}{T}$。

2）对数相频特性

由式（4-26）与式（4-29）中的对数相频特性可知，惯性环节与比例-微分环节之间仅差一个负号，因此它们的对数相频特性曲线也关于横轴对称。对数相频特性曲线为一条在 0°～90° 变化的平滑曲线，如图 4-15 所示。

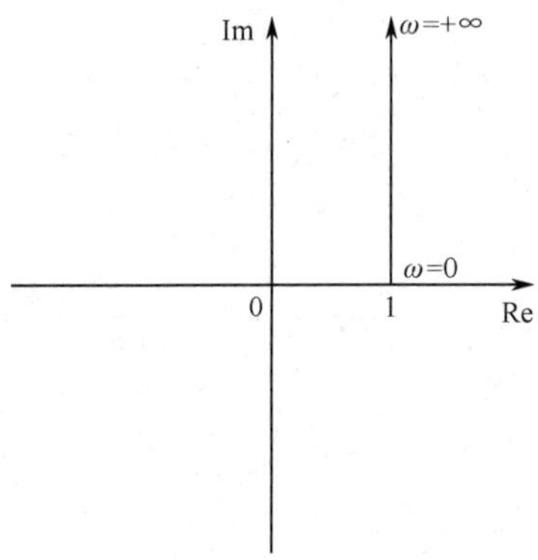

图 4-14　比例-微分环节的幅相频率特性曲线

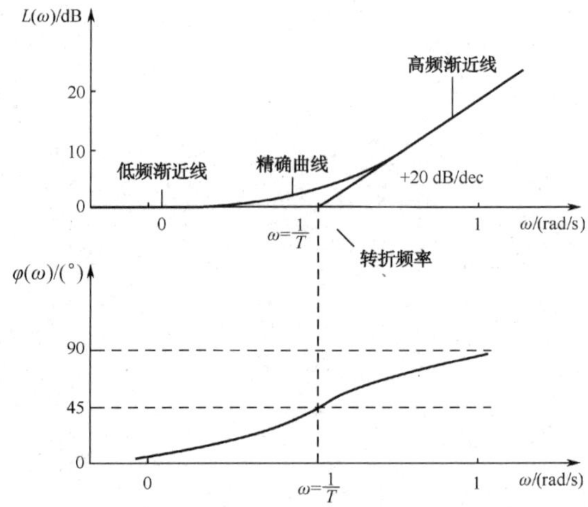

图 4-15　比例-微分环节的对数频率特性曲线

4.2.6　振荡环节频率特性

1．传递函数

$$G(s)=\frac{1}{T^2s^2+2\zeta Ts+1}=\frac{\omega_n^2}{s^2+2\zeta\omega_n s+\omega_n^2} \tag{4-30}$$

2．频率特性

$$\begin{aligned}G(j\omega)&=\frac{1}{T^2(j\omega)^2+2\zeta T(j\omega)+1}=\frac{1}{1-T^2\omega^2+j2\zeta T\omega}\\&=\frac{1}{\sqrt{(1-T^2\omega^2)^2+(2\zeta T\omega)^2}}e^{j\varphi(\omega)}=A(\omega)e^{j\varphi(\omega)}\end{aligned} \tag{4-31}$$

式中，$\varphi(\omega)=\begin{cases}-\arctan\dfrac{2\zeta T\omega}{1-T^2\omega^2} & \left(\omega<\dfrac{1}{T}\right)\\ -90^\circ & \left(\omega=\dfrac{1}{T}\right)\\ -\pi+\arctan\dfrac{2\zeta T\omega}{T^2\omega^2-1} & \left(\omega>\dfrac{1}{T}\right)\end{cases}$。

当 ω 由 $0\to+\infty$ 时，取一些特殊点，求出其对应的幅频值和相频值。当 $\omega=0$ 时，$A(0)=1$，$\varphi(0)=0$；当 $\omega=\dfrac{1}{T}$ 时，$A\left(\dfrac{1}{T}\right)=\dfrac{1}{2\zeta}$，$\varphi\left(\dfrac{1}{T}\right)=-90^\circ$；当 $\omega=+\infty$ 时，$A(+\infty)=0$，$\varphi(+\infty)=-180^\circ$。因而其幅相频率特性曲线与虚轴相交，交于点$\left(\dfrac{1}{2\zeta},-90^\circ\right)$，如图 4-16 所示，

图中画出了不同 ζ 时的幅相频率特性曲线，ζ 越小，与负虚轴的交点越远。

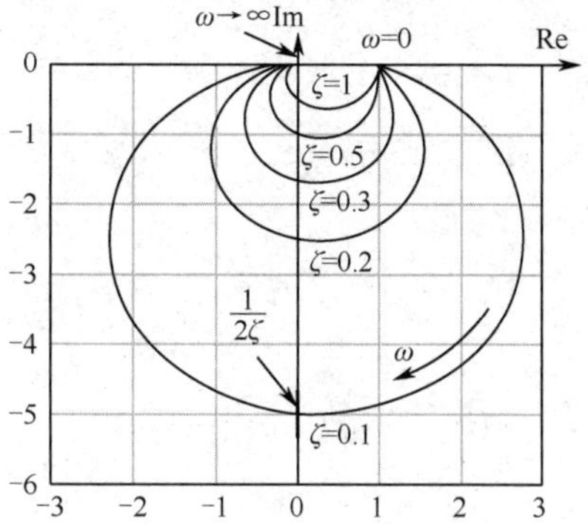

图 4-16　振荡环节的幅相频率特性曲线

3. 对数频率特性

$$\begin{cases} L(\omega)=20\lg\sqrt{(1-T^2\omega^2)+(2\zeta T\omega)^2} \\ \varphi(\omega)=\begin{cases} -\arctan\dfrac{2\zeta T\omega}{1-T^2\omega^2} & \left(\omega<\dfrac{1}{T}\right) \\ -\dfrac{\pi}{2} & \left(\omega=\dfrac{1}{T}\right) \\ -\pi+\arctan\dfrac{2\zeta T\omega}{T^2\omega^2-1} & \left(\omega>\dfrac{1}{T}\right) \end{cases} \end{cases} \tag{4-32}$$

1）对数幅频特性

由式（4-32）可知，振荡环节的对数幅频特性为 $L(\omega)=20\lg\sqrt{(1-T^2\omega^2)^2+(2\zeta T\omega)^2}$，当 $\omega\ll\dfrac{1}{T}$ 时，$T^2\omega^2\ll1$，$(2\zeta T\omega)^2\ll1$，故

$$L(\omega)\approx20\lg1=0\text{ dB}$$

可见，对数幅频特性曲线的低频渐近线为一条 0 dB 的水平直线。

当 $\omega\gg\dfrac{1}{T}$ 时，$T^2\omega^2\gg1$，略去 1 和 $(2\zeta T\omega)^2$ 项，有

$$L(\omega)\approx20\lg\frac{1}{T^2\omega^2}=-40\lg(T\omega)$$

可见，对数幅频特性曲线的高频渐近线为一条斜率为 −40 dB/dec 的直线。

> **说明：** $\omega=\dfrac{1}{T}$ 为两条渐近线的交点，称为振荡环节的转折频率。

振荡环节的精确曲线随着 ζ 的不同而不同，振荡环节的对数频率特性曲线如图 4-17 所示。

当 ζ 较小时，对数幅频特性曲线出现峰值，称为谐振峰值 M_{r}，对应的频率称为谐振频率 ω_{r}。其求解过程如下。

由其频率特性式（4-31）可知，其幅频特性为

$$A(\omega)=\frac{1}{\sqrt{(1-T^2\omega^2)^2+(2\zeta T\omega)^2}} \tag{4-33}$$

由于 $T=\dfrac{1}{\omega_{\mathrm{n}}}$，$\omega_{\mathrm{n}}$ 为无阻尼自然振荡频率，这样式（4-33）可表示为

$$A(\omega)=\frac{1}{\sqrt{\left(1-\dfrac{\omega^2}{\omega_{\mathrm{n}}^2}\right)^2+\left(2\zeta\dfrac{\omega}{\omega_{\mathrm{n}}}\right)^2}}$$

令

$$\frac{\mathrm{d}A(\omega)}{\mathrm{d}\omega}=0$$

可得谐振频率为

$$\omega_{\mathrm{r}}=\omega_{\mathrm{n}}\sqrt{1-2\zeta^2}\quad(0\leqslant\zeta\leqslant 0.707) \tag{4-34}$$

由

$$M_{\mathrm{r}}=A(\omega_{\mathrm{r}})$$

可得谐振峰值为

$$M_{\mathrm{r}}=\frac{1}{2\zeta\sqrt{1-\zeta^2}} \tag{4-35}$$

由图 4-17 可见，精确曲线与其渐近线之间存在一定的误差，此误差与 ζ 有关，对于不同的 ζ，上述误差值列于表 4-1。

表 4-1　振荡环节对数幅频特性误差值表

ζ	0.1	0.15	0.2	0.25	0.3	0.4	0.5	0.6	0.7	0.8	1.0
误差/dB	14.0	10.4	8.0	6.0	4.4	2.0	0	−1.6	−3.0	−4.0	−6.0

当 $0.4\leqslant\zeta\leqslant 0.7$ 时，误差小于 3 dB，可不对渐近线进行修正；当 $\zeta<0.4$ 或 $\zeta>0.7$ 时，误差很大，应对渐近线进行修正。

2）对数相频特性

绘制对数相频特性曲线时，取一些特殊点求出其相应的$\varphi(\omega)$。当$\omega=0$时，$\varphi(\omega)=0$；当$\omega=\dfrac{1}{T}$时，$\varphi(\omega)=-90^\circ$；当$\omega=\infty$时，$\varphi(\omega)=-180^\circ$。

也可以根据需要，再选择并计算出其他的一些点，用光滑曲线将它们连接起来，即可得到近似的对数相频特性曲线，它也因 ζ 的不同而异，ζ 越小，对数相频特性曲线在转折频率附近的变化速度越大，而在远离转折频率处的变化速度越小，如图 4-17 所示。

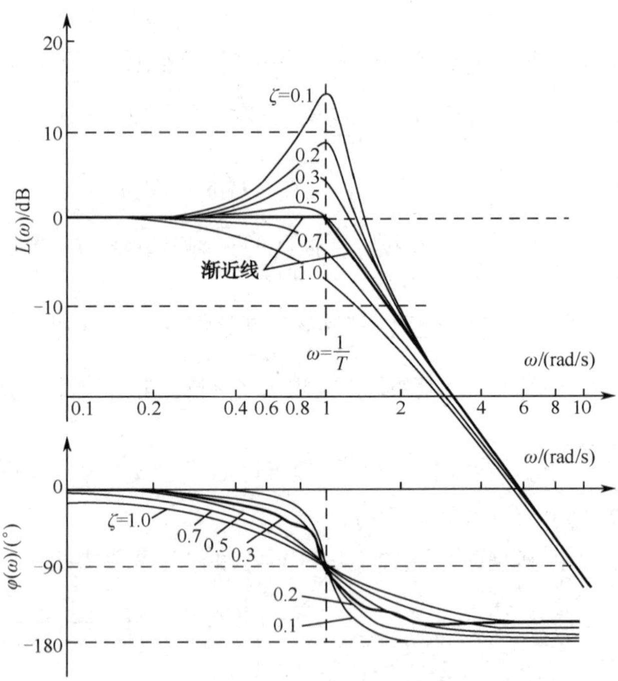

图 4-17　振荡环节的对数频率特性曲线

4.2.7　延迟环节频率特性

1．传递函数

$$G(s)=\mathrm{e}^{-\tau s} \tag{4-36}$$

2．频率特性

$$G(\mathrm{j}\omega)=\mathrm{e}^{-\mathrm{j}\tau\omega}=A(\omega)\mathrm{e}^{\mathrm{j}\varphi(\omega)} \tag{4-37}$$

由延迟环节的频率特性可知，其幅值 $A(\omega)$ 恒为 1，与 ω 无关，故其幅相频率特性曲线为一单位圆，如图 4-18 所示。

3．对数频率特性

$$\begin{cases}L(\omega)=20\lg 1=0\\ \varphi(\omega)=-\tau\omega\end{cases} \tag{4-38}$$

1）对数幅频特性

由式（4-38）可知，$L(\omega)$ 恒为 0，故对数幅频特性曲线为一条与横轴重合的直线。

2）对数相频特性

由式（4-38）可知，对数相频特性曲线 $\varphi(\omega)$ 为一条随 ω 增大而滞后的曲线。由此得到延迟环节的对数频率特性曲线如图 4-19 所示。

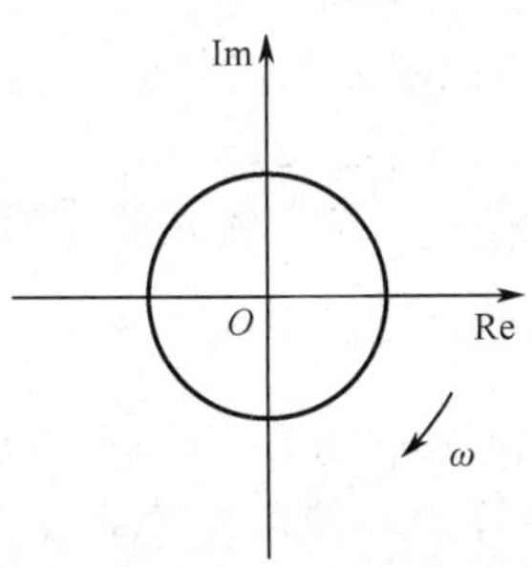

图 4-18　延迟环节的幅相频率特性曲线

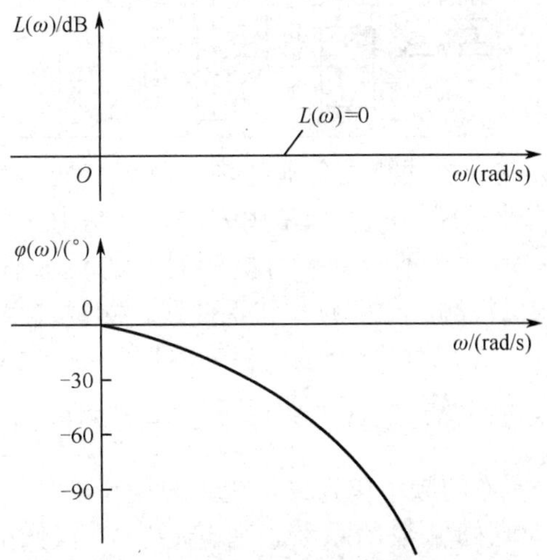

图 4-19　延迟环节的对数频率特性曲线

技能训练 13　典型环节频率特性测试

1．任务目标

（1）加深了解模拟典型环节频率特性的物理概念。

（2）掌握模拟典型环节频率特性的测试方法，能够根据不同环节、不同特征参数确定测试信号的幅值和频率。

（3）掌握频率特性曲线的绘制方法，并能根据频率特性曲线建立其传递函数。

（4）了解模拟典型环节的对数频率特性曲线与理想环节的不同。

2．任务内容

（1）使用运算放大器、电阻、电容等分立元器件构成各种典型环节的模拟电路，利用复阻抗法求出各典型环节的传递函数，确定其对数频率特性。参考表 4-2。

表 4-2　典型环节模拟电路及其传递函数

名　称	模拟电路图	传 递 函 数	对数频率特性
积分环节	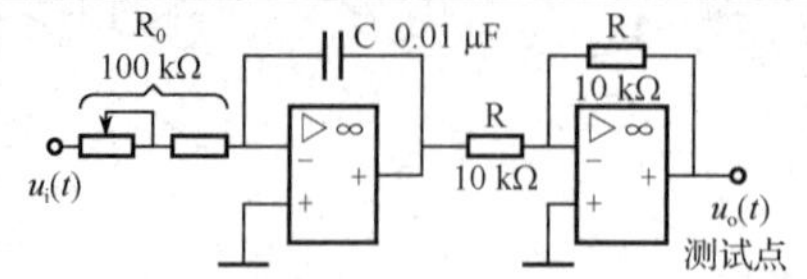	$\frac{U_o(s)}{U_i(s)}=\frac{1}{Ts}$ $T=R_0C$	$L(\omega)=-20\lg(T\omega)$ $\varphi(\omega)=-90^\circ$
比例-微分环节	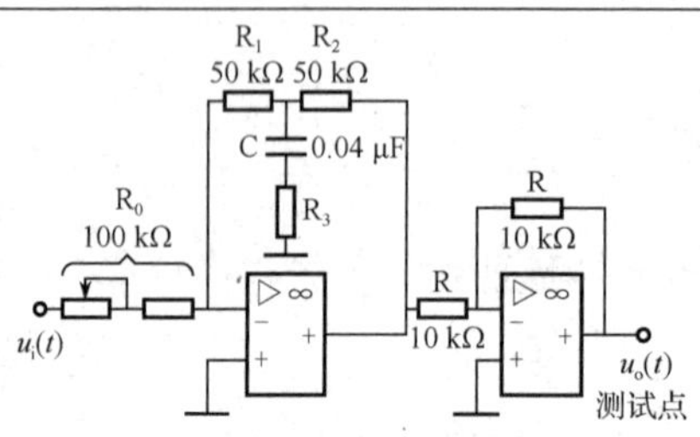	$\frac{U_o(s)}{U_i(s)}=\frac{K(\tau s+1)}{Ts+1}$ $(T\ll\tau)$ $K=\frac{R_1+R_2}{R_0}$ $T=R_3C$ $\tau=\frac{R_1R_2+R_2R_3+R_1R_3}{R_1+R_2}C$	$L(\omega)=20\lg\sqrt{1+\tau^2\omega^2}$ $\varphi(\omega)=\arctan(\tau\omega)$
惯性环节	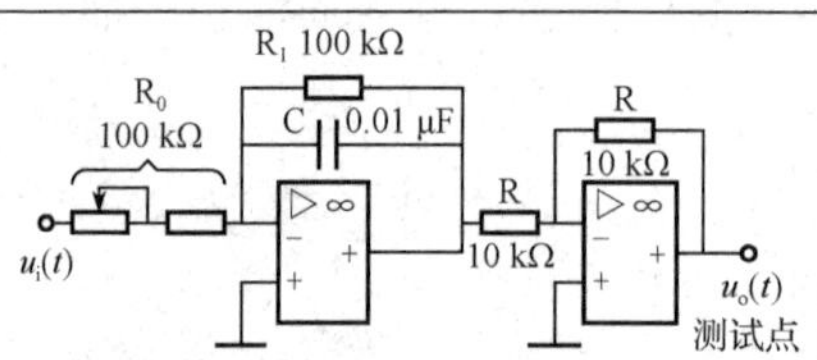	$\frac{U_o(s)}{U_i(s)}=\frac{K}{Ts+1}$ $K=\frac{R_1}{R_0}$ $T=R_1C$	$L(\omega)=-20\lg\sqrt{1+T^2\omega^2}$ $\varphi(\omega)=-\arctan(\tau\omega)$

（2）频域分析法测试各典型环节频率特性：利用频域分析法测试系统的频率特性，也是建立系统数学模型的一种常用方法。它是由正弦信号源提供不同频率正弦信号，作用于被测对象，测试在不同频率时被测对象的稳态输出信号与正弦输入信号的幅值比和相位差，从而求出被测对象的频率特性曲线。测试过程中要注意频率范围的选取。

首先根据理想对数幅频特性渐近线的转折频率和谐振峰值，确定输入信号的频率变化范围和测试点，通常取低于转折频率 $\frac{1}{10}$ 左右的频率作为开始测试的最低频率，取高于转折频率 10 倍左右的频率作为终止测试的最高频率。在峰值频率和转折频率附近，应多测几个点。对于大时间常数的系统，宜选取频率较低的正弦信号，一般取频率范围为 0.01～10 Hz；对于小时间常数的系统，宜选取频率较高的正弦信号。

由于物理系统可能存在某些非线性元件，因此测试正弦输入信号幅值的大小也应正确选取。如果输入信号的幅值过大，将使系统饱和；如果输入信号幅值过小，加入系统中含有死区非线性特性时，就会使实验结果有误差，导致频率响应实验数据错误。因此在实验时，应认真观察输出信号的波形是否失真，保证在实验过程中系统工作在线性范围内。

（3）根据实训数据绘制系统对数频率特性曲线。

3．任务实现

（1）分析各典型环节模拟电路，根据电路参数，确定各典型环节特征参数，并建立它们的数学模型传递函数。

（2）各典型环节频率特性测试：① 惯性环节，设置正弦输入信号的幅值为 1 V，频率从 1 Hz 开始逐步提高，到 16 Hz 附近需要仔细测定，一直测试到频率约为 300 Hz，或者到难于检测出时为止。将实训数据记入表 4-3。

② 积分环节，测试时需要从高频向低频测试。从 450 Hz 开始，逐步降低频率测试。正

弦输入信号幅值整定为 0.1 V，最低测试频率为 0.5 Hz。在降低正弦输入信号频率过程中，输出正弦波开始出现“平顶”现象时，需要仔细测试。将实训数据记入表 4-4。

③ 比例-微分环节，正弦输入信号的频率可从 1 Hz 开始，直到大于 1 MHz。在幅值方向变化或相位差变化较大时刻处，频率变化要小些，多测几组。将实训数据记入表 4-5。

表 4-3　惯性环节频率特性测试数据记录（U_{im}=1 V）

f/Hz	1 Hz									
U_{om}/V										
$20\lg(U_{om}/U_{im})$/dB										
相位差 φ/(°)										

表 4-4　积分环节频率特性测试数据记录（U_{im}=0.1 V）

f/Hz	0.5 Hz									
U_{om}/V										
$20\lg(U_{om}/U_{im})$/dB										
相位差 φ/(°)										

表 4-5　比例-微分环节频率特性测试数据记录（U_{im}=0.1 V）

f/Hz	1 Hz									
U_{om}/V										
$20\lg(U_{om}/U_{im})$/dB										
相位差 φ/(°)										

（3）根据实际测量数据绘制对数频率特性曲线。

（4）根据实测对数频率特性曲线，做渐近处理，推算传递函数。

（5）分析结果与数据，完成实训报告。

4．拓展思考

（1）对数频率特性为什么采用 $\lg\omega$ 分度？

（2）如何根据输出信号幅值和相位变化确定转折频率？

4.3　开环幅相频率特性曲线绘制

扫一扫看本节内容思维导图

扫一扫看开环幅相频率特性曲线绘制教学课件

频域分析法的最大特点是可以根据系统开环幅相频率特性曲线分析闭环系统性能，故绘制系统开环幅相频率特性曲线是十分必要的。

系统开环频率特性 $G_k(j\omega)$ 与系统开环传递函数 $G_k(s)$ 之间的关系为

$$G_k(j\omega)=G_k(s)\big|_{s=j\omega}$$

根据系统开环频率特性表达式，可绘制系统开环幅相频率特性曲线。结合工程需要，这里介绍绘制概略开环幅相频率特性曲线的方法。

绘制概略开环幅相频率特性曲线的步骤如下。

（1）确定开环幅相频率特性的起点，起点为 $\lim\limits_{\omega\to 0} G_k(j\omega)=A(0)\angle\varphi(0)=U(0)+jV(0)$ 。

（2）确定开环幅相频率特性的终点，终点为$\lim_{\omega\to\infty} G_k(j\omega)=A(\infty)\angle\varphi(\infty)=U(\infty)+jV(\infty)$。

（3）确定开环幅相频率特性曲线与实轴、虚轴的交点。

令$G_k(j\omega)$的虚部为零［$\mathrm{Im}[G_k(j\omega)]=V(\omega)=0$］，求出开环幅相频率特性曲线与实轴交点对应的$\omega$，代入$G_k(j\omega)$的实部［$\mathrm{Re}[G_k(j\omega)]=U(\omega)$］，即可得开环幅相频率特性曲线与实轴交点的坐标值。

令$G_k(j\omega)$的实部为零［$\mathrm{Re}[G_k(j\omega)]=U(\omega)=0$］，求出开环幅相频率特性曲线与虚轴交点对应的$\omega$，代入$G_k(j\omega)$的虚部［$\mathrm{Im}[G_k(j\omega)]=V(\omega)$］，即可得开环幅相频率特性曲线与虚轴交点的坐标值。

（4）确定开环幅相频率特性曲线的变化范围，也就是所处的象限。由起点出发，用光滑曲线将它们连接起来，这样即可绘制出概略开环幅相频率特性曲线。

下面结合具体系统加以介绍。

【实例4-1】 某0型系统的开环传递函数为

$$G_k(s)=\frac{K}{(T_1s+1)(T_2s+1)}\quad (K,T_1,T_2>0)$$

试绘制系统概略开环幅相频率特性曲线。

解： 系统开环幅相频率特性为

$$G_k(j\omega)=\frac{K}{(jT_1\omega+1)(jT_2\omega+1)}$$

$$=\frac{K(1-T_1T_2\omega^2)}{[1+(T_1\omega)^2][1+(T_2\omega)^2]}-j\frac{K(T_1+T_2)\omega}{[1+(T_1\omega)^2][1+(T_2\omega)^2]}=U(\omega)+jV(\omega)$$

$$=\frac{K}{\sqrt{1+(T_1\omega)^2}\sqrt{1+(T_2\omega)^2}}\angle[-\arctan(T_1\omega)-\arctan(T_2\omega)]=A(\omega)\angle\varphi(\omega)$$

起点：$G_k(j0)=K+j0=K\angle 0$，表明起始于正实轴上一点K。

终点：$G_k(j\infty)=0\angle-180^\circ$，表明终止于原点，以$-180^\circ$进入原点。

确定与实轴的交点：令$\mathrm{Im}[G_k(j\omega)]=V(\omega)=0$，得$\omega=0$，即除起点外，开环幅相频率特性曲线与实轴没有交点。

确定与虚轴的交点：令$\mathrm{Re}[G_k(j\omega)]=U(\omega)=0$，得$\omega=\frac{1}{\sqrt{T_1T_2}}$，与虚轴的交点坐标值为

$$\mathrm{Im}[G_k(j\omega)]=V(\omega)=-\frac{\sqrt{T_1T_2}}{T_1+T_2}$$

根据系统开环幅相频率特性的实频特性$U(\omega)$和虚频特性$V(\omega)$可以判断：当ω从$0\to\infty$时，系统开环幅相频率特性曲线的变化范围为第Ⅳ和第Ⅲ象限，系统概略开环幅相频率特性曲线如图4-20所示。

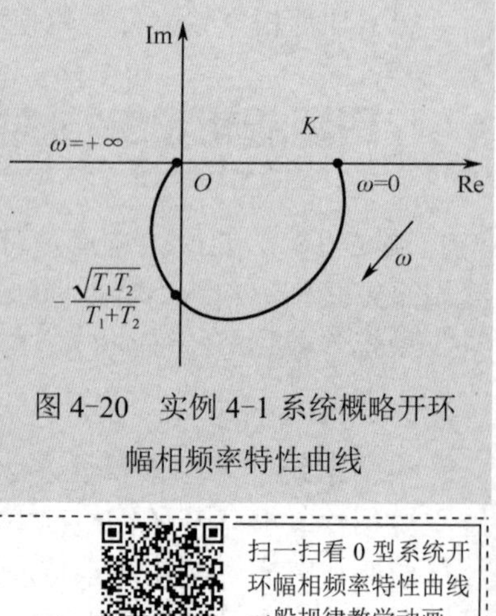

图4-20 实例4-1系统概略开环幅相频率特性曲线

说明： 0型系统开环幅相频率特性曲线一般规律。

设系统开环幅相频率特性为

扫一扫看0型系统开环幅相频率特性曲线一般规律教学动画

$$G_k(j\omega)=\frac{K(1+j\omega\tau_1)(1+j\omega\tau_2)\cdots(1+j\omega\tau_m)}{(1+jT_1\omega)(1+jT_2\omega)\cdots(1+j\omega T_n)}\quad (n>m)$$

（1）开环幅相频率特性曲线起始于正实轴，$G_k(j0)=K\angle 0$。

（2）开环幅相频率特性曲线终止于原点，以 $-(n-m)\times 90^\circ$ 进入原点。

当 $m=0$ 时，只包含惯性环节的 0 型系统开环幅相频率特性曲线如图 4-21 所示。

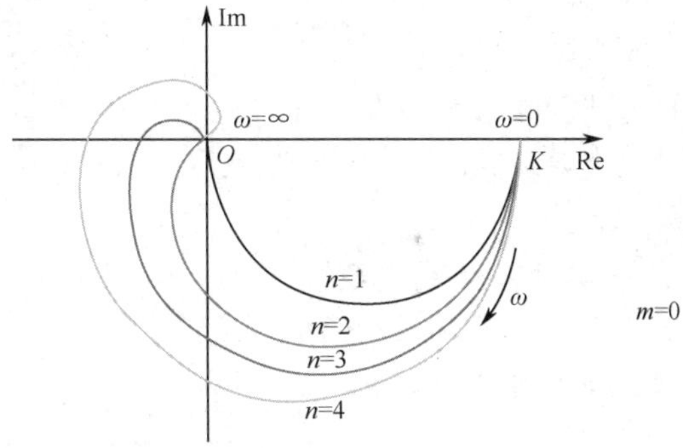

图 4-21　只包含惯性环节的 0 型系统开环幅相频率特性曲线

【实例 4-2】 某Ⅰ型系统的开环传递函数为

$$G_k(s)=\frac{K}{s(Ts+1)}$$

试绘制系统概略开环幅相频率特性曲线。

解： 系统开环幅相频率特性为

$$G_k(j\omega)=\frac{K}{j\omega(jT\omega+1)}=\frac{K}{\omega\sqrt{T^2\omega^2+1}}\angle[-90^\circ-\arctan(T\omega)]=A(\omega)\angle\varphi(\omega)$$

$$=-\frac{KT}{1+T^2\omega^2}-j\frac{K}{\omega(1+T^2\omega^2)}=U(\omega)+jV(\omega)$$

起点：$G_k(j0)=\infty\angle-90^\circ=-KT-j\infty$，表明起始于∞，以 -90° 起步，存在低频渐近线为 $-KT$。

终点：$G_k(j\infty)=0\angle-180^\circ$，表明终止于原点，以 -180° 进入原点。

确定与实轴的交点：令 $\mathrm{Im}[G_k(j\omega)]=V(\omega)=0$，得 $\omega=\infty$，即除终点外，开环幅相频率特性曲线与实轴没有交点。

确定与虚轴的交点：令 $\mathrm{Re}[G_k(j\omega)]=U(\omega)=0$，得 $\omega=\infty$，即除终点外，开环幅相频率特性曲线与虚轴也没有交点。

根据系统开环幅相频率特性的实频特性 $U(\omega)$ 和虚频特性 $V(\omega)$ 可以判断：当 ω 从 $0\to\infty$ 时，系统开环幅相频率特性曲线的变化范围为第Ⅲ象限，系统概略开环幅相频率特性曲线如图 4-22 所示。

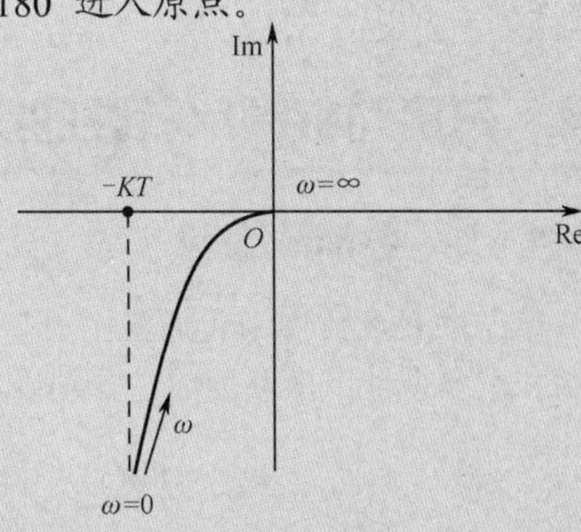

图 4-22　实例 4-2 系统概略开环幅相频率特性曲线

说明： Ⅰ型系统开环幅相频率特性曲线一般规律。

扫一扫看Ⅰ型系统开环幅相频率特性曲线一般规律教学动画

设系统开环幅相频率特性为

$$G_k(j\omega)=\frac{K(1+j\omega\tau_1)(1+j\omega\tau_2)\cdots(1+j\omega\tau_m)}{s(1+j\omega T_1)(1+j\omega T_2)\cdots(1+j\omega T_{n-1})}\quad (n>m)$$

（1）开环幅相频率特性曲线以 -90° 起始于∞，$G_k(j0)=\infty\angle-90^\circ$。

（2）开环幅相频率特性曲线终止于原点，以 $-(n-m)\times90^\circ$ 进入原点。

当 $m=0$ 时，只包含惯性环节的 I 型系统开环幅相频率特性曲线如图 4-23 所示。

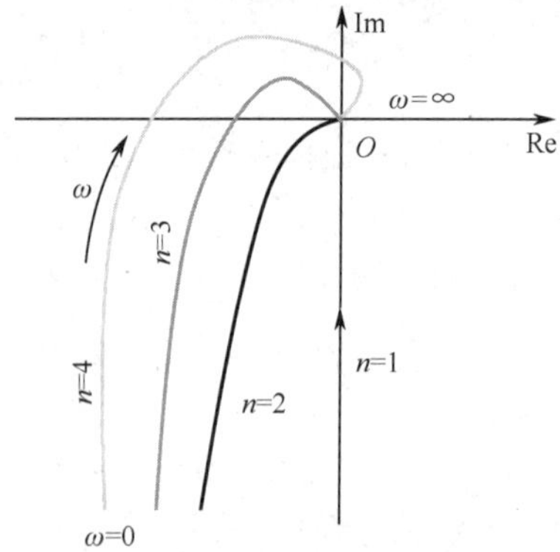

图 4-23　只包含惯性环节的 I 型系统开环幅相频率特性曲线

说明： II 型系统开环幅相频率特性曲线一般规律。

扫一扫看 II 型系统开环幅相频率特性曲线一般规律教学动画

设系统开环幅相频率特性为

$$G_k(j\omega)=\frac{K(1+j\omega\tau_1)(1+j\omega\tau_2)\cdots(1+j\omega\tau_m)}{s^2(1+jT_1\omega)(1+jT_2\omega)\cdots(1+j\omega T_{n-1})}\quad(n>m)$$

（1）开环幅相频率特性曲线以 -180° 起始于∞，$G_k(j0)=\infty\angle-180^\circ$。

（2）开环幅相频率特性曲线终止于原点，以 $-(n-m)\times90^\circ$ 进入原点。

当 $m=0$ 时，只包含惯性环节的 II 型系统开环幅相频率特性曲线如图 4-24 所示。

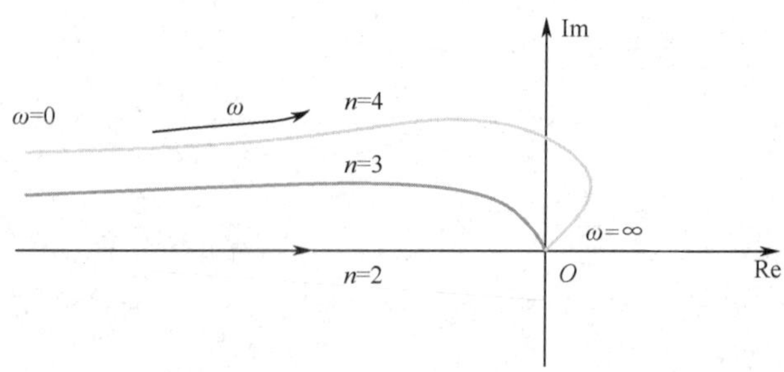

图 4-24　只包含惯性环节的 II 型系统开环幅相频率特性曲线

4.4　开环对数频率特性曲线绘制

扫一扫看本节内容思维导图

扫一扫看开环对数频率特性曲线绘制教学课件

4.4.1　叠加法绘制

系统的开环传递函数通常由典型环节串联而成，即各典型环节传递函数的乘积。假设系统由 n 个典型环节串联而成，分别以 $G_1(s)$、$G_2(s)$、…、$G_n(s)$ 表示，即

$$G_k(s)=G_1(s)\cdot G_2(s)\cdot\cdots\cdot G_n(s)=\prod_{i=1}^{n}G_i(s)$$

系统的开环频率特性为

$$\begin{aligned}G_k(j\omega)&=G_1(j\omega)\cdot G_2(j\omega)\cdot\cdots\cdot G_n(j\omega)\\&=A_1(\omega)\angle\varphi_1(\omega)\cdot A_2(\omega)\angle\varphi_2(\omega)\cdot\cdots\cdot A_n(\omega)\angle\varphi_n(\omega)\\&=A_1(\omega)\cdot A_2(\omega)\cdot\cdots\cdot A_n(\omega)\angle[\varphi_1(\omega)+\varphi_2(\omega)+\cdots+\varphi_n(\omega)]\\&=\prod_{i=1}^{n}A_i(\omega)\angle\sum_{i=1}^{n}\varphi_i(\omega)=A(\omega)\angle\varphi(\omega)\end{aligned}$$

故系统的对数幅频特性为

$$L(\omega)=20\lg A(\omega)=\sum_{i=1}^{n}20\lg A_i(\omega) \tag{4-39}$$

系统的对数相频特性为

$$\varphi(\omega)=\sum_{i=1}^{n}\varphi_i(\omega) \tag{4-40}$$

式（4-39）和式（4-40）表明，如果系统由 n 个典型环节串联而成，则其对数频率特性曲线可由对应 n 个典型环节的对数频率特性曲线叠加得到。由此得到叠加法绘制开环对数频率特性曲线的步骤。

（1）分析系统由哪些典型环节串联而成，并把每个环节化成典型环节（分母常数项为 1）。

（2）在同一坐标系下绘制各典型环节的对数幅频特性曲线和对数相频特性曲线。

（3）分别将各典型环节的对数幅频特性曲线和对数相频特性曲线相加，即可得到开环对数频率特性曲线。

【实例 4-3】 系统开环传递函数为 $G_k(s)=\dfrac{K}{s(Ts+1)}$，绘制系统开环对数频率特性曲线。

解： 由开环传递函数可看出，系统是由比例、积分和惯性三个典型环节串联组成的：

$$G_k(s)=\frac{K}{s(Ts+1)}=K\times\frac{1}{s}\times\frac{1}{Ts+1}=G_1(s)G_2(s)G_3(s)$$

式中，$G_1(s)=K$（比例环节）；$G_2(s)=\dfrac{1}{s}$（积分环节）；$G_3(s)=\dfrac{1}{Ts+1}$（惯性环节）。

因此，该系统的开环对数频率特性曲线为上述三个典型环节的对数频率特性曲线的叠加。

绘制三个典型环节的对数幅频特性曲线和对数相频特性曲线，比例环节的对数频率特性曲线如图 4-25①所示；积分环节的对数频率特性曲线如图 4-25②所示，惯性环节的对数频率特性曲线如图 4-25③所示，把三个典型环节的对数频率特性曲线相叠加，如图 4-25④所示。

扫一扫看叠加法绘制实例教学动画

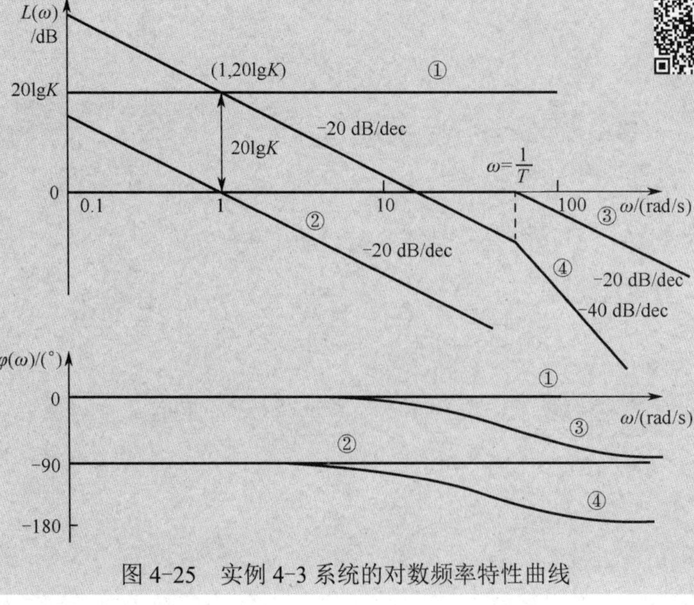

图 4-25　实例 4-3 系统的对数频率特性曲线

4.4.2 直接法绘制

由实例 4-3 可见，系统对数幅频特性曲线最左端直线的斜率（低频段斜率）为-20 dB/dec，是由系统的一个积分环节决定的；当ω=1 时，积分环节过零点，因此在ω=1 处，对数幅频特性曲线的高度仅取决于比例环节，即 $L(\omega)\big|_{\omega=1}=20\lg K$；而在遇到惯性环节转折频率 $\omega=\dfrac{1}{T}$（rad/s）时，斜率由-20 dB/dec 变为-40 dB/dec。根据以上规律，可直接绘制系统开环对数幅频特性曲线，步骤如下。

（1）分析系统是由哪些典型环节串联组成的，将这些典型环节的传递函数都化成典型环节形式。

（2）确定各典型环节的转折频率，将各转折频率按照从小到大的顺序排列为 ω_1、ω_2、…并标注在横轴上。

（3）根据比例环节的 K 值，计算 $20\lg K$，找到横坐标为 $\omega=1$，纵坐标为 $20\lg K$ 的点 $A(1,20\lg K)$。

（4）绘制对数幅频特性的低频渐近线，即过 A 点作一条斜率为 -20υ dB/dec 的直线（υ 为系统型别，即开环传递函数中所含积分环节的个数），直到遇到第一个转折频率 ω_1（当系统的第一个转折频率 $\omega_1<1$时，其延长线过 A 点）。

（5）从低频渐近线开始，沿 ω 轴的频率增大方向，每遇到一个转折频率，对数幅频特性渐近线就改变一次斜率。

当遇到惯性环节的转折频率时，斜率增加-20 dB/dec；

当遇到比例-微分环节的转折频率时，斜率增加+20 dB/dec；

当遇到振荡环节的转折频率时，斜率增加-40 dB/dec。

（6）若需要，则可对渐近线进行修正，以获得较精确的对数幅频特性曲线。

注意： 对数幅频特性曲线可采用直接法绘制，而对数相频特性曲线只能采用叠加法绘制。

【实例 4-4】 已知系统开环传递函数为 $G_k(s)=\dfrac{100(s+2)}{s(s+1)(s+20)}$，绘制其开环对数幅频特性曲线。

解： 首先将开环传递函数化为典型环节相乘的形式，即

$$G_k(s)=\frac{100(s+2)}{s(s+1)(s+20)}=\frac{10(0.5s+1)}{s(s+1)\left(\frac{1}{20}s+1\right)}=10\times(0.5s+1)\times\frac{1}{s}\times\frac{1}{s+1}\times\frac{1}{\frac{1}{20}s+1}$$

上式表明，系统由比例环节、积分环节、两个惯性环节和一个比例-微分环节组成。转折频率从小到大的顺序为 $\omega_1=1$（惯性环节）、$\omega_2=\dfrac{1}{0.5}=2$（比例-微分环节）、$\omega_3=\dfrac{1}{\frac{1}{20}}=20$（惯性环节）。

确定 A 点坐标，由于系统开环增益 K=10，故在 ω=1 处的高度为 $20\lg K$=20 dB，即 A 点坐标为(1,20)。

由于含一个积分环节，其低频段斜率为 $1\times(-20\ \text{dB/dec}) = -20\ \text{dB/dec}$，因而低频段是一条过点 A，斜率为−20 dB/dec 的直线，直到遇到第一个转折频率。

$\omega_1 = 1$，对应一个惯性环节，斜率变化−20 dB/dec。

$\omega_2 = \dfrac{1}{0.5} = 2$，对应一个比例-微分环节，斜率变化+20 dB/dec。

$\omega_3 = \dfrac{1}{\dfrac{1}{20}} = 20$，对应一个惯性环节，斜率变化−20 dB/dec。

就这样，每遇到一个转折频率，就改变一次斜率。最后得到系统的开环对数幅频特性曲线如图 4-26 所示。

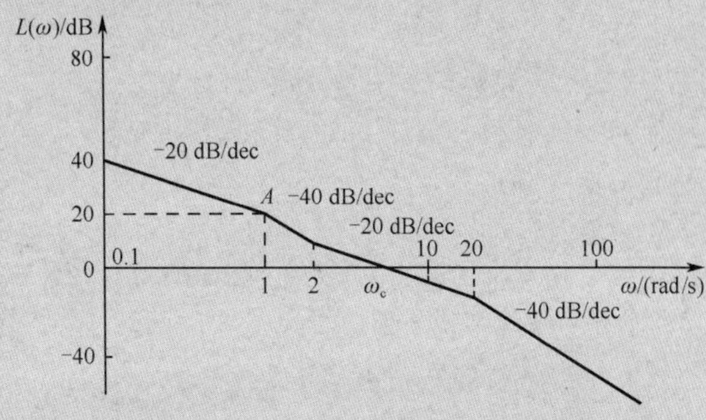

图 4-26　实例 4-4 系统的开环对数幅频特性曲线

4.4.3　最小相位系统

根据系统传递函数的零点、极点在 s 平面上的分布情况，来定义最小相位系统和非最小相位系统。若系统传递函数的零点、极点均在 s 平面左半平面，则此系统为最小相位系统；反之，若系统传递函数的零点或极点在 s 平面右半平面，则此系统为非最小相位系统。

最小相位系统的对数幅频特性和对数相频特性是一一对应的，根据系统的对数幅频特性，就能唯一确定其对数相频特性，反之亦然。但是对于非最小相位系统，不存在上述对应关系。实际工程上大多数是最小相位系统，为简化工作量，对于最小相位系统的对数频率特性，往往只分析对数幅频特性。

最小相位系统的特点是：具有相同幅频特性的一些系统，其中最小相位系统的相角变化范围是最小的，下面举例说明。

【实例 4-5】 已知三个系统的开环传递函数为 $G_1(s)=\dfrac{1+T_1 s}{1+T_2 s}$，$G_2(s)=\dfrac{1-T_1 s}{1+T_2 s}$，$G_3(s)=\dfrac{1+T_1 s}{1-T_2 s}$ $(0<T_1<T_2)$，试绘制这三个系统的对数频率特性曲线。

解： 首先分别写出三个系统的幅频特性为

$$A_1(\omega)=A_2(\omega)=A_3(\omega)=\frac{\sqrt{(T_1\omega)^2+1}}{\sqrt{(T_2\omega)^2+1}}$$

则三个系统的对数幅频特性为

$$L_1(\omega)=L_2(\omega)=L_3(\omega)=20\lg\sqrt{(T_1\omega)^2+1}-20\lg\sqrt{(T_2\omega)^2+1}$$

其对数幅频特性曲线如图 4-27（a）所示。

三个系统的相频特性依次为

$$\varphi_1(\omega)=\arctan(T_1\omega)-\arctan(T_2\omega)$$

$$\varphi_2(\omega)=-\arctan(T_1\omega)-\arctan(T_2\omega)$$

$$\varphi_3(\omega)=\arctan(T_1\omega)+\arctan(T_2\omega)$$

三个系统的对数相频特性曲线如图 4-27（b）所示。

由图 4-27 可知，三个系统具有相同的幅频特性，其中 $G_1(s)$系统的相角变化范围是最小的，是最小相位系统。$G_2(s)$、$G_3(s)$为非最小相位系统传递函数。

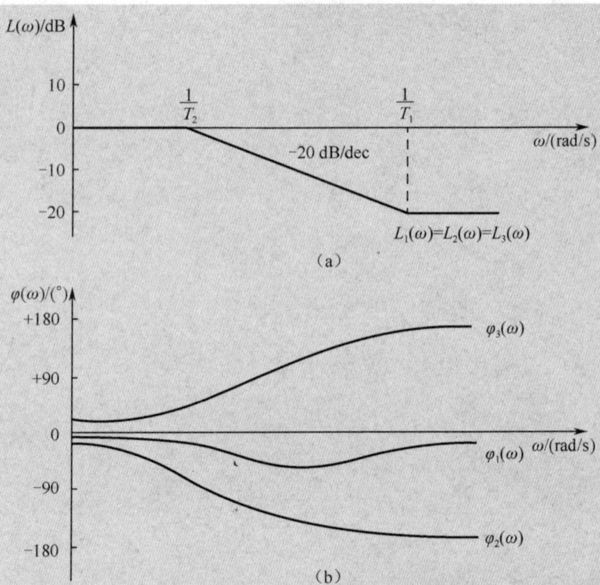

图 4-27　实例 4-5 三个系统的对数频率特性曲线

扫一扫看传递函数的频域实验确定微课视频

4.4.4　传递函数的频域实验确定

最小相位系统的对数幅频特性和对数相频特性间存在确定的对应关系，因此对于最小相位系统，根据其对数幅频特性曲线就能写出其传递函数。

由对数幅频特性曲线确定传递函数的方法如下。

（1）由对数幅频特性曲线的低频段斜率判别系统是否含有积分环节及积分环节的个数。

（2）按从小到大的顺序找出各转折频率，确定相应的时间常数，根据其斜率的变化判别各转折频率所对应环节的类型。

（3）在图中找到 $\omega=1$ 时的分贝值 $20\lg K$ 所对应的坐标 $A(1,20\lg K)$，若第一个转折频率小于 1，则其延长线交于 A 点，求出 K 值。

（4）判断系统由哪些典型环节组成，从而可直接写出其传递函数。

【实例 4-6】 已知某调节器的对数幅频特性曲线如图 4-28 所示，写出该调节器的传递函数。

解： 由于低频段为一条水平直线，斜率为 0，因而 $\upsilon=0$ 系统不含积分环节，图 4-28 中各转折交接依次如下。

$\omega_1=0.8$，$T_1=\dfrac{1}{\omega_1}=1.25$，斜率变化−20 dB/dec，对应一个惯性环节；

$\omega_2=4$，$T_2=\dfrac{1}{\omega_2}=0.25$，斜率变化+20 dB/dec，对应一个比例-微分环节；

$\omega_3=8$，$T_3=\dfrac{1}{\omega_3}=0.125$，斜率变化+20 dB/dec，对应一个比例-微分环节；

$\omega_4=100$，$T_4=\dfrac{1}{\omega_4}=0.01$，斜率变化−20 dB/dec，对应一个惯性环节。

由于第一个转折频率 $\omega_1 = 0.8 < 1$，因此将其低频段延长到 $\omega = 1$ 处，得到 A 点，如图 4-29 所示，20lg$K$=20，K=10。所以，该调节器由一个比例环节、两个比例-微分环节和两个惯性环节组成。其传递函数为

$$G(s) = \frac{K(T_2 s+1)(T_3 s+1)}{(T_1 s+1)(T_4 s+1)} = \frac{10(0.25s+1)(0.125s+1)}{(1.25s+1)(0.01s+1)}$$

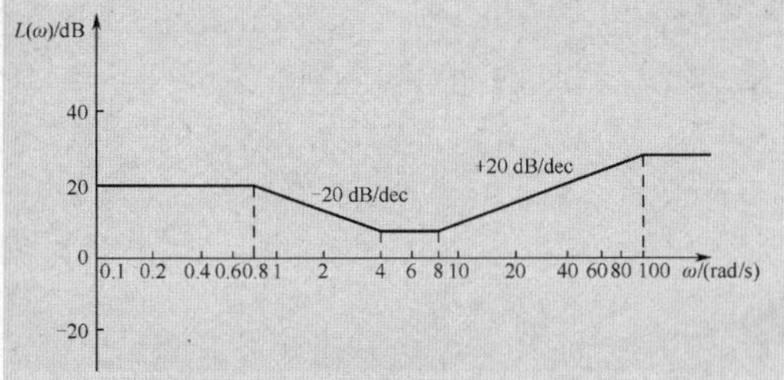

图 4-28　某调节器的对数幅频特性曲线

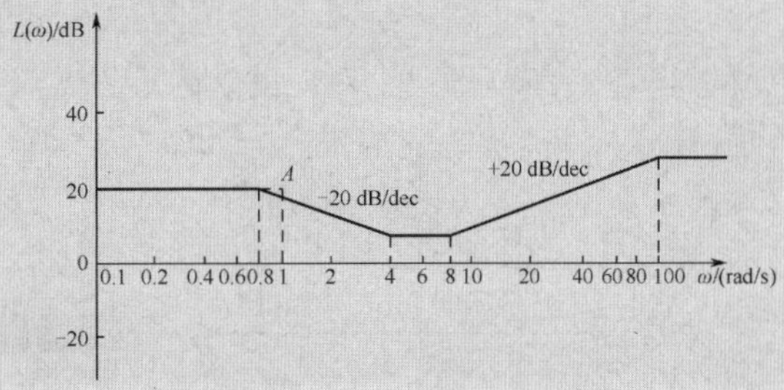

图 4-29　某调节器低频段延长的对数幅频特性曲线

4.5　频域的稳定判据

扫一扫看本节内容思维导图

扫一扫看频域的稳定判据教学课件

自动控制系统稳定性的判据是系统分析和设计的首要工作，在单元 3 中已经介绍了时域的稳定判据——劳斯稳定判据，本节介绍频域的稳定判据，包括奈奎斯特稳定判据（简称奈氏判据）和对数频率稳定判据。

频域的稳定判据的特点是可以根据系统的开环频率特性判断闭环系统稳定性，是一种图解方法，使用方便，易于推广。

4.5.1　闭环特征式的构造与特点

扫一扫看闭环特征式的构造与特点教学动画

已知闭环系统开环传递函数为

$$G_k(s) = G(s)H(s) = \frac{K(s-z_1)(s-z_2)\cdots(s-z_m)}{(s-p_1)(s-p_2)\cdots(s-p_n)} \quad (n \geqslant m)$$

利用开环传递函数 $G_k(s)$ 来判断闭环系统稳定性，选择闭环特征式

$$\begin{aligned} F(s) &= 1 + G_k(s) \\ &= 1 + \frac{K(s-z_1)(s-z_2)\cdots(s-z_m)}{(s-p_1)(s-p_2)\cdots(s-p_n)} \\ &= \frac{(s-p_1)(s-p_2)\cdots(s-p_n) + K(s-z_1)(s-z_2)\cdots(s-z_m)}{(s-p_1)(s-p_2)\cdots(s-p_n)} \end{aligned} \tag{4-41}$$

由式（4-41）可知，$F(s)$ 具有以下特点。

（1）$F(s)$ 的极点为开环传递函数 $G_k(s)$ 的极点。

（2）$F(s)$ 的零点为特征方程 $1+G_k(s)=0$ 的根，也就是闭环传递函数的极点。

（3）因为开环传递函数分母多项式的阶次 n 一般大于或等于分子多项式的阶次 m，故 $F(s)$ 的零点和极点数相同。

扫一扫看映射定理教学动画

4.5.2　映射定理

复变函数中的映射定理又称为幅角定理，是奈奎斯特稳定判据的数学基础。

设 s 为复变量，复变函数 $F(s)$ 为 s 的有理分式函数。对于 s 平面上的任一点 s_1，都可以在 $F(s)$ 平面上找到对应的映射点 $F(s_1)$，如复变函数 $F(s)=\dfrac{s+2}{s}$，s 平面上的某一点 s_1 为 $(-1,\mathrm{j}1)$，也就是取 $s_1=-1+\mathrm{j}1$，则

$$F(s_1)=\frac{s_1+2}{s_1}=\frac{-1+\mathrm{j}+2}{-1+\mathrm{j}}=-\mathrm{j}$$

也就意味着在 $F(s)$ 平面上对应的映射点 $F(s_1)$ 为 $(0,-\mathrm{j})$，如图 4-30 所示。

图 4-30　s 平面上的点映射到 $F(s)$平面

在 s 平面上任选一条过点 s_1 的封闭曲线 Γ，且不通过 $F(s)$ 的任一零点和极点。在 s 平面上从点 s_1 起，顺时针沿封闭曲线 Γ 运动一周，再回到点 s_1，相应地，在 $F(s)$ 平面上也从点 $F(s_1)$ 起，到点 $F(s_1)$ 为止形成一条封闭曲线 Γ_{F}，称为映射曲线。不关心映射曲线 Γ_{F} 的形状，关心的是映射曲线 Γ_{F} 绕 $F(s)$ 平面原点是顺时针旋转还是逆时针旋转，以及转的圈数。

不失一般性，取 s 平面上的封闭曲线 Γ 的位置如图 4-31（a）所示，当复变量 s 沿封闭曲线顺时针运动一周时，在 $F(s)$ 平面上的映射曲线 Γ_{F} 逆时针包围原点一圈，如图 4-31（b）所示。

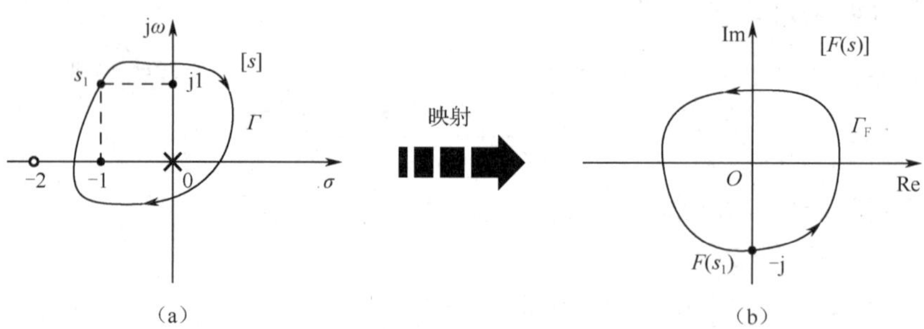

图 4-31　s 平面上的封闭曲线映射到 $F(s)$平面

这是根据映射定理（幅角定理）得出的结论。

映射定理：设 s 平面上的封闭曲线 Γ 包围了复变函数 $F(s)$ 的 Z 个零点和 P 个极点，并且封闭曲线 Γ 不经过 $F(s)$ 的任一零点和极点，则当复变量 s 沿封闭曲线 Γ 顺时针运动一周时，在 $F(s)$ 平面上的映射曲线 Γ_{F} 将绕坐标原点按逆时针方向旋转 R 圈。若 $R>0$，则为逆时针绕原点旋转；若 $R<0$，则为顺时针绕原点旋转。

4.5.3　开环传递函数不含积分环节的奈奎斯特稳定判据

1. s 平面上的封闭曲线 Γ 的选择

根据闭环系统稳定性的充要条件可知，系统的闭环稳定性取决于系统闭环传递函数的

极点，即闭环特征式 $F(s)$ 的零点的位置，因此当选择 s 平面上的封闭曲线 Γ 包围 s 平面右半平面时，若 $F(s)$ 在 s 平面右半平面的零点数 $Z=0$，则闭环系统是稳定的。由此可知，选择 s 平面上的封闭曲线 Γ，即奈氏回线如图 4-32 所示，由以下三部分组成。

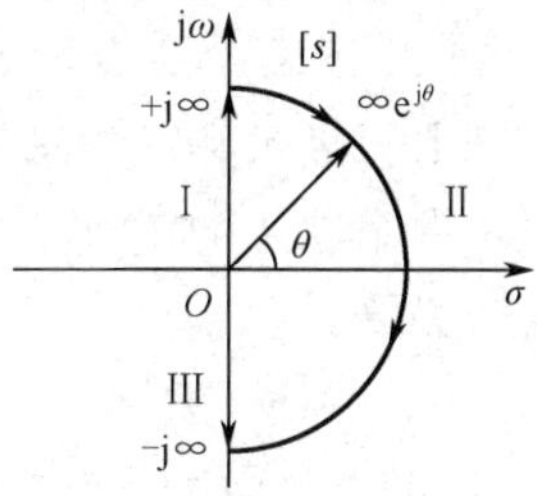

图 4-32　s 平面上的封闭曲线（奈氏回线）

Ⅰ部分：$s=\mathrm{j}\omega$，$\omega=0\to+\infty$，即正虚轴；

Ⅱ部分：$s=R\cdot\mathrm{e}^{\mathrm{j}\theta}$，$R\to\infty$，$\theta$从$\dfrac{\pi}{2}\to-\dfrac{\pi}{2}$，即 s 平面右半平面上半径为无穷大的半圆；

Ⅲ部分：$s=\mathrm{j}\omega$，$\omega=-\infty\to0$，即负虚轴。

说明： s 平面上的封闭曲线 Γ 肯定包围了 $F(s)$ 位于 s 平面右半平面的所有零点和极点。

2. 映射曲线的绘制

1）映射曲线 Γ_{F} 和 Γ_{GH} 之间的转换关系

由于

$$F(s)=1+G_{\mathrm{k}}(s)$$

故当复变量 s 沿封闭曲线 Γ 运动一周时，在 $F(s)$ 平面上的映射曲线 Γ_{F} 和在 $G_{\mathrm{k}}(s)$ 平面上的映射曲线 Γ_{GH} 只相差常数 1，即映射曲线 Γ_{F} 可由 Γ_{GH} 沿实轴正方向平移一个单位长度获得。

结论： $F(s)$ 平面上的映射曲线 Γ_{F} 绕原点旋转的圈数相当于 $G_{\mathrm{k}}(s)$ 平面上的映射曲线 Γ_{GH} 绕点(−1,j0)旋转的圈数。

2）映射曲线 Γ_{GH} 的绘制

当复变量 s 沿封闭曲线 Γ 运动一周时，对应的三部分在 $G_{\mathrm{k}}(s)$ 平面上的映射曲线 Γ_{GH} 如下。

Ⅰ部分映射：$s=\mathrm{j}\omega$，$\omega=0\to+\infty$，映射曲线 Γ_{GH} 对应开环幅相频率特性曲线 $G_{\mathrm{k}}(\mathrm{j}\omega)$，也就是奈奎斯特曲线；

Ⅱ部分映射：$s=R\cdot\mathrm{e}^{\mathrm{j}\theta}$，$R\to\infty$，$\theta$从$\dfrac{\pi}{2}\to-\dfrac{\pi}{2}$，映射曲线 Γ_{GH} 对应原点，这是由于一般开环传递函数分母阶次要高于分子阶次（$n>m$），所以当 $s=\infty\cdot\mathrm{e}^{\mathrm{j}\theta}$ 时，$G_{\mathrm{k}}(s)\to0$；

Ⅲ部分映射：$s=\mathrm{j}\omega$，$\omega=-\infty\to0$，映射曲线 Γ_{GH} 对应Ⅰ部分映射的关于实轴的对称。

结论： 当复变量 s 沿封闭曲线 Γ 运动一周时，在 $G_{\mathrm{k}}(s)$ 平面上的映射曲线 Γ_{GH} 为开环幅相频率特性曲线 $G_{\mathrm{k}}(s)$，ω 的变化范围为 $-\infty$ 到 $+\infty$。

3．奈奎斯特稳定判据

1）奈奎斯特稳定判据 1

令闭环特征式 $F(s)$ 在 s 平面右半平面有 Z 个零点和 P 个极点，也就是封闭曲线 Γ 包围了 $F(s)$ 的 Z 个零点和 P 个极点，由映射定理可知，当复变量 s 沿 s 平面上的封闭曲线 Γ 运动一周时，在 $F(s)$ 平面上的映射曲线 Γ_F 将逆时针绕原点旋转 R 圈，也就是在 $G_k(s)$ 平面上的映射曲线 Γ_{GH} 逆时针绕点(−1,j0)旋转 R 圈：

$$R = P - Z \tag{4-42}$$

式中，R 为开环幅相频率特性曲线（ω 的变化范围为$-\infty$到$+\infty$）逆时针绕点(−1,j0)旋转的次数；P 为开环传递函数在 s 平面右半平面的极点数［因为 $F(s)$ 的极点为开环传递函数 $G_k(s)$ 的极点］；Z 为闭环传递函数在 s 平面右半平面的极点数［因为 $F(s)$ 的零点为闭环传递函数的极点］。

可见，在式（4-42）中，P 和 R 均为开环系统特性参数，而 Z 为闭环系统特性参数。奈奎斯特稳定判据是根据系统的开环频率特性来判断闭环系统稳定性的，故 P 和 R 为已知参数，求出 Z，即求出闭环传递函数在 s 平面右半平面的极点数。根据稳定性的充要条件可得，若 Z=0，也就是在 s 平面右半平面无极点，则闭环系统稳定；若 $Z\neq0$，也就是在 s 平面右半平面有极点，则闭环系统不稳定；Z 等于多少，闭环系统就有多少个不稳定根。

奈奎斯特稳定判据：

$$Z = P - R$$

$Z=0$，系统稳定；$Z\neq0$，系统不稳定。

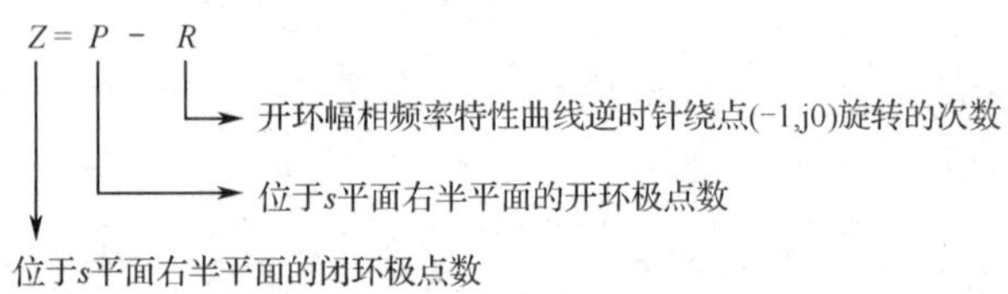

注意：开环幅相频率特性曲线 ω 的变化范围为$-\infty$到$+\infty$。

【实例 4-7】 设闭环系统的开环传递函数为 $H(s)G(s)=\dfrac{K}{(T_1s+1)(T_2s+1)}$，$T_1$、$T_2$ 均大于 0，试判断闭环系统的稳定性。

解：系统开环传递函数有 2 个极点，均在 s 平面左半平面，故 P=0。绘制出开环幅相频率特性曲线如图 4-33（a）所示，ω 的变化范围为 0 到$+\infty$。根据$-\infty$到 0 的部分与 0 到$+\infty$的部分关于实轴对称，可补画 ω 从$-\infty$到 0 的部分，得到完整的开环幅相频率特性曲线，如图 4-33（b）所示。

由图 4-33（b）可知，系统开环幅相频率特性曲线没有绕点(−1,j0)旋转，也就是 R=0。所以 $Z=P-R$=0，闭环系统稳定。

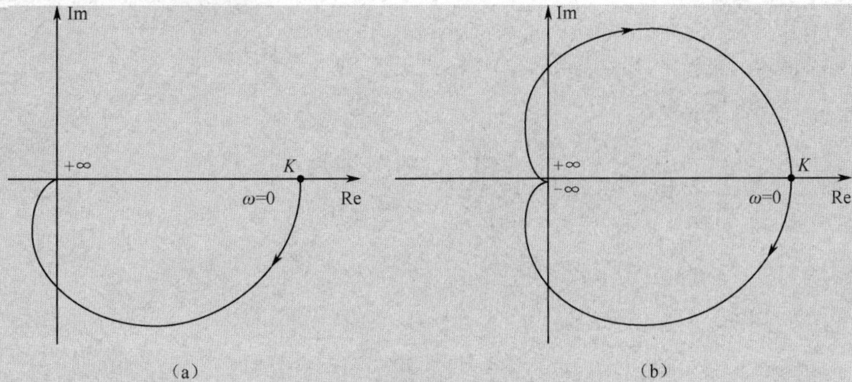

图 4-33　实例 4-7 系统的开环幅相频率特性曲线

扫一扫看奈奎斯特稳定判据微课视频

2）奈奎斯特稳定判据 2

由于在 ω 从$-\infty$到$+\infty$的变化范围内，其开环幅相频率特性曲线关于实轴对称，故在 ω 从$-\infty$到$+\infty$的变化范围内，开环幅相频率特性曲线绕点(−1,j0)旋转的圈数是 ω 从 0 到$+\infty$的变化范围内圈数的 2 倍。由此得到奈奎斯特稳定判据的另一种描述。

奈奎斯特稳定判据的另一种描述：

$$Z = P - 2N$$

$Z = 0$，系统稳定；$Z \neq 0$，系统不稳定：

$$N = N_+ - N_-$$

式中，N_+ 为正穿越次数；N_- 为负穿越次数。

注意：开环幅相频率特性曲线 ω 的变化范围为 0 到$+\infty$。

扫一扫看正负穿越教学动画

利用此描述进行闭环系统稳定性判断时，需要确定穿越的次数，也就是正负穿越的次数，穿越的概念如下。

穿越：开环幅相频率特性曲线穿越点(−1,j0)左边实轴的情况。

正穿越：频率 ω 增加时，开环幅相频率特性曲线由上而下穿越(−1,−∞)段实轴。正穿越时，开环幅相频率特性曲线逆时针绕点(−1,j0)旋转。

负穿越：频率 ω 增加时，开环幅相频率特性曲线由下而上穿越(−1,−∞)段实轴。负穿越时，开环幅相频率特性曲线顺时针绕点(−1,j0)旋转。

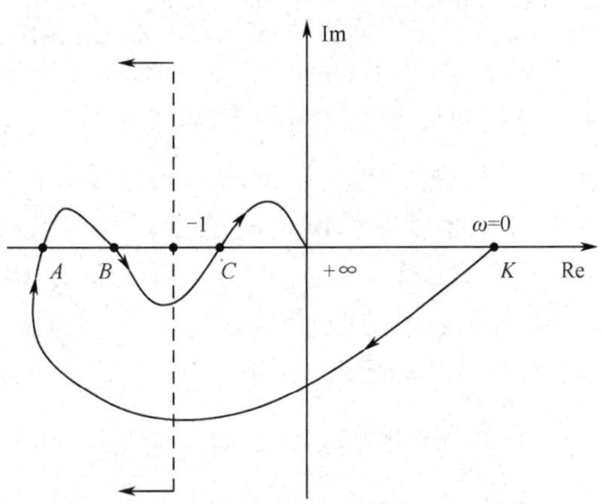

图 4-34　某系统开环幅相频率特性曲线

某系统开环幅相频率特性曲线如图 4-34 所示，该曲线在 A 点、B 点和 C 点穿过负实轴，A 点和 B 点在点(−1,j0)左边，C 点在点(−1,j0)右边，故 C 点不称为穿越，A 点和 B 点称为穿越，A 点由下而上穿越，称为负穿越，B 点由上而下穿越，称为正穿越。

【实例 4-8】 已知某系统开环不稳定极点数为 2，开环幅相频率特性曲线如图 4-35 所示，判断系统的稳定性。

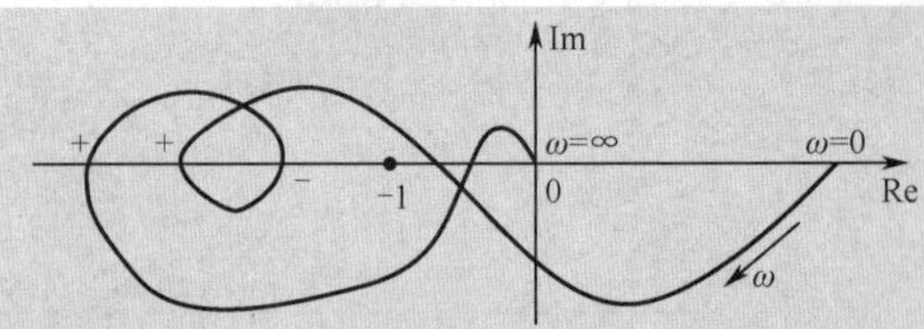

图 4-35 实例 4-8 系统的开环幅相频率特性曲线

解： 系统开环不稳定极点数为 2，故位于 s 平面右半平面的开环极点数 P=2。由图 4-35 可知，正穿越的次数 $N_+=2$，负穿越的次数 $N_-=1$，故 $N=N_+-N_-=1$。

根据奈奎斯特稳定判据 2 可得

$$Z=P-2N=2-2=0$$

故该系统稳定。

注意： 开环幅相频率特性曲线终止于或起始于点(−1,j0)左边的实轴，算 $\frac{1}{2}$ 次穿越，根据穿越趋势确定其是正穿越还是负穿越。

图 4-36 所示为正负穿越 $\frac{1}{2}$ 次系统的开环幅相频率特性曲线，其中图 4-36（a）为正穿越 $\frac{1}{2}$ 次，图 4-36（b）为负穿越 $\frac{1}{2}$ 次。

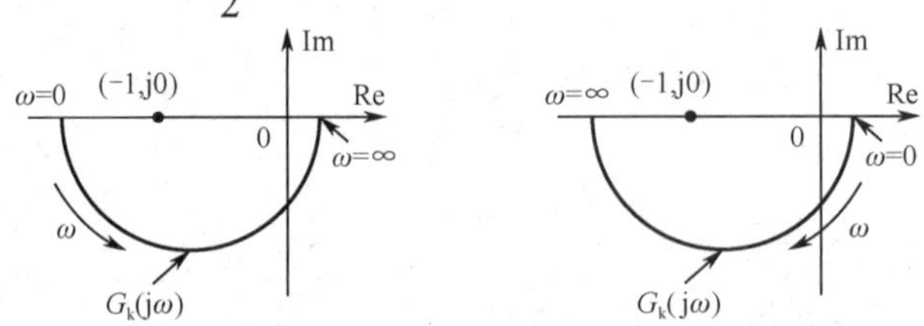

（a）正穿越 $\frac{1}{2}$ 次　　（b）负穿越 $\frac{1}{2}$ 次

图 4-36 正负穿越 $\frac{1}{2}$ 次系统的开环幅相频率特性曲线

4.5.4 开环传递函数含积分环节的奈奎斯特稳定判据

如果系统开环传递函数含有积分环节［也就是原点是闭环特征式 $F(s)$ 的极点］，那么上述所选择的 s 平面上的封闭曲线 Γ 经过了闭环特征式 $F(s)$ 的极点，故不能直接应用映射定理，需要对封闭曲线进行修正，避开原点处的开环极点。所采取的措施为：增加以原点为圆心，以无穷小量 ε（$\varepsilon \to 0$）为半径的在 s 平面右半平面的小半圆，ω 由 0^- 变化为 0^+。修正后的 s 平面上的封闭曲线如图 4-37 所示，在Ⅰ、Ⅱ和Ⅲ部分的基础上，增加了Ⅳ部分，Ⅳ部分：$s=\varepsilon\cdot e^{j\theta}$，$\varepsilon\to 0$，$\theta$ 从 $-\frac{\pi}{2}\to\frac{\pi}{2}$。由于 ε 趋近于 0，因此该小半圆的面积也趋近于零，这样修正后的 s 平面上的封闭曲线 Γ 依旧包围 s 平面右半平面。

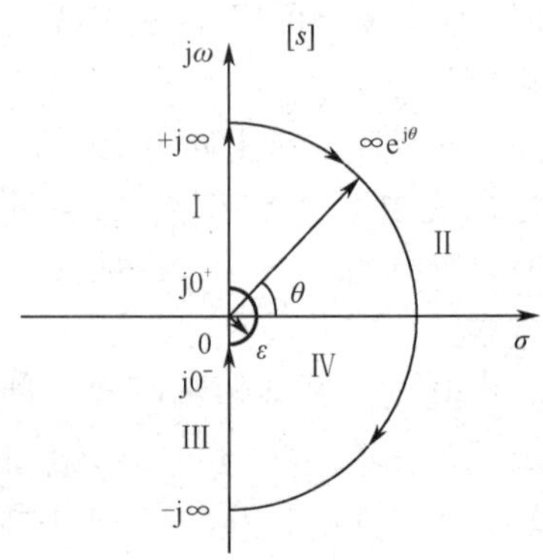

图 4-37 修正后的 s 平面上的封闭曲线

Ⅳ部分映射：$s=\varepsilon\cdot e^{j\theta}$，$\varepsilon\to 0$，$\theta$从$-\dfrac{\pi}{2}\to\dfrac{\pi}{2}$，映射曲线 Γ_{GH} 从 ω 等于0^-的对应点开始，半径为无穷大，顺时针方向绕行$\upsilon\times 180^\circ$（υ 为系统开环传递函数所含积分环节的个数）的圆弧到 ω 等于0^+的对应点结束。

注意： 利用奈奎斯特稳定判据 2 时，只需绘制半闭合曲线，故映射曲线 Γ_{GH} 对应从 ω 等于 0 的对应点开始，半径为无穷大，顺时针方向绕行$\upsilon\times 90^\circ$（υ 为系统开环传递函数所含积分环节的个数）的圆弧到 ω 等于0^+的对应点结束。

【实例 4-9】 已知系统的开环传递函数为$G_k(s)=\dfrac{K}{s(Ts+1)}$，$K$、$T>0$，判断闭环系统的稳定性。

扫一扫看开环传递函数含积分环节的奈奎斯特稳定判据 1 应用教学动画

解： 根据奈奎斯特稳定判据 1 进行判断。

由系统的开环传递函数可知 P=0，绘制出其开环幅相频率特性曲线，如图 4-38 所示。

系统的开环传递函数中含有一个积分环节，故需要补画小半圆，即Ⅳ部分的映射，也就是从 ω 等于0^-的对应点开始，补画半径为无穷大，顺时针方向绕行180°的圆弧到 ω 等于0^+的对应点结束。修正后的系统开环幅相频率特性曲线如图 4-39 所示（ω 变化范围为$-\infty$到$+\infty$）。

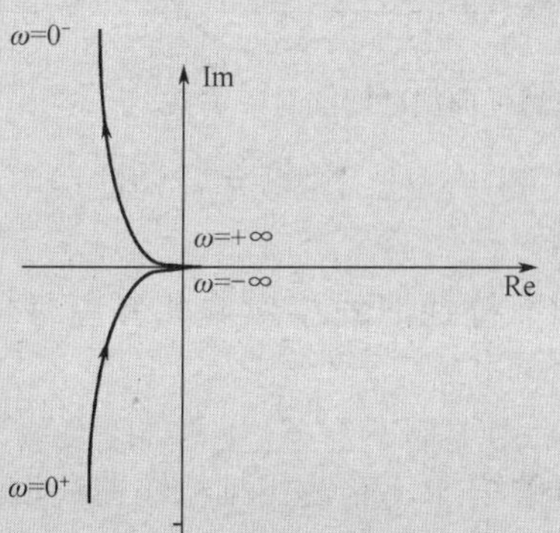

图 4-38　系统开环幅相频率特性曲线

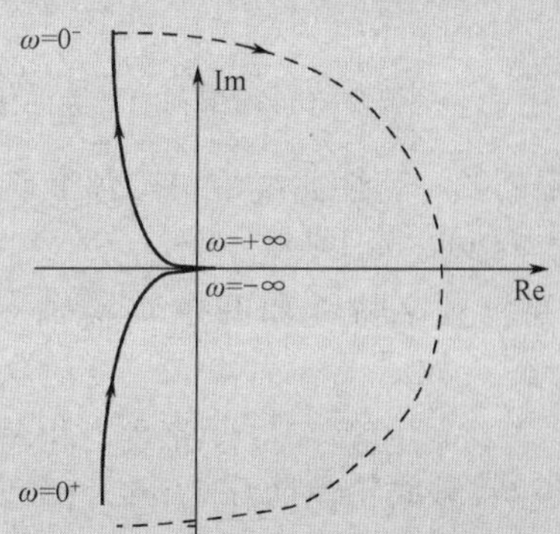

图 4-39　修正后的系统开环幅相频率特性曲线

由图 4-39 看出开环幅相频率特性曲线没有包围点$(-1, j0)$，即 R=0，根据奈奎斯特稳定判据 1 可得 $Z=P-R=0$，闭环系统稳定。

根据奈奎斯特稳定判据 2 进行判断。绘制系统开环幅相频率特性曲线并进行修正，如图 4-40 所示。

扫一扫看开环传递函数含积分环节的奈奎斯特判据 2 应用教学动画

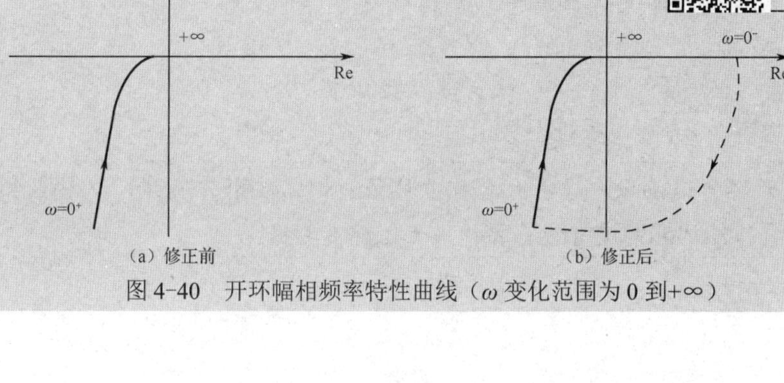

（a）修正前　（b）修正后

图 4-40　开环幅相频率特性曲线（ω 变化范围为 0 到$+\infty$）

由图 4-40 可知，系统没有穿越，故 N=0。

根据奈奎斯特稳定判据 2 可得 $Z=P-2N=0-0=0$，闭环系统稳定。

4.5.5 对数频率稳定判据

扫一扫看对数频率稳定判据微课视频

上述介绍的奈奎斯特稳定判据是基于开环幅相频率特性曲线来判定的，推广应用此判据，利用开环对数频率特性曲线来判定系统的稳定性，称为对数频率稳定判据。

1．幅相频率特性曲线与对数频率特性曲线之间的对应关系

幅相频率特性曲线与对数频率特性曲线之间的对应关系如图 4-41 所示。

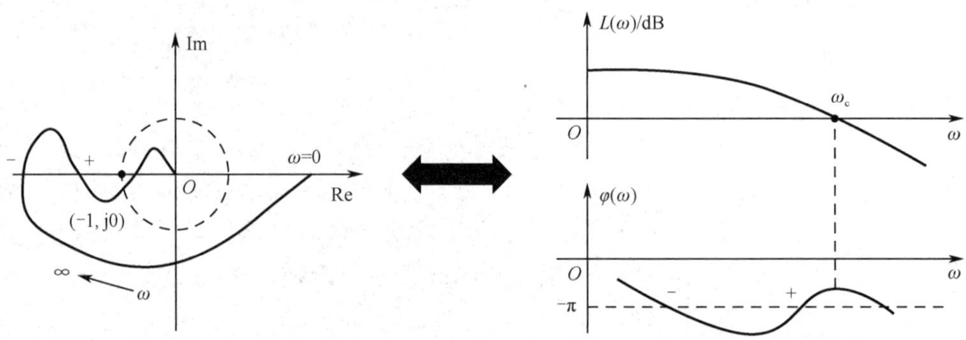

图 4-41　幅相频率特性曲线与对数频率特性曲线之间的对应关系

（1）幅相频率特性曲线中负实轴上点$(-1, \mathrm{j}0)$的左侧，对应对数频率特性曲线中对数幅频特性曲线中 $L(\omega)>0$ 的频段。

（2）幅相频率特性曲线中负实轴对应对数频率特性曲线中对数相频特性曲线中的 $-\pi(-180^\circ)$ 线。

可见，开环幅相频率特性曲线沿相角增加方向，由上而下穿越$(-1,-\infty)$段负实轴（正穿越），对应对数频率特性曲线 $L(\omega)>0$ 频段。随着 ω 的增加，对数相频特性曲线沿相角增加方向，由下而上穿越 -180° 线，即正穿越。

反之，开环幅相频率特性曲线沿相角减少方向，由下而上穿越$(-1,-\infty)$段负实轴（负穿越），对应对数频率特性曲线 $L(\omega)>0$ 频段。随着 ω 的增加，对数相频特性曲线沿相角减少方向，由上而下穿越 -180° 线，即负穿越。

扫一扫看对数频率特性曲线中正负穿越教学动画

2．对数频率稳定判据表述

设 P 为开环传递函数位于 s 平面右半平面的极点数，利用开环对数频率特性曲线确定正穿越次数 N_+ 和负穿越次数 N_-，由此得到

$$N=N_+-N_-$$

$$Z=P-2N$$

$Z=0$，系统稳定，$Z\neq0$，系统不稳定。

注意： 如果开环传递函数中含有 υ 个积分环节，则需要补作直线，从对数相频特性曲线低频处向上补作 $\upsilon\times90^\circ$ 的虚直线，再使用上述稳定判据。

【实例 4-10】 已知系统开环传递函数为 $G_k(s)=\dfrac{K}{s(s+1)(0.1s+1)}$，利用对数频率稳定判据判断 K=2 和 K=50 时的稳定性。

解：系统开环稳定，即 P=0。绘制出系统的开环对数频率特性曲线，因 υ=1，故需要从对数相频特性曲线低频段处向上补作 90°的虚直线，如图 4-42 所示。

当 K=2 时，在 $L(\omega)>0$ 频段内，对数相频特性曲线与 −180° 线没有交点，故正穿越次数 N_+ 和负穿越次数 N_- 均为 0，由此得到穿越次数 $N=N_+-N_-=0$，根据对数频率稳定判据可得 $Z=P-2N=0$，所以闭环系统稳定。

当 K=50 时，在 $L(\omega)>0$ 频段内，对数相频特性曲线与 −180° 线有一个交点，故正穿越次数 $N_+=0$ 和负穿越次数 $N_-=1$，由此得到穿越次数 $N=N_+-N_-=-1$，根据对数频率稳定判据可得 $Z=P-2N=0-(-2)=2$，所以闭环系统不稳定，不稳定极点数为 2，也就是有 2 个极点位于 s 平面右半平面。

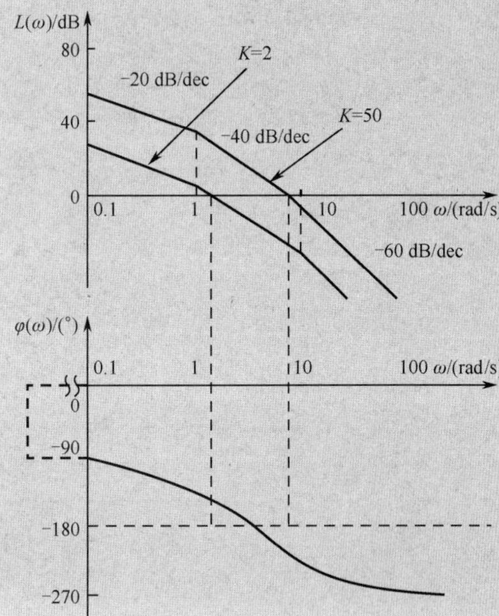

图 4-42　实例 4-10 系统开环对数频率特性曲线

从图 4-42 中可以看出，随着开环增益 K 的增大，系统的稳定性逐渐下降。

技能训练 14　基于 MATLAB 绘制开环幅相频率特性曲线及其稳定性分析

1. 任务目标

（1）学会使用 MATLAB 编程绘制系统的开环幅相频率特性曲线。

（2）能够分析系统开环幅相频率特性曲线的基本规律。

（3）加深理解奈奎斯特稳定判据的实际应用。

2. 任务内容

1）绘制开环幅相频率特性曲线

nyquist()函数可以用来绘制系统的开环幅相频率特性曲线，其调用格式如下。

（1）nyquist(num,den)——作系统的开环幅相频率特性曲线，角频率向量的范围自动设定，默认 ω 的范围为$(-\infty,+\infty)$。

（2）[re,im,w]=nyquist(num,den)——返回变量格式不作曲线，其中 re 为频率响应的实部，im 为频率响应的虚部，w 是频率点。

【实例 4-11】 已知系统的开环传递函数为 $G_k(s)=\dfrac{10}{s^2+2s+10}$，绘制其开环幅相频率特性曲线。

解：新建一个 m 文件，编写程序，程序为

```
num=[10];
den=[1 2 10];
nyquist(num,den)
```

运行程序，得到系统开环幅相频率特性曲线，如图 4-43 所示。

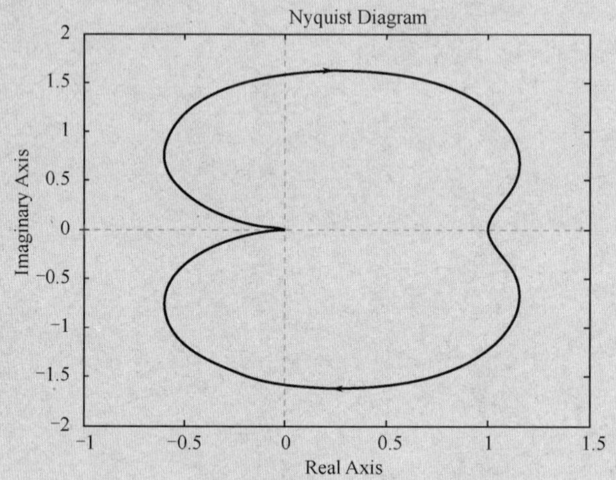

图 4-43　实例 4-11 系统开环幅相频率特性曲线

2）根据开环幅相频率特性曲线判断系统的稳定性

【实例 4-12】 已知系统的开环传递函数为 $G_k(s)=\dfrac{10}{s^2+2s+10}$，判断系统的稳定性。

解： 在实例 4-11 中已绘制出系统开环幅相频率特性曲线，在已绘制出的系统开环幅相频率特性曲线中的空白区域，单击鼠标右键，在弹出的快捷菜单中选择“Characteristics”选项，可以显示稳定裕度指标（Stability Margins），将它们选中后，曲线上出现相应的点，单击这些点，显示闭环系统的稳定性，如图 4-44 所示，从图中数据可知，闭环系统是稳定的。

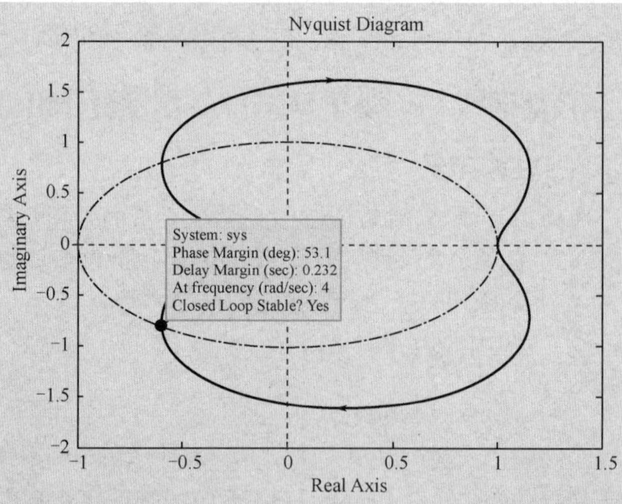

图 4-44　标识稳定性的实例 4-12 系统开环幅相频率特性曲线

【实例 4-13】 已知系统的开环传递函数为 $G_k(s)=\dfrac{100}{(s+1)(s^2+2s+10)}$，判断系统的稳定性。

解： 可以用以下 2 种方法进行判断。

方法 1： 绘制出系统开环幅相频率特性曲线，为了判断系统的开环幅相频率特性曲线有没有包围点(−1, j0)，单击开环幅相频率特性曲线与实轴相交的点，得到图 4-45，可见实部

Real 为−3.84，说明开环幅相频率特性曲线包围了点(−1, j0)，并可判断出在 ω 从−∞到+∞的变化范围内，其顺时针绕点(−1, j0)旋转 2 周，即 $R=-2$。

为了应用奈奎斯特稳定判据，必须知道开环传递函数的不稳定根（也就是位于 s 平面右半平面的极点）个数。可以通过 roots()函数求开环传递函数极点确定

```
den=conv([1 1],[1 2 10]);
roots(den)
```

结果显示，系统开环传递函数有三个极点，分别为

```
-1.0000 + 3.0000i
-1.0000 - 3.0000i
-1.0000
```

显然这三个极点都具有负实部，在 s 平面左半平面，故位于 s 平面右半平面的极点数 P=0，根据奈奎斯特稳定判据 1 可得

$$Z = P - R = 0 - (-2) = 2$$

故闭环系统不稳定，有 2 个闭环极点（特征根）位于 s 平面右半平面。

方法 2： 绘制出系统开环幅相频率特性曲线，在已绘制出的系统开环幅相频率特性曲线的空白区域，单击鼠标右键，在弹出的快捷菜单中选择“Characteristics”选项，可以显示稳定裕度指标（Stability Margins），将它们选中后，曲线上出现相应的点，单击这些点，显示闭环系统的稳定性，如图 4-46 所示，从图中数据可知，闭环系统是不稳定的。图 4-46 中显示出系统的稳定裕度，即相角裕度（Phase Margin）和幅值裕度（Gain Margin），有关相角裕度和幅值裕度的概念将在 4.6 节进行介绍。

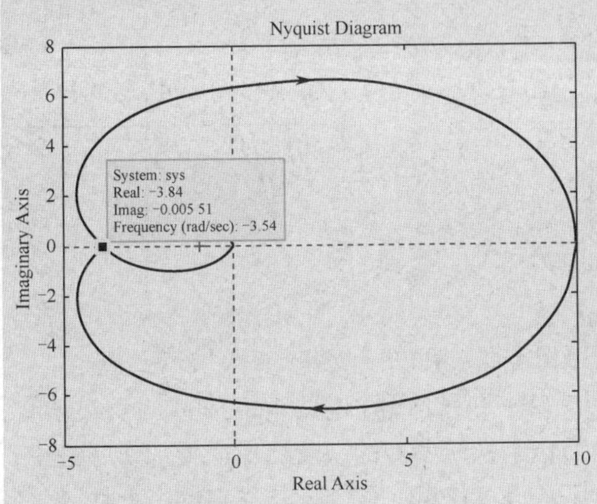

图 4-45　实例 4-13 系统的开环幅相频率特性曲线

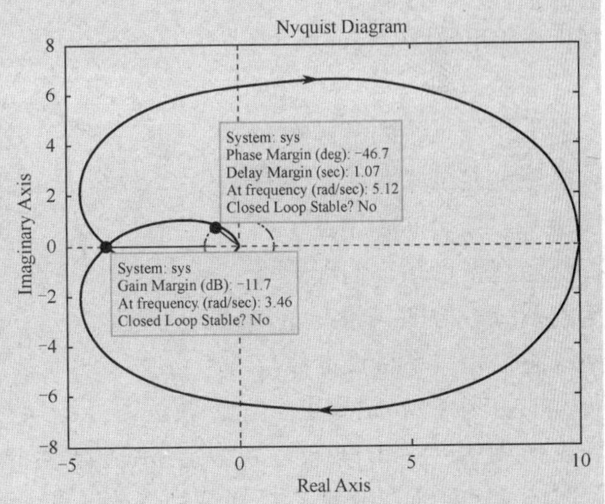

图 4-46　标识稳定性的实例 4-13 系统开环幅相频率特性曲线

3．任务实现

（1）验证实例 4-11、实例 4-12 和实例 4-13。

（2）编写 m 文件，完成以下实践内容，并记录结果。

【实践 1】已知系统开环传递函数为

$$G_k(s) = \frac{s+1}{s^2(s^2+2.5s+9)}$$

绘制系统幅相频率特性曲线，判断系统的稳定性，并用闭环单位阶跃响应进行验证。

【实践2】已知单位负反馈系统的开环传递函数为

$$G_{\mathrm{k}}(s)=\frac{K}{s(s+1)(s+2)}$$

分别绘制 $K=1$、2、10 时系统幅相频率特性曲线，分析系统开环增益不同时，系统幅相频率特性曲线的差异，以及对系统稳定性的影响。

（3）分析实践结果与数据，完成实训报告。

4．拓展思考

已知单位负反馈系统的开环传递函数为

$$G(s)=\frac{10}{s^{\upsilon}(s+1)(s+2)}$$

分别绘制 $\upsilon=0$、1、2 时系统幅相频率特性曲线，分析系统型别不同时，幅相频率特性曲线的差异，并得出结论。

4.6 稳定裕度

扫一扫看本节内容思维导图

扫一扫看稳定裕度教学课件

在工程应用中，由于环境温度的变化、元件的老化及更换等，会引起系统参数的改变，从而有可能破坏系统的稳定性。因此在选择元件和确定系统参数时，不仅要考虑系统的稳定性，还要求系统有一定的稳定程度，这就是自动控制系统的相对稳定性问题。

例如，图 4-47 中的两个最小相位系统的开环幅相频率特性曲线（实线）没有包围点$(-1,\mathrm{j}0)$，由奈奎斯特稳定判据可知它们都是稳定的系统，但图 4-47（a）系统的幅相频率特性曲线与负实轴的交点 A 距离点$(-1,\mathrm{j}0)$较远，而图 4-47（b）系统的幅相频率特性曲线与负实轴的交点 B 距离点$(-1,\mathrm{j}0)$较近。假定系统的开环增益由于系统参数的改变比原来增加了 50%，此时图 4-47（a）中的 A 点移动到 A'点，仍在点$(-1,\mathrm{j}0)$右侧，系统还是稳定的；而图 4-47（b）中的 B 点则移到点$(-1,\mathrm{j}0)$的左侧（B'点），系统便不稳定了。可见，前者较能适应系统参数的变化，即它的相对稳定性比后者好。

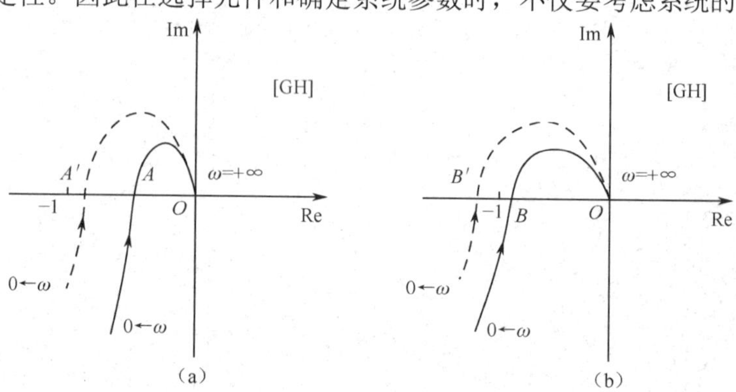

图 4-47　系统的相对稳定性

因而在设计自动控制系统时，应在绝对稳定的前提下，保证系统具有一定的相对稳定性。稳定裕度就是用来表征系统相对稳定性的，通常用相角裕度和幅值裕度来表示。

4.6.1 相角裕度

扫一扫看相角裕度教学动画

设 ω_{c} 为系统的幅值穿越频率，又称为剪切频率或开环截止频率，满足

$$A(\omega_c)=|G_k(j\omega_c)|=1$$

$$L(\omega_c)=0$$

相角裕度是指幅值穿越频率处所对应的相位角 $\varphi(\omega_c)$ 与 -180° 的差值，或者说幅相频率特性曲线上幅值为 1 的向量与负实轴的夹角，即

$$\gamma=\varphi(\omega_c)-(-180^\circ)=180^\circ+\varphi(\omega_c) \tag{4-43}$$

相角裕度（γ 或 PM）在幅相频率特性曲线中的表示如图 4-48（a）所示，在对数频率特性曲线中的表示如图 4-48（b）所示。

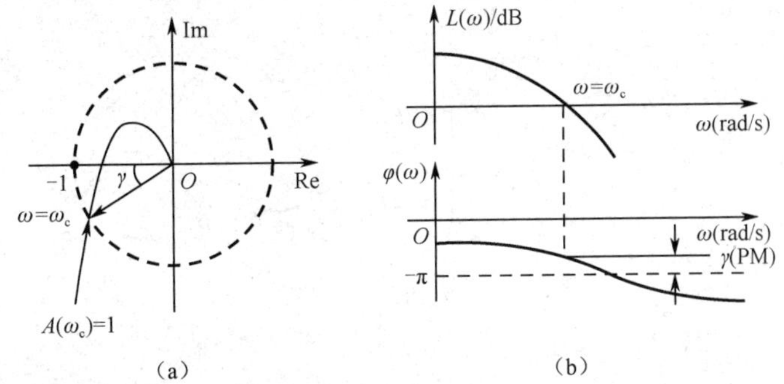

图 4-48 系统的相角裕度

对于最小相位系统，相角裕度 $\gamma>0^\circ$，系统是稳定的[见图 4-49（a）]，且 γ 越大，系统的相对稳定性越好；若相角裕度 $\gamma<0^\circ$，则系统不稳定[见图 4-49（b）]；当 $\gamma=0^\circ$ 时，系统的开环幅相频率特性曲线穿过点$(-1,\mathrm{j}0)$，系统处于临界稳定状态。

相角裕度的含义就是：对于闭环稳定系统，如果系统开环相频特性再滞后 γ，则系统将处于临界稳定状态。

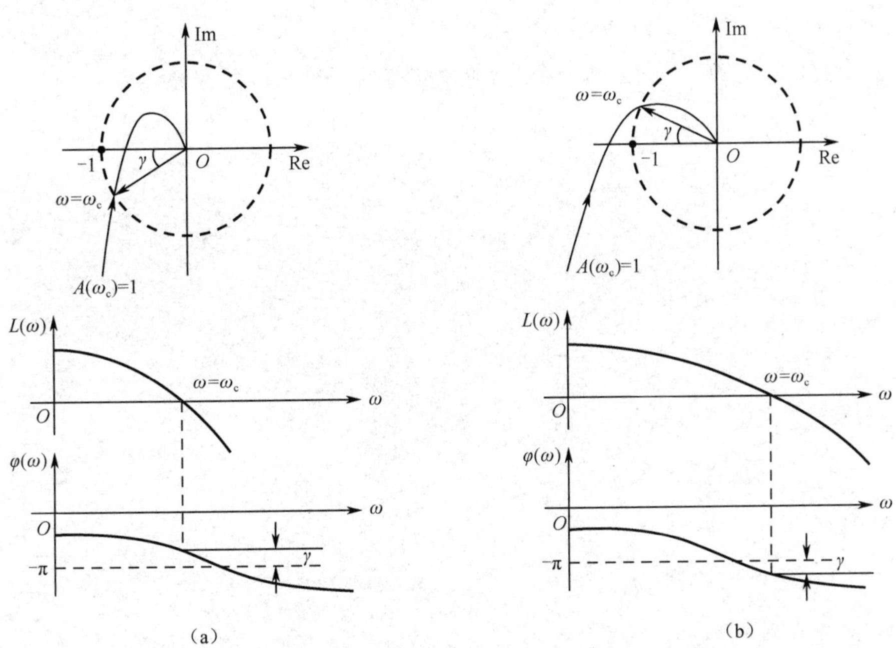

图 4-49 稳定和不稳定系统的相角裕度

【实例 4-14】 写出如图 4-50（a）所示最小相位系统的开环传递函数，并求出系统的相角裕度。

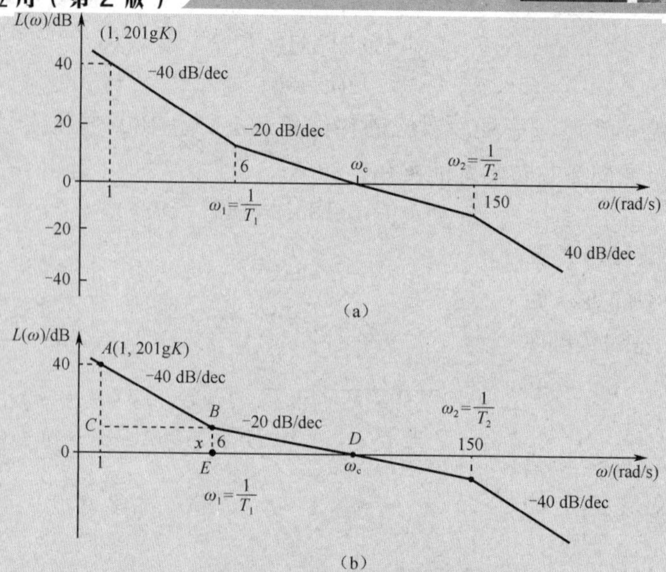

图4-50　实例4-14系统的对数幅频特性曲线

解：由图 4-50（a）低频段渐近线斜率可知，系统含有 2 个积分环节，低频段过点 $A(1,40)$，得到

$$20\lg K = 40 \;\Rightarrow\; K = 100$$

由图（a）可知，系统共有 2 个转折频率。

$\omega_1 = \dfrac{1}{T_1} = 6$ 处，斜率变化+20 dB/dec，对应比例微分环节，时间常数为 $T_1 = \dfrac{1}{6}$；

$\omega_2 = \dfrac{1}{T_2} = 150$ 处，斜率变化-20 dB/dec，对应惯性环节，时间常数为 $T_2 = \dfrac{1}{150}$。

写出系统的开环传递函数为

$$G_{\mathrm{k}}(s) = \frac{100\left(\dfrac{1}{6}s+1\right)}{s^2\left(\dfrac{1}{150}s+1\right)}$$

开环频率特性为

$$G_{\mathrm{k}}(\mathrm{j}\omega) = \frac{100\left(\dfrac{1}{6}\mathrm{j}\omega+1\right)}{(\mathrm{j}\omega)^2\left(\dfrac{1}{150}\mathrm{j}\omega+1\right)}$$

相频特性为

$$\varphi(\omega) = \arctan\left(\frac{1}{6}\omega\right) - 180^\circ - \arctan\left(\frac{1}{150}\omega\right)$$

求系统幅值穿越频率 ω_{c}，为方便起见，在图 4-50（a）中标出几个特殊的点 A、B、C、D、E 得图 4-50（b），在图（b）中，令 $BE = x$，对于直角三角形 ABC 有

$$\frac{AC}{BC} = \frac{20\lg K - x}{\lg\omega_1 - \lg 1} = \frac{40 - x}{\lg 6 - \lg 1} = 40$$

对于直角三角形 BED 有

$$\frac{BE}{ED}=\frac{x}{\lg\omega_c-\lg\omega_1}=\frac{x}{\lg\omega_c-\lg 6}=20$$

联立两式可得 $\omega_c=K/\omega_1=\frac{100}{6}$，由此可计算出相角裕度为

$$\gamma=180^\circ+\varphi(\omega_c)=\left[180^\circ+\arctan\left(\frac{1}{6}\omega_c\right)-180^\circ-\arctan\left(\frac{1}{150}\omega_c\right)\right]\Bigg|_{\omega_c=\frac{100}{6}}=63.86^\circ$$

4.6.2　幅值裕度

扫一扫看幅值裕度教学动画

设 ω_x 为系统的相位穿越频率，满足

$$\varphi(\omega_x)=-180^\circ$$

幅值裕度是指相位穿越频率处所对应的开环幅频特性 $A(\omega_x)$ 的倒数，即

$$h=\frac{1}{A(\omega_x)} \tag{4-44}$$

在对数幅频特性曲线上，幅值裕度以分贝表示，即

$$h(\mathrm{dB})=20\lg h=-20\lg A(\omega_x)=-L(\omega_x) \tag{4-45}$$

幅值裕度（h 或 GM）在幅相频率特性曲线中的表示如图 4-51（a）所示，在对数频率特性曲线中的表示如图 4-51（b）所示。

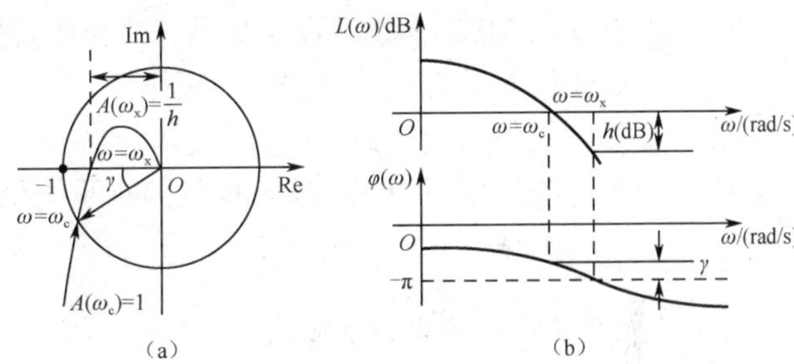

图 4-51　系统的幅值裕度

对于最小相位系统，幅值裕度 $h>1$［或 $h(\mathrm{dB})>0$］，系统是稳定的［见图 4-52（a）］，且 h 越大，系统的相对稳定性越好；若幅值裕度 $h<1$［或 $h(\mathrm{dB})<0$］，则系统不稳定［见图 4-52（b）］；当 $h=1$［或 $h(\mathrm{dB})=0$］时，系统的开环幅相频率特性曲线穿过点 $(-1,\mathrm{j}0)$，系统处于临界稳定状态。

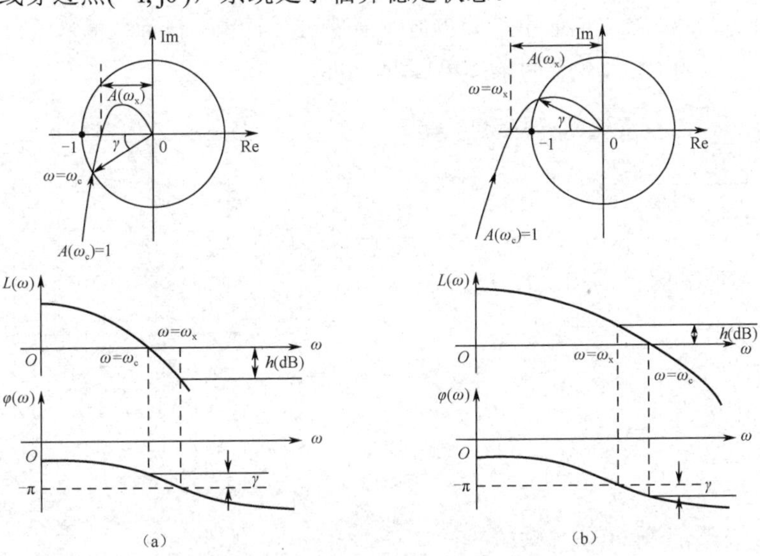

图 4-52　稳定和不稳定系统的幅值裕度

幅值裕度的含义就是：对于闭环稳定系统，如果系统开环幅频特性再增大 h 倍，则系统将处于临界稳定状态。

注意：（1）系统相对稳定性的好坏不能仅从相角裕度或幅值裕度的大小来判断，必须同时考虑相角裕度和幅角裕度。从图 4-53 中可以得到直观的说明，图中 a 和 b 两个系统的幅值裕度相同，不能判断两个系统的相对稳定性相同，显然系统 a 的相角裕度小于系统 b 的相角裕度。

（2）为了得到满意的性能，通常要求相角裕度 γ=30°～60°，幅值裕度 $h \geqslant 2$（6 dB）。

（3）为了保证系统稳定，要求幅值穿越频率处的斜率为 −20 dB/dec。

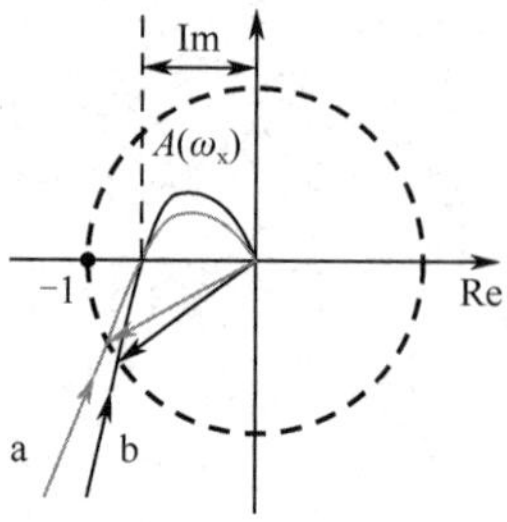

图 4-53　稳定裕度的比较

技能训练 15　基于 MATLAB 绘制开环对数频率特性曲线及其频域分析

1. 任务目标

（1）学会使用 MATLAB 编程绘制系统的开环对数频率特性曲线。

（2）了解系统对数频率特性的一般规律。

（3）掌握系统频域指标的分析方法。

（4）熟练掌握运用对数频率特性曲线分析系统稳定性的方法。

2. 任务内容

1）绘制开环对数频率特性曲线

bode()函数可以用来绘制系统开环对数频率特性曲线，其调用格式如下。

（1）bode(num,den)——绘制出系统开环对数频率特性曲线，角频率向量的范围自动设定。

（2）[mag,phase,w]=bode(num,den)——返回变量格式不做曲线，其中 mag 是系统对数频率特性的幅值向量，注意此幅值不是分贝值，需要进行转换；phase 是系统对数频率特性的相角向量，单位为°；w 是频率向量，单位为 rad/s。

【实例 4-15】 已知系统的开环传递函数为 $G_k(s)=\dfrac{10}{s^2+2s+10}$，绘制其开环对数频率特性曲线。

解： 新建一个 m 文件，编写程序，程序为

```
num=[10];
den=[1 2 10];
bode(num,den)
grid
```

运行程序，得到系统开环对数频率特性曲线如图 4-54 所示。

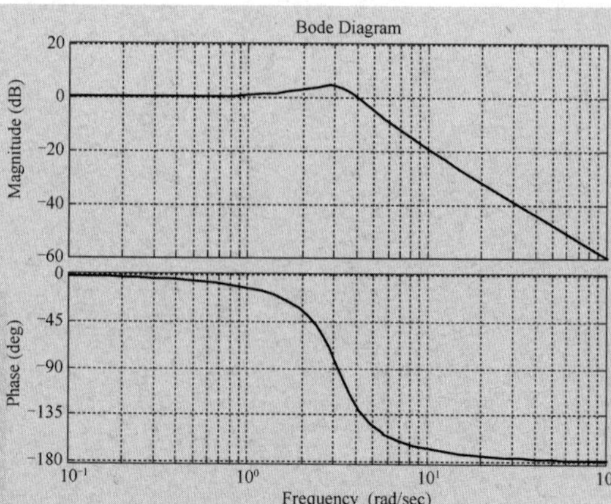

图 4-54　实例 4-15 系统开环对数频率特性曲线

2）计算系统的稳定裕度

margin()函数可以从系统开环对数频率特性曲线中计算相角裕度 Pm 和幅值裕度 Gm，以及对应的频率，其调用格式如下。

（1）margin(num,den)——给定系统的开环数学模型，绘制出系统对数频率特性曲线，并在曲线上标注幅值裕度 Gm 和对应的频率 wcg，相角裕度 Pm 和对应的频率 wcp。

（2）[Gm,Pm,wcg,wcp]=margin(num,den)——返回变量格式，不作图。

【实例 4-16】 已知系统的开环传递函数为 $G_{\mathrm{k}}(s)=\dfrac{2}{s(s+1)(s+2)}$，求出系统的稳定裕度。

解： 新建一个 m 文件，编写程序，程序为

```
k=2;
z=[];
p=[0,-1,-2];
[num,den]=zp2tf(z,p,k);
margin(num,den)
[Gm,Pm,wcg,wcp]=margin(num,den)
```

运行程序，得到系统的开环对数频率特性曲线如图 4-55 所示，并在图的上方标出了稳定裕度。同时利用第 2 种格式算出系统的稳定裕度，并显示在命令窗口中，如图 4-56 所示。注意：第 2 种格式计算出的幅值裕度 Gm 不是分贝值，但可以转化为分贝值

$$20\lg\mathrm{Gm}=20\lg 3=9.54\ \mathrm{dB}$$

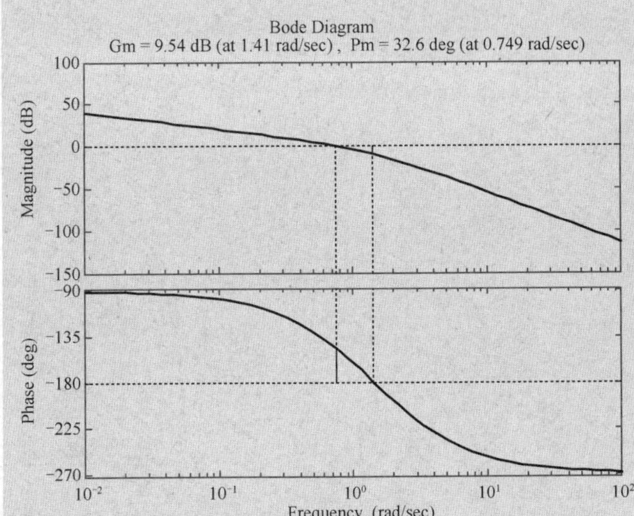

图 4-55　实例 4-16 系统的开环对数频率特性曲线

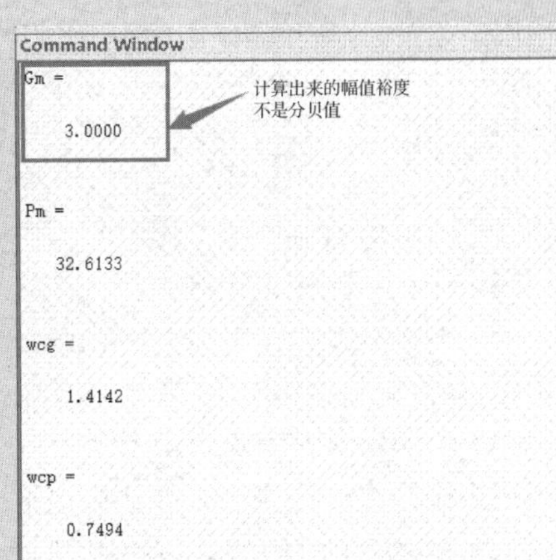

图 4-56　在命令窗口中显示系统的稳定裕度及对应频率

3）系统对数频率稳定性分析

利用 margin()函数计算出来的稳定裕度可以判断系统的稳定性。由插值函数 spline()可以确定系统稳定的临界增益。

【实例 4-17】 已知单位反馈系统的开环传递函数为 $G_k(s)=\dfrac{K}{s(s+1)(s+2)}$，求出系统临界稳定的 K 值。

解： 新建一个 m 文件，编写程序，程序为

```
num1=1;
d1=[1,0];
d2=[1,1];
d3=[1,2];
den=conv(d1,conv(d2,d3));
[m,p,w]=bode(num1,den);
wi=spline(p,w,-180);
mi=spline(w,m,wi);
K=1/mi
num2=K;
figure(1)
margin(num2,den)
figure(2)
[munc,denc]=cloop(num2,den)
step(numc,denc)
```

运行程序，得到系统临界稳定的 K 值为 6，对应的开环对数频率特性曲线如图 4-57 所示，闭环系统的单位阶跃响应曲线如图 4-58 所示，此时系统处于临界稳定状态，单位阶跃响应为等幅振荡。

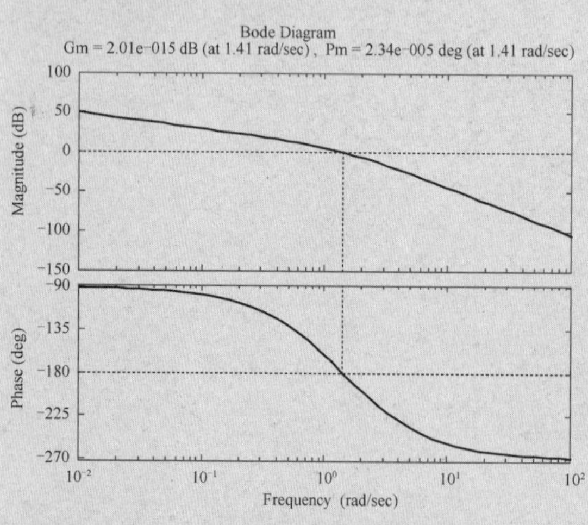

图 4-57 K=6 时系统开环对数频率特性曲线

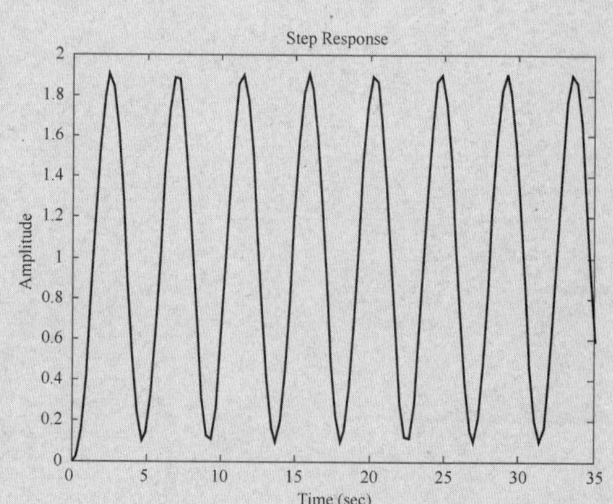

图 4-58 K=6 时系统的单位阶跃响应曲线

3. 任务实现

（1）验证实例 4-15、实例 4-16 和实例 4-17。

（2）编写 m 文件，完成以下实践内容，并记录结果。

【实践 1】已知系统的开环传递函数为

$$G_k(s)=\frac{31.6}{s(0.01s+1)(0.1s+1)}$$

① 绘制系统的对数频率特性曲线。

② 计算系统的稳定裕度，确定系统的稳定性，并用闭环单位阶跃响应进行验证。

【实践 2】已知单位负反馈系统的开环传递函数为

$$G_k(s)=\frac{K}{s(s+1)(s+2)}$$

① 当 K=4 时，绘制其幅相频率特性曲线和对数频率特性曲线。

② 当 K=4 时，计算系统的相位裕度和幅值裕度，并在对数频率特性曲线上标注幅值穿越频率、相角裕度、相位穿越频率、幅值裕度。

③ 如果希望系统的幅值裕度为 16 dB，则求出对应的 K 值，并验证。

（3）分析实践结果与数据，完成实训报告。

4．拓展思考

已知系统方框图如图 4-59 所示，分别令 $G_c(s)=1$ 和 $G_c(s)=\dfrac{0.5s+1}{0.1s+1}$，在同一坐标系中绘制出两种情况的开环对数频率特性曲线，并分别计算出两个系统的稳定裕度，做性能比较和时域仿真验证。

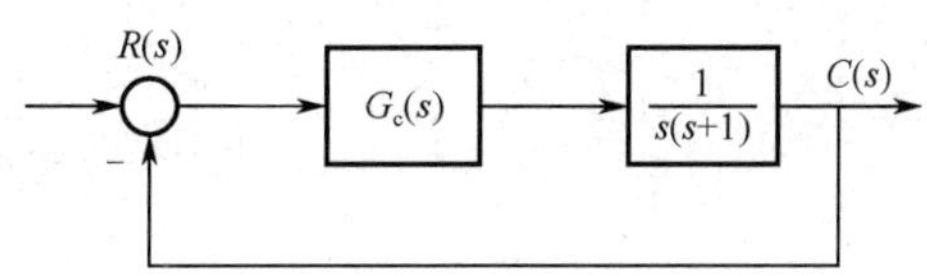

图 4-59　某系统方框图

4.7　频率特性与系统性能的关系

扫一扫看本节内容思维导图

扫一扫看频率特性与系统性能的关系教学课件

4.7.1　开环频域指标与时域指标间的关系

在时域分析法中，主要用超调量 $\sigma\%$ 来衡量系统的平稳性（相对稳定性），用调节时间 t_s 来反映系统的快速性。系统时域指标物理意义明确、直观，但不能直接应用于频域分析和综合。闭环系统的开环频域指标相角裕度 γ 和幅值穿越频率 ω_c 的大小在很大程度上决定了系统性能，常用相角裕度 γ 来衡量系统的平稳性，用幅值穿越频率 ω_c 来反映系统的快速性。下面分析它们之间的关系。

1．典型二阶系统开环频域指标与时域指标间的关系

典型二阶系统的开环传递函数为

$$G_k(s)=\frac{\omega_n^2}{s(s+2\zeta\omega_n)}$$

系统的开环频率特性为

$$G_k(j\omega)=\frac{\omega_n^2}{j\omega(j\omega+2\zeta\omega_n)}$$

幅频特性为

$$A(\omega)=\frac{\omega_n^2}{\omega\sqrt{\omega^2+(2\zeta\omega_n)^2}}$$

相频特性为

$$\varphi(\omega)=-90^\circ-\arctan\left(\frac{\omega}{2\zeta\omega_n}\right)$$

系统的幅值穿越频率 ω_c 满足 $A(\omega_c)=1$，因此

$$A(\omega_c)=\frac{\omega_n^2}{\omega_c\sqrt{\omega_c^2+(2\zeta\omega_n)^2}}=1$$

即

$$\omega_c^4+4\zeta^2\omega_n^2\omega_c^2-\omega_n^4=0$$

由此得到

$$\omega_c=\omega_n\sqrt{\sqrt{4\zeta^4+1}-2\zeta^2} \tag{4-46}$$

相角裕度 $\gamma=180^\circ-90^\circ-\arctan\left(\frac{\omega_c}{2\zeta\omega_n}\right)=\arctan\left(\frac{2\zeta\omega_n}{\omega_c}\right)$，即

$$\gamma=\arctan\frac{2\zeta}{\sqrt{\sqrt{4\zeta^2+1}-2\zeta^2}} \tag{4-47}$$

扫一扫看开环频域指标与时域指标间的关系教学动画

1）相角裕度 γ 与超调量 $\sigma\%$ 间的关系

由式（4-47）可知，相角裕度 γ 仅与阻尼比 ζ 有关，它们之间的关系曲线如图 4-60 所示，其中横坐标为阻尼比 ζ，纵坐标为相角裕度 γ，单位为弧度。从曲线可知，ζ 越大，γ 越大，系统的平稳性越好。

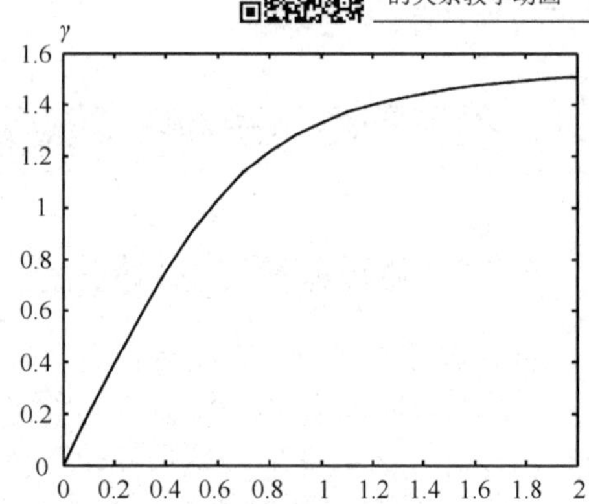

图 4-60　相角裕度 γ 与阻尼比 ζ 之间的关系曲线

在时域分析中，超调量 $\sigma\%$ 也仅与阻尼比 ζ 有关，并且阻尼比 ζ 越大，超调量 $\sigma\%$ 越小，因而相角裕度 γ 与超调量 $\sigma\%$ 之间的对应关系为

$$\gamma\uparrow\rightarrow\sigma\%\downarrow$$

即系统开环频域指标中相角裕度 γ 越大，超调量 $\sigma\%$ 越小，系统平稳性越好。

2）幅值穿越频率 ω_c 与调节时间 t_s 间的关系

根据时域分析法可知，当 Δ=5%（或 2%）时，有

$$t_s=\frac{3或(4)}{\zeta\omega_n}$$

将式（4-46）代入上式，得

$$t_s=\frac{3或(4)}{\zeta\omega_n}=\frac{(3或4)\sqrt{\sqrt{4\zeta^2+1}-2\zeta^2}}{\zeta\omega_c} \tag{4-48}$$

可见，在相角裕度 γ 不变时，幅值穿越频率 ω_c 越大，调节时间 t_s 越短，即

$$\omega_c \uparrow \rightarrow t_s \downarrow$$

2. 高阶系统时域指标的估算

对于一般高阶系统，开环频域指标和时域指标间不存在解析关系式，可借助经验估算公式进行估算。近似估算公式为

$$\begin{cases} \sigma\% = 0.16 + 0.4\left(\dfrac{1}{\sin\gamma} - 1\right) & (35^\circ \leqslant \gamma \leqslant 90^\circ) \\ t_s = \dfrac{k\pi}{\omega_c}，\ k = 2 + 1.5\left(\dfrac{1}{\sin\gamma} - 1\right) + 2.5\left(\dfrac{1}{\sin\gamma} - 1\right)^2 & (35^\circ \leqslant \gamma \leqslant 90^\circ) \end{cases}$$

4.7.2　开环频率特性分析闭环系统性能

一般将开环频率特性分成低频、中频和高频三个频段。下面分析各频段与系统性能间的关系。

1. 低频段

在对数频率特性曲线中，低频段通常是指对数幅频特性曲线在遇到第一个转折频率以前的区段，如图 4-61 所示。

开环对数频率特性曲线的低频段主要由开环传递函数中积分环节的个数 υ 和开环增益 K 决定。积分环节的个数确定了低频段斜率，开环增益确定了曲线的高度。

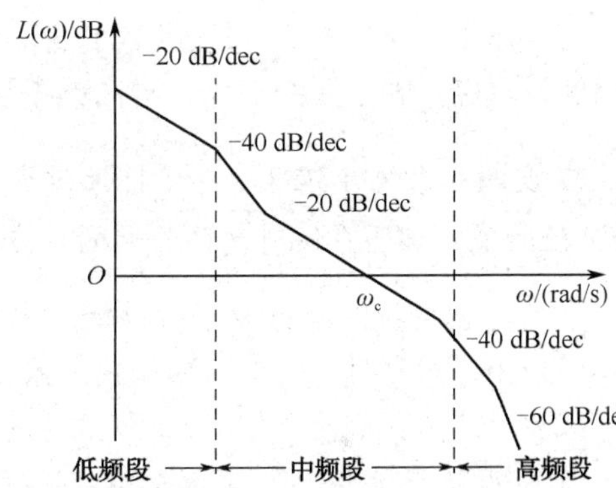

图 4-61　对数频率特性曲线中的三个频段划分

> **说明：** 因系统的稳态误差也与积分环节的个数 υ 和开环增益 K 有关，故系统开环对数频率特性曲线的低频段表征系统的稳态性能。

开环对数频率特性的低频段渐近线越陡（也就是斜率越负），说明系统的开环积分环节个数 υ 越多，表明系统稳态误差越小，稳态精度越高（也就是稳态性能越好）；开环对数频率特性曲线的位置越高，说明系统开环增益 K 越大，表明系统稳态误差越小，稳态精度越高。

2. 中频段

在对数频率特性曲线中，中频段通常是指对数幅频特性曲线在幅值穿越频率附近的区段，如图 4-61 所示。

开环对数频率特性曲线的中频段的主要参数是相角裕度 γ 和幅值穿越频率 ω_c，它们是系统的开环频域指标，由上述内容可知，它们与动态时域指标（超调量 $\sigma\%$ 和调节时间 t_s）间存在的对应关系为

$$\gamma \uparrow \rightarrow \sigma\% \downarrow \rightarrow \text{系统平稳性越好}$$
$$\omega_c \uparrow \rightarrow t_s \downarrow \rightarrow \text{系统快速性越好}$$

> **说明：** 系统开环对数频率特性曲线的中频段，表征系统的动态性能，也就是反映系统动态响应的平稳性和快速性。为了保证系统有满意的动态性能，通常取中频段斜率为 −20 dB/dec，也就是希望开环对数频率特性曲线以 −20 dB/dec 的斜率穿过 0dB 线，而且应占有一定的频域宽度。

3. 高频段

在对数频率特性曲线中，高频段通常是指对数频率特性曲线 $\omega > 10\omega_c$ 以后的区段，如图 4-61 所示。高频段的转折频率对应系统的小时间常数，所以对系统的动态响应影响不大。高频段主要从抗干扰的角度分析研究，反映系统的抗干扰性能。对于单位反馈系统，在高频段，一般 $L(\omega) \ll 0$，即 $M(\omega) \ll 1$，所以

$$|\phi(\mathrm{j}\omega)| = \frac{|G_k(\mathrm{j}\omega)|}{|1+G_k(\mathrm{j}\omega)|} \approx |G_k(\mathrm{j}\omega)|$$

高频段的闭环幅频特性近似等于开环幅频特性。系统开环对数频率特性曲线在高频段的幅值，直接反映了系统对输入端高频干扰信号的抑制能力。

> **说明：** 系统开环对数频率特性曲线的高频段，表征系统的高频抗干扰性能。高频段分贝值越低，说明系统对高频信号的衰减作用越大，系统抗干扰性能越强。

为了提高系统的高频抗干扰性能，高频段应有较小的斜率，其分贝值应尽量小。高频段斜率越小，对高频信号的衰减越快，系统抗干扰性能越强。

综上所述，我们所希望的开环对数频率特性曲线 $L(\omega)$应具有如下性质。

（1）如果系统要求具有一阶或二阶无差度（系统在阶跃或斜坡信号作用下无稳态误差），则 $L(\omega)$的低频段应具有−20 dB/dec 或−40 dB/dec 的斜率。为保证系统的稳态精度，低频段应有较高的分贝值。

（2）$L(\omega)$应以−20 dB/dec 的斜率穿过 0 dB 线，并且具有一定的中频段宽度。这样才能使系统有足够的稳定裕度，保证闭环系统具有较好的平稳性。

（3）$L(\omega)$应具有较高的幅值穿越频率 ω_c，以提高闭环系统的快速性。

（4）$L(\omega)$的高频段应有较小的斜率，以增强系统的高频抗干扰性能。

4.7.3 闭环频域指标与时域指标间的关系

1. 闭环频域指标

典型系统方框图如图 4-62 所示。

其闭环传递函数为

$$\phi(s) = \frac{C(s)}{R(s)} = \frac{G(s)}{1+G(s)H(s)} = \frac{G(s)}{1+G_k(s)}$$

对应的闭环频率特性为

$$\phi(\mathrm{j}\omega) = \frac{C(\mathrm{j}\omega)}{R(\mathrm{j}\omega)} = \frac{G(\mathrm{j}\omega)}{1+G_k(\mathrm{j}\omega)} = M(\omega)\mathrm{e}^{\mathrm{j}\theta(\omega)}$$

系统的闭环幅频特性曲线如图 4-63 所示。衡量系统性能的闭环频域指标主要有下面 4 个。

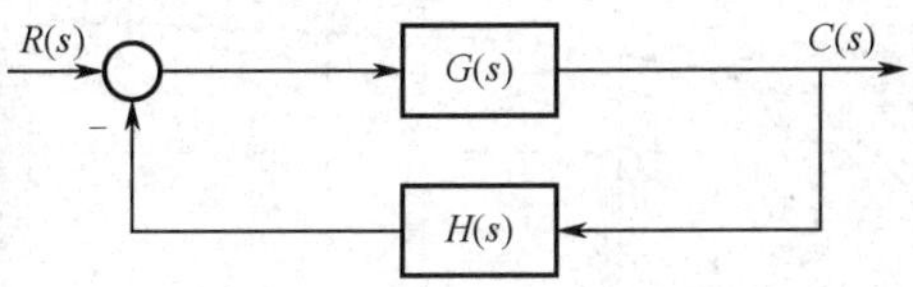

图 4-62　典型系统方框图

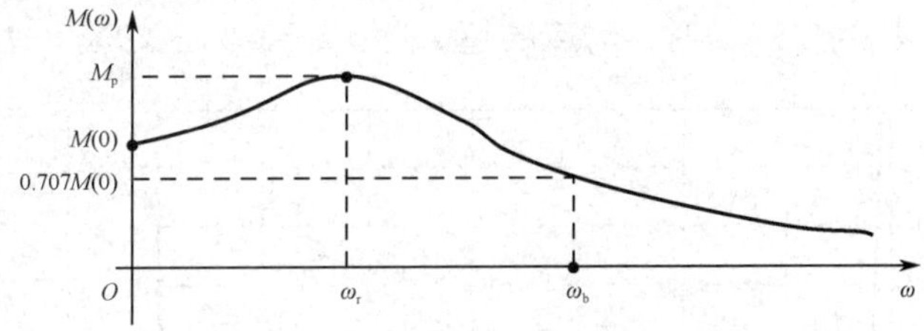

图 4-63　系统的闭环幅频特性曲线

1）零频幅值

零频幅值 $M(0)$ 是指 $\omega=0$ 时的闭环幅频特性的数值。频率 $\omega=0$，意味着输入信号为常值信号。$M(0)=1$ 的物理意义是：当阶跃函数输入系统时，其阶跃响应的稳态值等于输入信号值，即系统的稳态误差为 0。所以 $M(0)$ 的大小，直接反映了系统在阶跃输入信号作用下的稳态精度。$M(0)$ 越接近于 1，系统的稳态精度越高。

2）谐振峰值

谐振峰值 M_r 是指幅频特性最大值 M_p 与零频幅值 $M(0)$ 之比，反映了系统的平稳性。M_r 越大，系统的平稳性越差，阶跃响应将有较大的超调。

3）谐振频率

谐振频率 ω_r 是指闭环幅频特性出现峰值时的频率，在一定程度上反映了系统的快速性。ω_r 越大，系统动态响应越快。

4）带宽频率

带宽频率 ω_b 是指闭环频率特性的幅值 $M(\omega)$ 从 $M(0)$ 开始，直至衰减到 $0.707M(0)$ 时所对应的频率，也称为闭环截止频率。由 0 至带宽频率 ω_b 的一段频率范围称为频带宽度（简称带宽）或通频带，反映了系统复现输入信号的能力。通频带越宽，说明系统对高频信号的衰减作用越小，跟踪快变信号的能力越强，也就是动态响应速度越快。

2. 闭环频域指标与时域指标间的关系

以典型二阶系统来说明闭环频域指标与时域指标间的关系。已知典型二阶系统的闭环传递函数为

$$\phi(s)=\frac{\omega_n^2}{s^2+2\zeta\omega_n s+\omega_n^2}$$

由前面振荡环节幅相频率特性曲线的绘制过程已知，谐振频率 ω_r 和谐振峰值 M_r 分别为

$$\omega_r=\omega_n\sqrt{1-2\zeta^2}\quad(0\leqslant\zeta\leqslant0.707)\tag{4-49}$$

$$M_r=\frac{1}{2\zeta\sqrt{1-\zeta^2}}\quad(0\leqslant\zeta\leqslant0.707)\tag{4-50}$$

式（4-50）表明，ζ 越大，M_r 越小，系统的阻尼性能越好，二者的关系曲线如图 4-64 所示，纵轴表示谐振峰值，横轴表示阻尼比。若 M_r 较高，则系统的动态过程超调量大、收敛慢，平稳性和快速性都较差。时域分析法中的超调量也反映了系统的平稳性，二者的关系曲线图如图 4-65 所示，纵轴表示超调量，横轴表示谐振峰值，从图 4-65 中还可看出，

M_r=1.2～1.5 时，对应的超调量 $\sigma\%$=30%～37%，M_r 越大，对应的超调量 $\sigma\%$ 也越大。

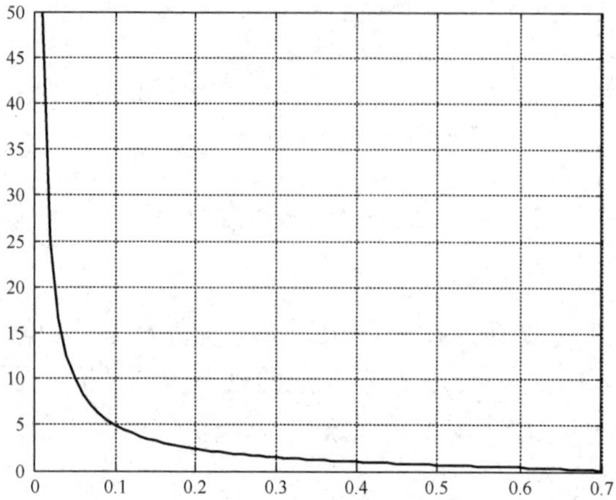

图 4-64　阻尼比与谐振峰值间的关系曲线

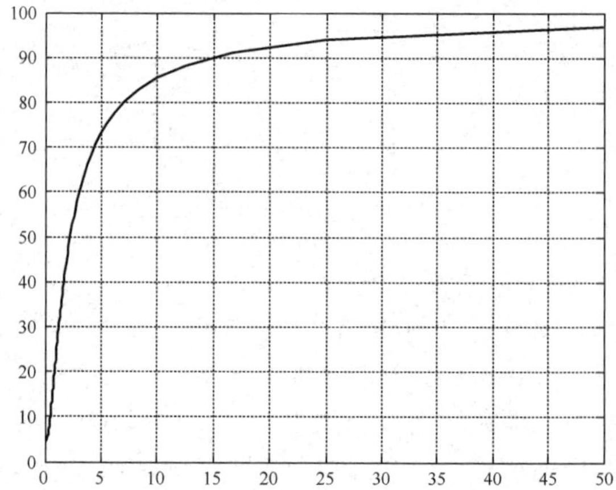

图 4-65　谐振峰值与超调量间的关系曲线

根据通频带的定义，在带宽频率 ω_b 处，典型二阶系统闭环频率特性的幅值为

$$M(\omega_b)=\frac{\omega_n^2}{\sqrt{(\omega_n^2-\omega_b^2)+(2\zeta\omega_n\omega_b)^2}}=0.707$$

由此得到 ω_b 与 ω_n、ζ 间的关系为

$$\omega_b=\omega_n\sqrt{1-2\zeta^2+\sqrt{2-4\zeta^2+4\zeta^4}} \tag{4-51}$$

由时域分析法中的调节时间 $t_s=\dfrac{3\sim4}{\zeta\omega_n}$ 得到

$$\omega_b t_s=\frac{3\sim4}{\zeta}\sqrt{1-2\zeta^2+\sqrt{2-4\zeta^2+4\zeta^4}} \tag{4-52}$$

由式（4-52）可看出，对于给定的谐振峰值 M_r，调节时间 t_s 与带宽频率 ω_b 成反比，通频带越宽，调节时间 t_s 越短。

知识梳理与总结

（1）线性定常系统在正弦信号作用下，其稳态输出还是一个正弦信号，其频率与输入信号频率 ω 相同，但幅值和相角发生变化，其变化取决于输入信号频率 ω；稳态输出与输入的相量之比与频率 ω 的变化关系称为频率特性；频率特性包含幅频特性 $A(\omega)$ 和相频特性 $\varphi(\omega)$，幅频特性 $A(\omega)$ 表明稳态输出的幅值之比与频率 ω 的变化关系，相频特性 $\varphi(\omega)$ 表明稳态输出的相角之差与频率 ω 的变化关系。将传递函数中的 s 用 $\mathrm{j}\omega$ 代替，便可得系统频率特性。

（2）频率特性图形表示主要包括幅相频率特性曲线和对数频率特性曲线。幅相频率特性曲线又称为极坐标图或 Nyquist 图；对数频率特性曲线又称为对数坐标图或 Bode 图。

（3）频域分析法的特点是可以根据系统开环频率特性曲线分析闭环系统性能，故绘制系统的开环频率特性曲线是十分必要的。

（4）开环传递函数的零极点均在 s 平面左半平面的系统称为最小相位系统。最小相位系统的对数幅频特性和对数相频特性是一一对应的，根据系统的对数幅频特性，就能唯一确定其对数相频特性，因而对于最小相位系统，根据其对数幅频特性曲线，就能确定其数学模型及相应的性能。

（5）频域分析法中对系统稳定性的判断，可采用奈奎斯特稳定判据和对数频率稳定判据。

（6）考虑系统参数变化对稳定性的影响，要求系统不仅绝对稳定，而且保证一定的裕量，具有一定的相对稳定性，即稳定裕度。稳定裕度常用相角裕度（γ 或 PM）和幅值裕度（h 或 GM）来衡量。为了得到满意的性能，通常要求相角裕度 γ=30°～60°，幅值裕度 $h \geqslant 2$（6 dB）；为了保证系统稳定，要求幅值穿越频率（剪切频率、开环截止频率）处的斜率为 –20 dB/dec。能应用 MATLAB 对系统进行频域分析。

（7）一般将开环频率特性分成低频、中频和高频三个频段。低频段反映了系统稳态性能；中频段反映了系统动态性能；高频段反映了系统抗干扰性能。

（8）闭环系统的开环频域指标 ω_c、γ 与时域指标 t_s、$\sigma\%$ 间有着确定的关系；系统的闭环频域指标 ω_b 和 M_r 与时域指标 t_s、$\sigma\%$ 间有着确定的关系。

思考与练习题 4

扫一扫看思考与练习题 4 答案

4-1　选择题

1．分析系统的频率特性时，其典型输入信号是（　　）。

A．单位阶跃函数　　B．单位速度函数　　C．单位脉冲函数　　D．正弦函数

2．设开环系统频率特性 $G(j\omega)=\dfrac{4}{(1+j\omega)^3}$，当 ω=1 rad/s 时，其幅值特性 $A(1)$=（　　）。

A．$\dfrac{\sqrt{2}}{4}$　　B．$4\sqrt{2}$　　C．$\sqrt{2}$　　D．$2\sqrt{2}$

3．对于传递函数 $G(s)=\dfrac{T_1 s+1}{T_2 s+1}$　$(T_1>T_2>0)$的系统，其相频特性为（　　）。

A．$\varphi(\omega)=\text{arctg}(T_1\omega)-\text{arctg}(T_2\omega)$　　B．$\varphi(\omega)=\pi-\text{arctg}(T_1\omega)-\text{arctg}(T_2\omega)$

C．$\varphi(\omega)=-\text{arctg}(T_1\omega)-\text{arctg}(T_2\omega)$　　D．$\varphi(\omega)=\pi+\text{arctg}(T_1\omega)-\text{arctg}(T_2\omega)$

4．若系统的传递函数为 $G(s)=10e^{-0.1s}$，则其频率特性为（　　）。

A．$G(j\omega)=10e^{-j\omega}$　　B．$G(j\omega)=10e^{-0.1j\omega}$

C．$G(j\omega)=10(-0.1\omega)$　　D．$G(j\omega)=-10\omega$

5．已知系统频率特性为 $G(j\omega)=\dfrac{K}{1+jT\omega}$，则频率特性的虚部为（　　）。

A．$\dfrac{K}{1+T\omega}$　　B．$\dfrac{K}{1+(T\omega)^2}$　　C．$\dfrac{KT}{1+(T\omega)^2}$　　D．$\dfrac{-KT\omega}{1+(T\omega)^2}$

6．某校正环节传递函数为 $G_c(s)=\dfrac{s+1}{10s+1}$，则其幅相频率特性曲线的终点坐标为（　　）。

A．(0.1, j0)　　B．(1, j0)　　C．(1, j1)　　D．(10, j0)

7．开环对数幅频特性曲线 $L(\omega)$，对数相频特性曲线 $\varphi(\omega)$，当 $K\ (K>0)$增大时，$L(\omega)$和 $\varphi(\omega)$的变化情况为（　　）。

A．$L(\omega)$向上平移，$\varphi(\omega)$向下平移　　B．$L(\omega)$向下平移，$\varphi(\omega)$不变

C．$L(\omega)$向上平移，$\varphi(\omega)$不变　　D．$L(\omega)$向下平移，$\varphi(\omega)$向上平移

8．一阶惯性系统 $G(s)=\dfrac{1}{s+2}$ 的转折频率为（　　）。

A．2　　B．1　　C．0.5　　D．0

9．延迟环节的幅相频率特性曲线为（　　）。

A．圆　　B．半圆　　C．椭圆　　D．双曲线

10．已知系统的传递函数为 $G(s)=\dfrac{K}{1+Ts}\mathrm{e}^{-\tau s}$，其幅频特性$|G(\mathrm{j}\omega)|$应为（　　）。

A．$\dfrac{K}{1+T\omega}\mathrm{e}^{-\tau}$　　B．$\dfrac{K}{1+T\omega}\mathrm{e}^{-\tau\omega}$　　C．$\dfrac{K^2}{1+T^2\omega^2}\mathrm{e}^{-\tau\omega}$　　D．$\dfrac{K}{\sqrt{1+T^2\omega^2}}$

11．下列幅相频率特性曲线所对应的传递函数中，包含积分环节的是（　　）。

A．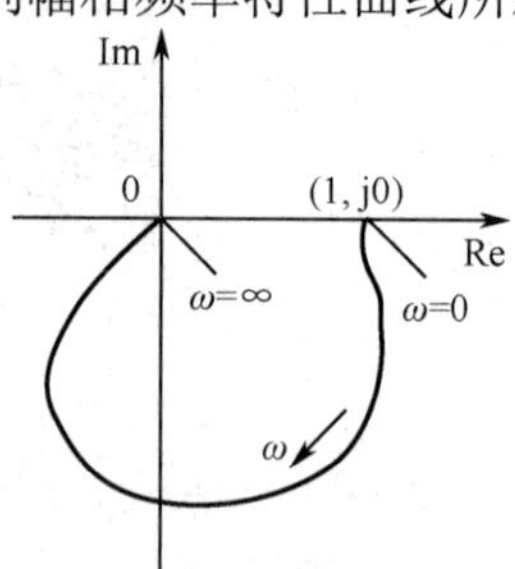

B．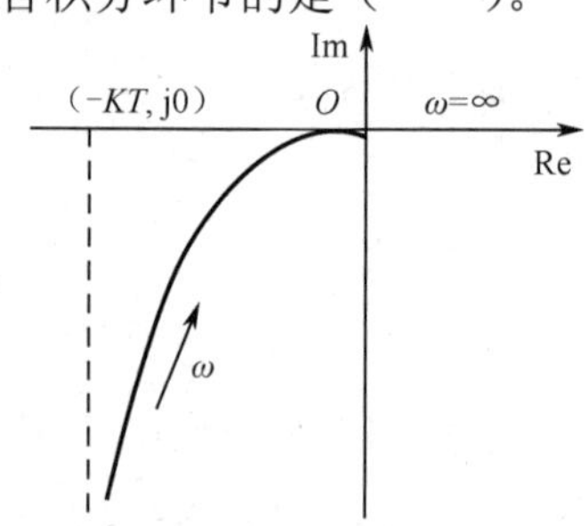

C．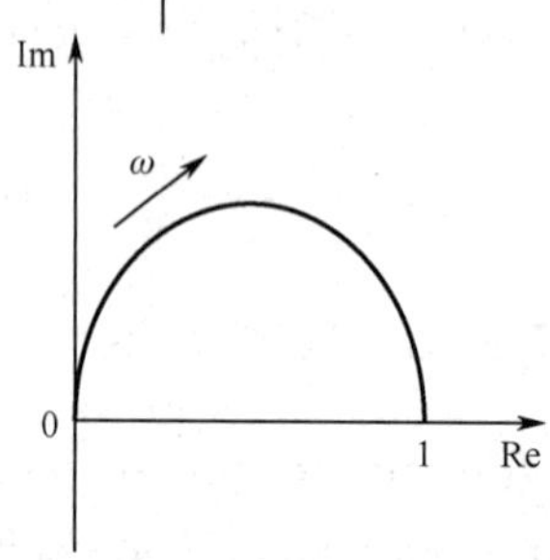

D．以上三项都不包含积分环节

12．对于最小相位系统，系统开环传递函数的幅相频率特性曲线如图 4-66 所示，该系统开环传递函数应为（K、T_1、T_2、T_3均大于零）（　　）。

A．$\dfrac{K}{(T_1s+1)(T_2s+1)}$　　B．$\dfrac{K}{s(T_1s+1)(T_2s+1)}$

C．$\dfrac{K}{s^2(T_2s+1)}$　　D．$\dfrac{K}{(T_1s+1)(T_2s+1)(T_3s+1)}$

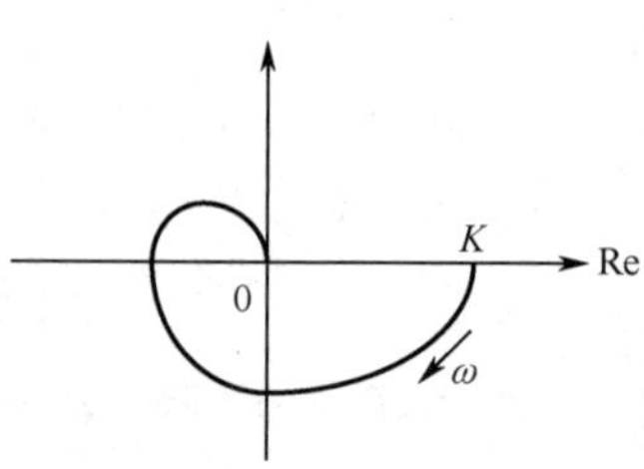

图 4-66　选择题 12 图

13．II 型系统对数频率特性曲线的低频段渐近线斜率为（　　）。

A．−60 dB/dec　　B．−40 dB/dec　　C．−20 dB/dec　　D．0 dB/dec

14．已知某些系统的开环传递函数如下，属于最小相位系统的是（　　）。

A．$\dfrac{K(2-s)}{s(s+1)}$　　B．$\dfrac{K(s+1)}{s(s+5)}$　　C．$\dfrac{K}{s(s^2-s+1)}$　　D．$\dfrac{K(1-s)}{s(2-s)}$

15．单位负反馈系统开环传递函数为 $G_k(s)=\dfrac{2s+3}{s^2(s+1)^2(s+5)}$，则其对数幅频特性曲线在 $\omega\to\infty$ 处的斜率为（　　）。

A．−60 dB/dec　　B．−80 dB/dec　　C．−40 dB/dec　　D．−20 dB/dec

16．关于奈奎斯特稳定判据及其辅助函数 $F(s)=1+G(s)H(s)$，错误的说法是（　　）。

A．$F(s)$的零点就是开环传递函数的极点

B．$F(s)$的极点就是开环传递函数的极点

C．$F(s)$的零点数与极点数相同

D．$F(s)$的零点就是闭环传递函数的极点

17．开环频域性能指标中的相角裕度 γ 对应时域性能指标（　　）。

A．超调量 $\sigma\%$　　B．稳态误差 e_{ss}　　C．调整时间 t_s　　D．峰值时间 t_p

18．典型二阶系统的超调量越大，系统的（　　）。

A．频率特性的谐振峰值越小　　B．阻尼比越大

C．闭环增益越小　　D．相角裕度越小

4-2　综合分析题

1．若系统单位阶跃响应 $c(t)=1-1.8e^{-4t}+0.8e^{-9t}$，试确定系统的频率特性。

2．设单位反馈系统开环传递函数为 $G_k(s)=\dfrac{10}{s+1}$，当 $r(t)=\sin(t+30^\circ)$ 时，试求系统的稳态输出。

3．已知系统开环传递函数为 $G_k(s)=\dfrac{1}{s(s+1)(s+2)}$，试绘制其概略开环幅相频率特性曲线。

4．已知系统开环传递函数为 $G_k(s)=\dfrac{1}{s(s+1)(s+2)}$，试绘制其开环对数幅频特性曲线。

5．已知最小相位系统的开环对数幅频特性曲线如图 4-67 所示，试确定系统的开环传递函数。

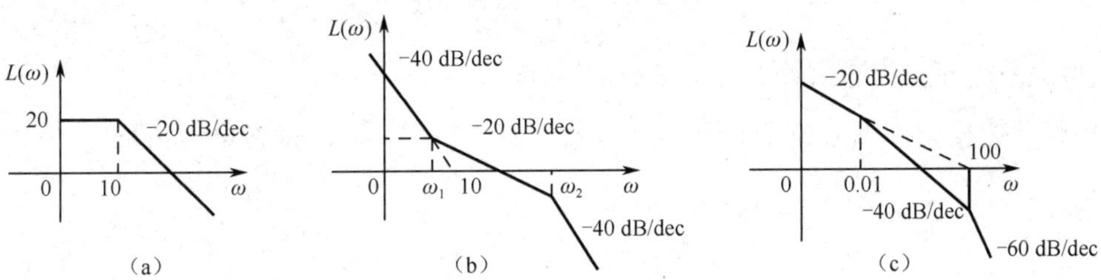

图 4-67　综合分析题 5 图

6．已知下列系统的开环传递函数（所有参数均大于 0），其对应的幅相频率特性曲线如图 4-68 所示，应用奈奎斯特稳定判据判断各系统的稳定性，若闭环系统不稳定，则指出系统在 s 平面右半平面的闭环极点数。

（1）$G(s)=\dfrac{K}{(T_1s+1)(T_2s+1)(T_3s+1)}$。　　（2）$G(s)=\dfrac{K}{s(T_1s+1)(T_2s+1)}$。

（3）$G(s)=\dfrac{K}{s^2(Ts+1)}$。　　（4）$G(s)=\dfrac{K(T_1s+1)}{s^2(T_2s+1)}$。

（5）$G(s)=\dfrac{K}{s^3}$。　　（6）$G(s)=\dfrac{K(T_1s+1)(T_2s+1)}{s^3}$。

（7）$G(s)=\dfrac{K(T_5s+1)(T_6s+1)}{s(T_1s+1)(T_2s+1)(T_3s+1)(T_4s+1)}$。　　（8）$G(s)=\dfrac{K}{Ts-1}$。

（9）$G(s)=\dfrac{-K}{-Ts+1}$。　　（10）$G(s)=\dfrac{K}{s(Ts-1)}$。

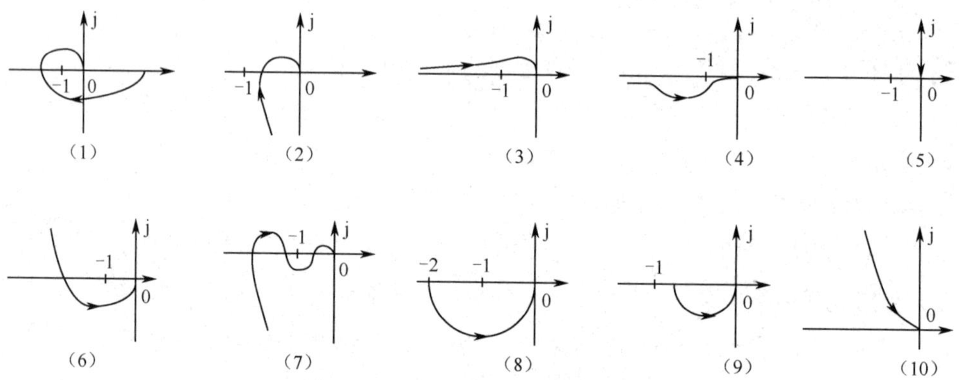

图 4-68　综合分析题 6 图

7．图 4-69 所示为最小相位系统开环对数幅频特性渐近线。

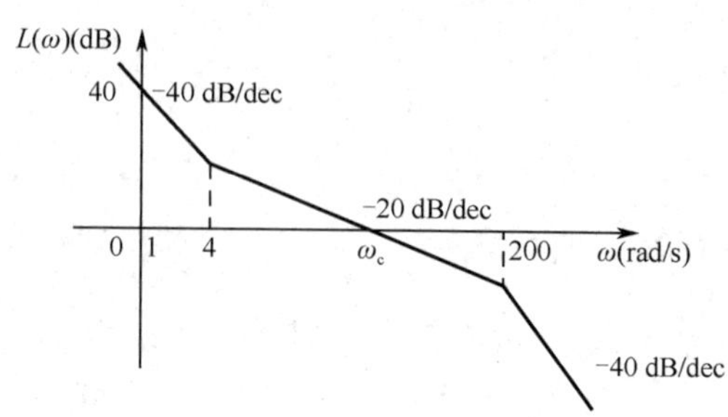

图 4-69　综合分析题 7 图

试写出系统开环传递函数，并求出相角裕度。

8．设单位反馈控制系统的开环传递函数为 $G_k(s)=\dfrac{as+1}{s^2}$，试确定相角裕度 $\gamma=45^\circ$ 时参数 a 的值。

单元5 线性系统的校正与设计

教学导航

知识目标	1. 掌握自动控制系统校正的概念、校正的形式、PID控制规律； 2. 掌握串联相位超前校正、相位滞后校正、相位滞后-超前校正装置及特性； 3. 掌握利用频率特性法确定串联校正装置参数的方法
技能目标	1. 能够利用频率特性法进行系统综合设计； 2. 能够利用 MATLAB 进行系统设计和综合
素质目标	1. 团队协作能力； 2. 组织沟通能力； 3. 严谨认真的学习及工作作风； 4. 严谨规范的职业素养，独立探究和解决问题的专业素质
重/难点	重点：串联相位超前校正、相位滞后校正、相位滞后-超前校正的参数设计； 难点：频率特性法确定串联校正装置参数
技能训练	1. 自动控制系统串联校正设计与实现； 2. 基于 MATLAB 的串联校正设计与仿真； 3. PID 控制器设计及其参数整定
思政元素	1. 校正含义映射做人做事要有校正意识，不断修正，完善自我； 2. 讲授系统校正，不同系统、不同发展阶段对系统要求不同，引导学生要用发展的眼光看问题，与时俱进，终身学习，始终拥有先进理念和较高的职业素养
推荐教学方法	任务引领线上线下相结合课堂教学、利用丰富的课程资源开展启发式、讨论式、参与式等多元化教学等

前面讨论了自动控制系统的两种基本分析方法：时域分析法和频域分析法，掌握了这些基本方法，就可以对自动控制系统进行分析与计算。在工程实际中，当受控对象确定后，常常要求针对给定的受控对象和所要求的性能指标，来设计和选择控制器的结构和参数，这类问题是系统的综合或校正。

5.1 校正方式与装置

扫一扫看本节内容思维导图

扫一扫看校正方式与装置教学课件

5.1.1 校正概念

在系统性能分析的基础上，当系统动、稳态性能不能满足所要求的性能指标时，首先考虑的是调整系统的参数（如增益、时间常数等）。若调整参数仍不能满足系统各项性能指标要求，则需要在原有系统中有目的地添加一些装置和元件，人为地改变系统结构和改善系统性能，使之满足所要求的性能指标，这种方法称为系统校正。添加的装置和元件称为校正装置和校正元件。

系统中除校正装置外的部分称为系统的固有部分。系统的校正也就是根据系统固有部分的性能和对系统性能指标的要求，确定校正方式、校正装置结构和参数的过程。

5.1.2 校正方式

扫一扫看校正方式微课视频

根据校正装置在系统中所处的位置不同，分为串联校正、反馈校正、前馈校正和复合校正。

1．串联校正

串联校正是将校正装置 $G_c(s)$串联在系统的前向通道中，如图 5-1 所示。

在串联校正中，根据校正装置对系统开环频率特性相位的影响，可分为串联超前校正、串联滞后校正和串联滞后-超前校正等。

2．反馈校正

反馈校正是将校正装置 $G_c(s)$接在系统的局部反馈通道中，如图 5-2 所示。

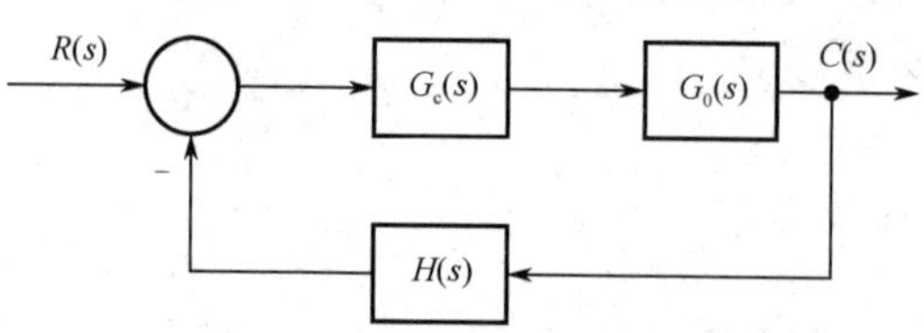

图 5-1　串联校正系统方框图

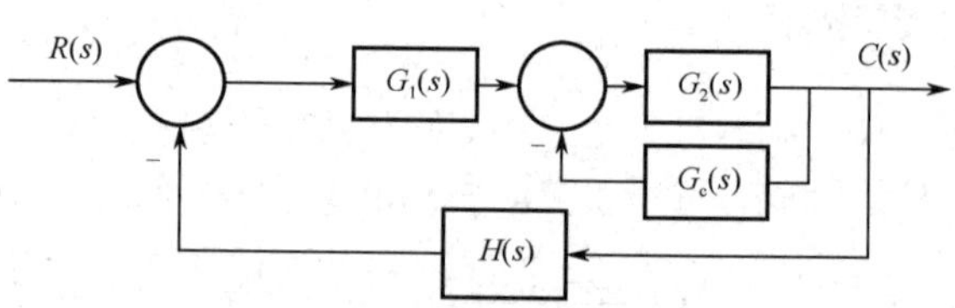

图 5-2　反馈校正系统方框图

在反馈校正中，根据校正是否经过微分环节，可分为软反馈校正和硬反馈校正。硬反馈校正的主体是比例环节，而软反馈校正的主体是微分环节。比例反馈在动、稳态过程中都要起作用，因此称为硬反馈；微分反馈仅在动态过程中起作用，因此称为软反馈。

3．前馈校正

前馈校正又称为顺馈校正，根据补偿采样源的不同，可分为给定前馈补偿校正和扰动前馈补偿校正，前馈校正如图 5-3 所示。前馈校正一般与反馈控制并用，组成复合控制系统。

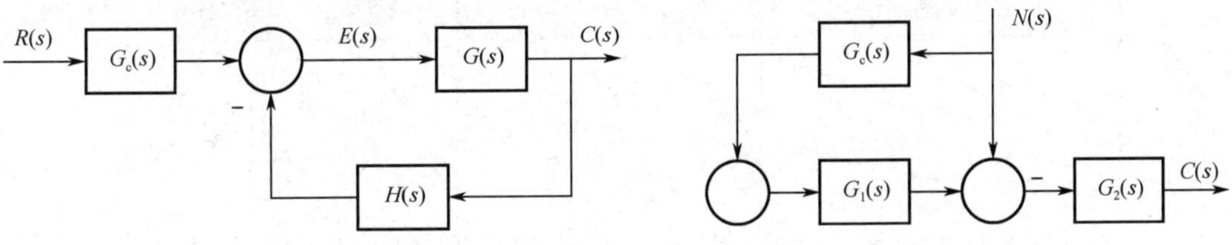

（a）按给定补偿的前馈补偿　　（b）按扰动补偿的前馈补偿

图 5-3　前馈校正系统方框图

4．复合校正

复合校正是在反馈控制回路中，加入前馈校正通道，组成一个有机整体，如图 5-4 所示。

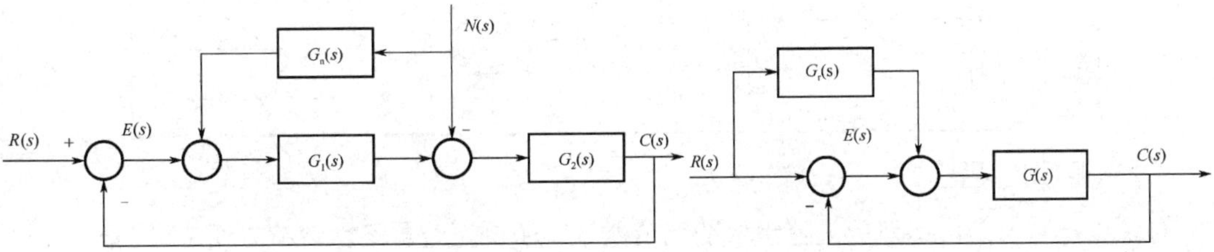

（a）具有扰动前馈补偿的复合控制　　（b）具有给定输入前馈补偿的复合控制

图 5-4　复合校正系统方框图

在自动控制系统设计中，选择何种校正方式，主要取决于系统结构的特点、系统中的信号性质、可供选用的元件、抗干扰性要求及其他条件。一般来说，串联校正比较经济，易于实现，且设计较简单，限于篇幅，本单元仅介绍串联校正。

5.1.3　校正装置

根据校正装置是否另接电源，分为无源校正装置和有源校正装置。

1．无源校正装置

无源校正装置通常是由电阻和电容元件组成的二端口网络。表 5-1 所示为三种常用无源校正装置。无源校正装置电路简单，无须外加电源；但它本身没有增益，其负载效应将会减弱校正作用。在实际使用中，常常需要附加隔离放大器。

表 5-1　常用无源校正装置

	相位滞后校正装置	相位超前校正装置	相位滞后-超前校正装置
RC 网络图	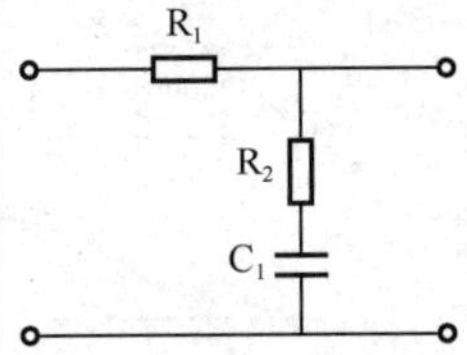	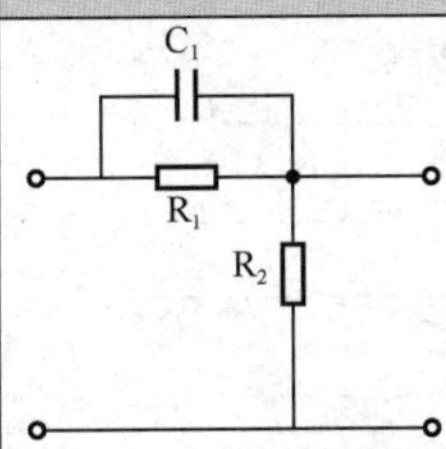	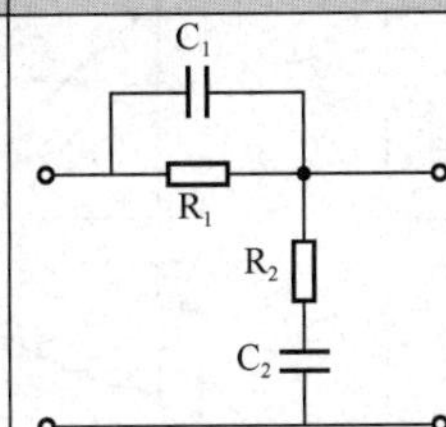

续表

	相位滞后校正装置	相位超前校正装置	相位滞后-超前校正装置
传递函数	$G(s)=\dfrac{\tau_1 s+1}{\tau_2 s+1}$ $\tau_1=R_2C_1$ $\tau_2=(R_1+R_2)C_1$ $\tau_1\leqslant\tau_2$	$G(s)=\dfrac{K(\tau_1 s+1)}{\tau_2 s+1}$ $K=\dfrac{R_2}{R_1+R_2}$ $\tau_1=R_1C_1$ $\tau_2=\dfrac{R_1R_2}{R_1+R_2}C_1$ $\tau_1\geqslant\tau_2$	$G(s)=\dfrac{(\tau_1 s+1)(\tau_2 s+1)}{(\tau_1 s+1)(\tau_2 s+1)+R_1C_2 s}$ $=\dfrac{(\tau s_1+1)(\tau_2 s+1)}{(\tau_1' s+1)(\tau_2' s+1)}$ $\tau_1=R_1C_1$ $\tau_2=R_2C_2$ $\tau_1<\tau_2$
对数频率特性曲线	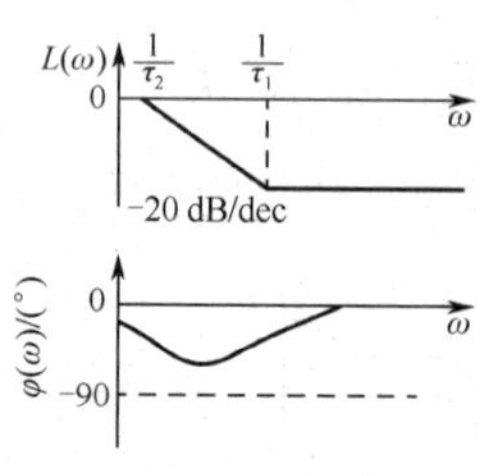	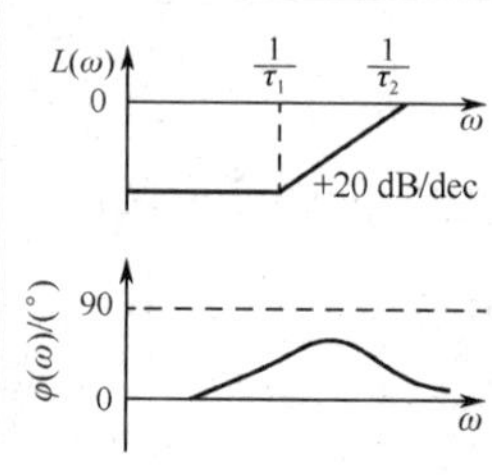	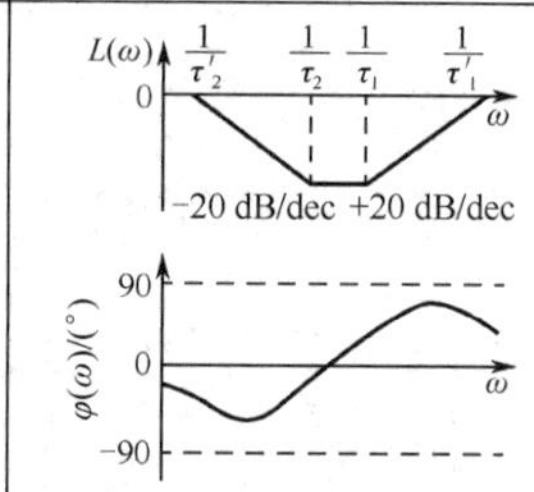

2．有源校正装置

有源校正装置是由运算放大器组成的调节器。有源校正装置参数调节方便，只要改变反馈阻抗，就可以很容易地改变校正装置的结构，因而得到了广泛应用。但它的缺点是线路较复杂，需要另外供给电源（通常需要正、负电压源）。表 5-2 所示为几种典型的有源校正装置。

表 5-2　几种典型的有源校正装置

	比例-积分（PI）调节器	比例-微分（PD）调节器
校正装置	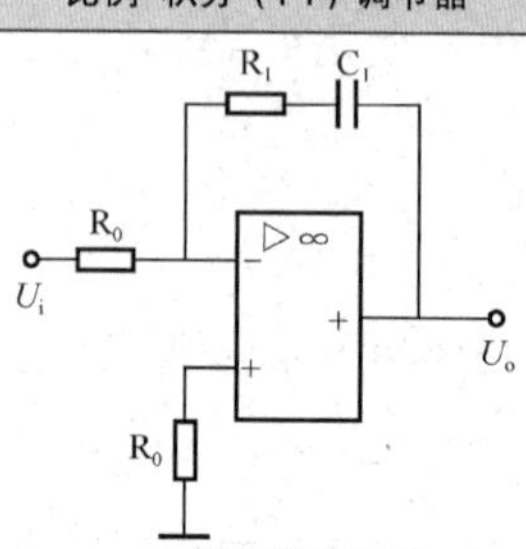 相位滞后校正	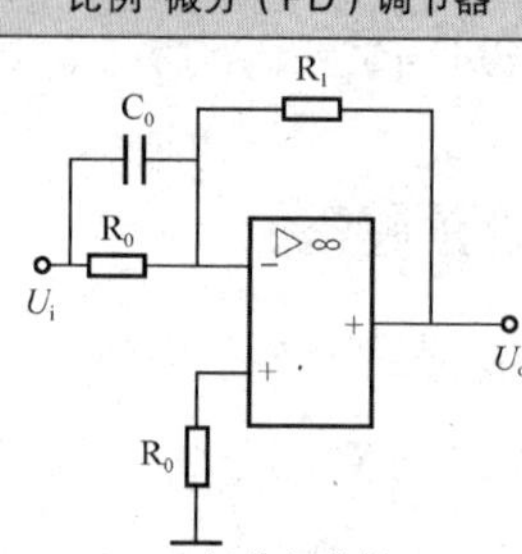 相位超前校正
传递函数	$\dfrac{U_o(s)}{U_i(s)}=-\dfrac{T_1 s+1}{T_2 s}=-\left(K+\dfrac{1}{T_2 s}\right)=-K\dfrac{T_1 s+1}{T_1 s}$ $K=\dfrac{R_1}{R_0}$，$T_1=R_1C_1$ $T_2=R_0C_1$	$\dfrac{U_o(s)}{U_i(s)}=-K(T_1 s+1)=-(T_2 s+K)$ $T_1=R_0C_0$，$K=\dfrac{R_1}{R_0}$ $T_2=R_1C_0$
对数频率特性曲线	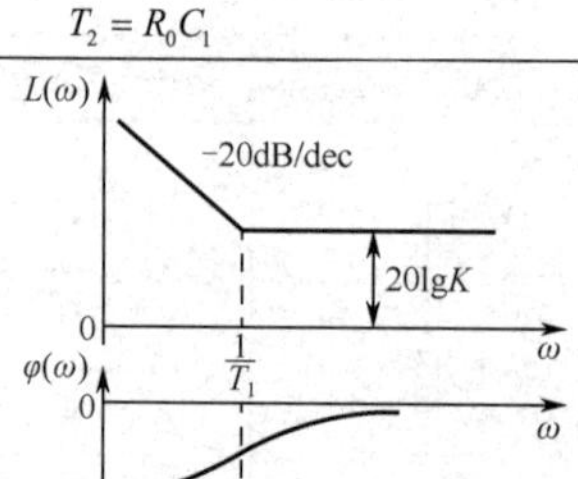	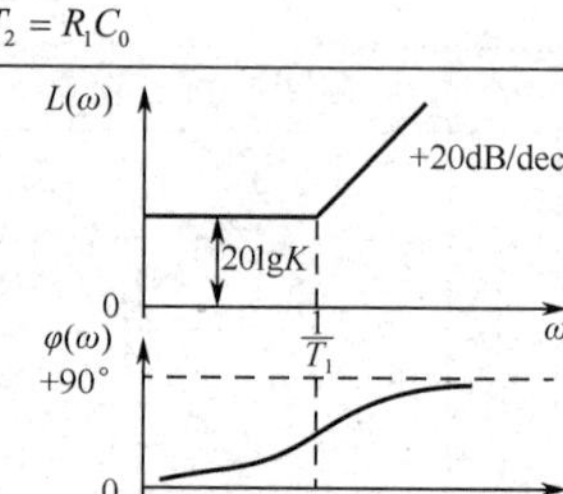

续表

	比例-积分-微分（PID）调节器（1）	比例-积分-微分（PID）调节器（2）
校正装置	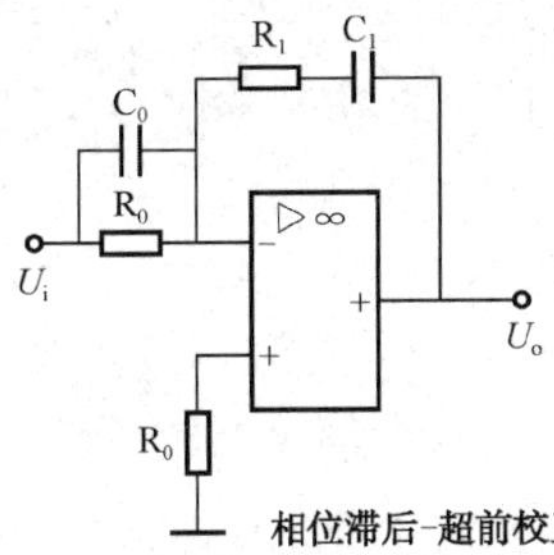 相位滞后-超前校正	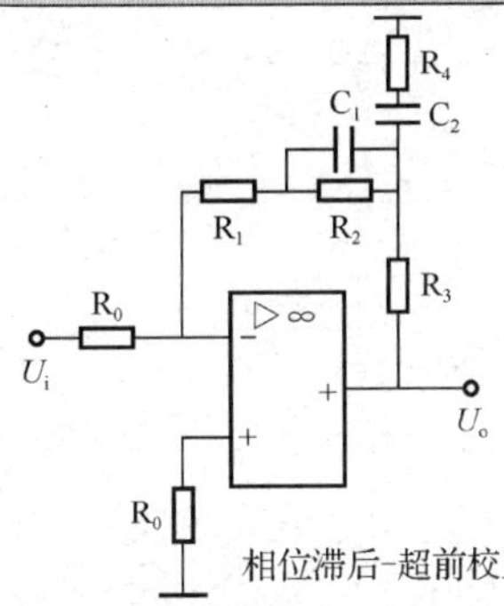 相位滞后-超前校正
传递函数	$\frac{U_o(s)}{U_i(s)}=-\frac{K(T_1s+1)(T_2s+1)}{T_1s}=-\left(K'+\frac{1}{T_1's}+T_2's\right)$ $T_1=R_1C_1$，$T_2=R_0C_0$ $T_1'=R_0C_1$，$K=\frac{R_1}{R_0}$ $T_2'=R_1C_0$，$K'=\left(\frac{R_1}{R_0}+\frac{C_0}{C_1}\right)$	$\frac{U_o(s)}{U_i(s)}=-\frac{K(T_2s+1)(T_3s+1)}{(T_1s+1)(T_4s+1)}$ $K=\frac{R_1+R_2+R_3}{R_0}$ $T_1=R_2C_1$，$T_2=\frac{R_1R_2}{R_1+R_2}C_1$ $T_3=(R_3+R_4)C_2$，$T_4=R_4C_2$ $(R_0 \gg R_3)$
对数频率特性曲线	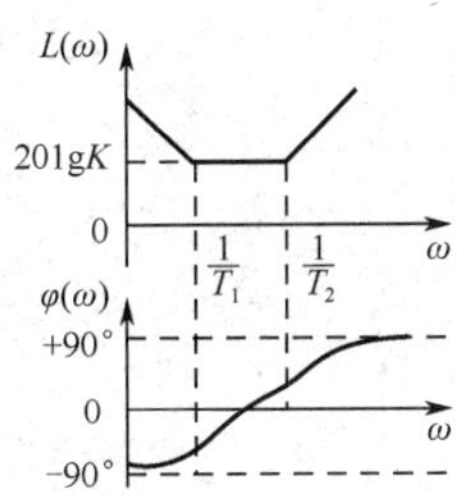	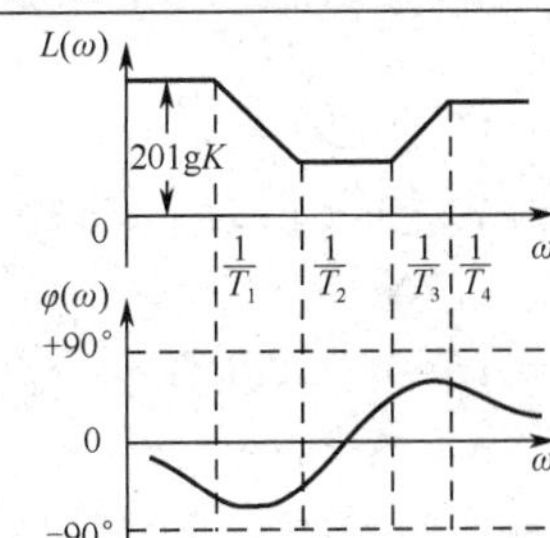 （h）

5.2　串联校正

扫一扫看本节内容思维导图

扫一扫看串联校正教学课件

5.2.1　串联超前校正

1. 串联超前校正装置

图 5-5（a）所示为常用的串联超前校正装置。假设该网络信号源的阻抗很小，可以忽略不计，而输出负载的阻抗为无穷大，则其传递函数为

$$G_c(s)=\frac{U_o(s)}{U_i(s)}=\frac{1+aTs}{a(1+Ts)} \tag{5-1}$$

令 $T=\frac{R_1R_2C}{R_1+R_2}$ 为时间常数，$a=\frac{R_1+R_2}{R_2}>1$ 为分度系数，由式（5-1）可得如下内容。

（1）采用串联超前校正装置进行串联校正时，整个系统的开环增益要下降 $\frac{1}{a}$，因此需要提高放大器增益加以补偿，如图 5-6 所示。这样串联超前校正装置的传递函数为

$$G_c(s)=\frac{1+aTs}{1+Ts} \tag{5-2}$$

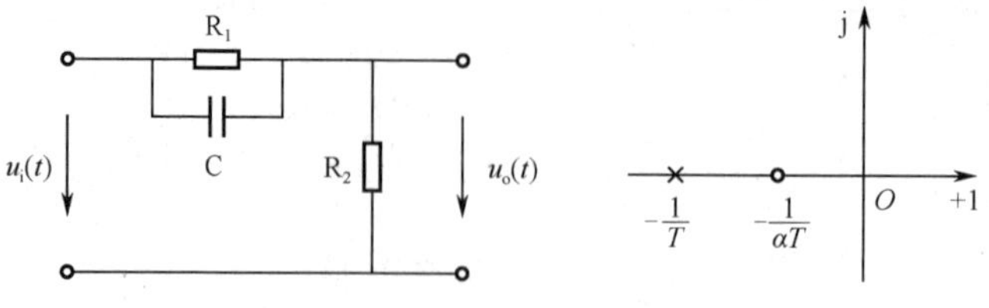

（a）RC网络图　　（b）零极点图

图5-5　串联超前校正装置

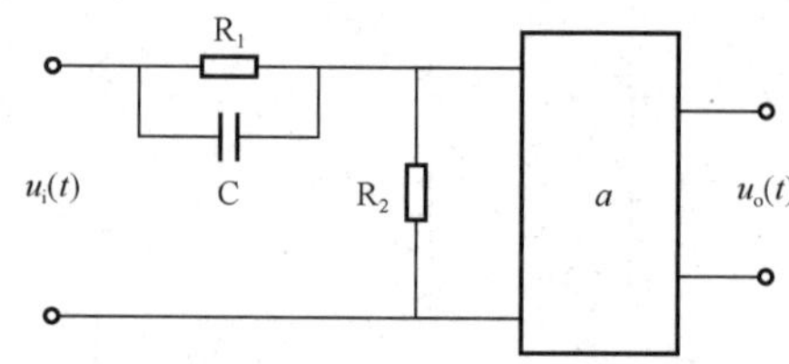

图5-6　带有附加放大器的串联超前校正装置

（2）串联超前校正装置的零极点图如图5-5（b）所示。由于$a>1$，故串联超前校正装置的负实零点总是位于负实极点之右，二者之间的距离由常数a决定。改变a和T（电路的参数R_1、R_2、C）的数值，串联超前校正装置的零极点可在s平面的负实轴任意移动。

串联超前校正装置的频率特性为

$$G_c(j\omega)=\frac{1+jaT\omega}{1+jT\omega} \tag{5-3}$$

其对数频率特性曲线如图5-7所示。两个转折频率$\omega_1=\frac{1}{aT}$、$\omega_2=\frac{1}{T}$，当$\omega>\omega_2$时，$L(\omega)=20\lg a$。

由式（5-3）得校正装置的相频特性为

$$\varphi_c(\omega)=\arctan(aT\omega)-\arctan(T\omega) \tag{5-4}$$

由于$a>1$，故当$0<\omega<\infty$时，$\varphi(\omega)>0$，也就意味着校正装置输出信号的相位总超前于输入信号的相位，故称为超前校正装置。

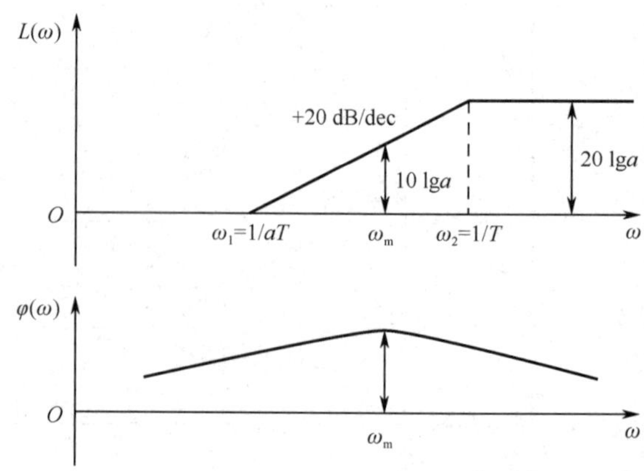

图5-7　超前校正装置的对数频率特性曲线

将式（5-4）求导并令其为零，得最大超前角频率为

$$\omega_m=\frac{1}{T\sqrt{a}}=\sqrt{\frac{1}{T}\cdot\frac{1}{aT}} \tag{5-5}$$

式（5-5）表明，ω_m正好处于转折频率$\frac{1}{aT}$与$\frac{1}{T}$的几何中心。

将式（5-5）代入式（5-4），得最大超前角为

$$\varphi_m=\arctan\frac{a-1}{2\sqrt{a}}=\arcsin\frac{a-1}{a+1} \tag{5-6}$$

由式（5-6）得分度系数为

$$a=\frac{1+\sin\varphi_m}{1-\sin\varphi_m} \tag{5-7}$$

由式（5-6）和式（5-7）可知，$a\uparrow\rightarrow\varphi_m\uparrow$。但$a$不能取得太大（为了保证较高的信噪比），$a$一般不超过20，当$a>20$时，$\varphi_m$的增加就不显著了。同时，$a$越大，需要增加的放

大倍数越大，校正环节的物理实现越困难。所以，一般 a 取 5～20，即用超前校正补偿的相位超前角一般不大于65°。如果需要大于65°的相位超前角，则需要两个超前校正装置串联来实现，并在所串联的两个装置之间加一个隔离放大器，以消除它们之间的负载效应。

2．串联超前校正装置设计

串联超前校正的基本原理是利用串联超前校正装置的相位超前特性来增大系统的相角裕度，以达到改善系统平稳性的目的。因此，要求串联超前校正装置的最大相位超前角出现在校正后系统的幅值穿越频率处。

用频率法对系统进行串联超前校正的一般步骤如下。

（1）首先根据系统稳态误差的要求，确定开环增益 K。

（2）根据所确定的开环增益 K，绘制出未校正系统的对数频率特性曲线，计算未校正系统的相角裕度 γ。

（3）由给定的相角裕度 γ''，计算串联超前校正装置提供的相位超前量 φ，即

$$\varphi = \varphi_m = \gamma'' - \gamma + \varepsilon \tag{5-8}$$

式中，ε 是用于补偿因串联超前校正装置的引入，使系统幅值穿越频率增大而增加的相角滞后量。ε 通常是估计的，如果未校正系统的开环对数幅频特性在幅值穿越频率处的斜率为−40 dB/dec，则取 $\varepsilon = 5° \sim 10°$；如果斜率为−60 dB/dec，则取 $\varepsilon = 15° \sim 20°$。

（4）根据所确定的最大相位超前角 φ_m，按式（5-7）计算出 a。

（5）计算串联超前校正装置在 ω_m 处的幅值 $10\lg a$。由未校正系统的对数幅频特性曲线，求得其幅值为 $-10\lg a$ 处的频率，该校正装置的最大超前角频率 ω_m 就是校正后系统的幅值穿越频率 ω_c''，即 $\omega_c'' = \omega_m$，以保证系统的响应速度，并充分利用串联超前校正装置的相角超前特性。

（6）根据选定的 ω_m 确定串联超前校正装置的转折频率：

$$\omega_1 = \frac{1}{aT} = \frac{\omega_m}{\sqrt{a}}，\quad \omega_2 = \frac{1}{T} = \omega_m\sqrt{a} \tag{5-9}$$

（7）绘制出校正后系统的对数频率特性曲线，并验算相角裕度是否满足要求，如果不满足，则需要增大 ε，从步骤（3）开始重新进行计算。

【实例 5-1】 某单位反馈系统的开环传递函数为 $G(s) = \dfrac{4K}{s(s+2)}$，设计一个串联超前校正装置，使校正后系统的静态速度误差系数 $K_v = 20\ \mathrm{s}^{-1}$，相角裕度 $\gamma \geqslant 50°$，幅值裕度 $20\lg h$ 不小于 10 dB。

解：（1）根据对静态速度误差系数的要求，确定 K

$$K_v = \lim_{s\to 0} s\frac{4K}{s(s+2)} = 2K = 20，\quad K = 10$$

当 $K = 10$ 时，未校正系统的开环频率特性为

$$G(\mathrm{j}\omega) = \frac{40}{\mathrm{j}\omega(\mathrm{j}\omega+2)} = \frac{20}{\omega\sqrt{1+\left(\frac{\omega}{2}\right)^2}}\mathrm{e}^{-\mathrm{j}(\frac{\pi}{2}+\arctan\frac{\omega}{2})}$$

（2）绘制未校正系统的对数频率特性曲线，如图 5-8 所示。令 $\dfrac{20}{\omega_c\sqrt{1+\left(\dfrac{\omega_2}{2}\right)^2}}=1$，可求得未校正系统的幅值穿越频率 $\omega_c=6.17$，故相角裕度为

$$\gamma=180^\circ-90^\circ-\arctan\frac{\omega_c}{2}=18^\circ$$

（3）根据相角裕度的要求确定串联超前校正装置的最大相位超前角为

$$\varphi_m=\gamma''-\gamma+\varepsilon=50^\circ-18^\circ+6^\circ=38^\circ$$

（4）由式（5-7）求得

$$a=\frac{1+\sin\varphi_m}{1-\sin\varphi_m}=\frac{1+\sin 38^\circ}{1-\sin 38^\circ}=4.2$$

（5）串联超前校正装置在 ω_m 处的对数幅值为

$$10\lg a=10\lg 4.2=6.2\ \text{dB}$$

在未校正系统的开环对数幅频特性曲线上找到幅值为 −6.2 dB 对应的频率 $\omega=\omega_m=9\ \text{s}^{-1}$，这一频率就是校正后系统的幅值穿越频率 ω_c''。

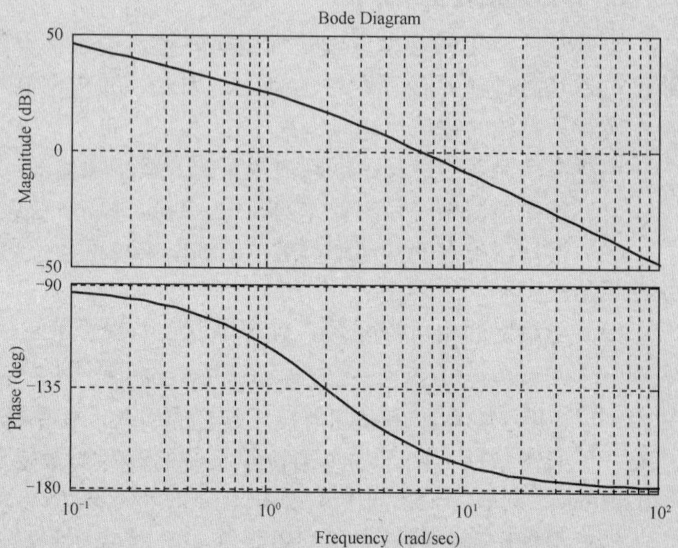

图 5-8　未校正系统的对数频率特性曲线

（6）计算串联超前校正装置的转折频率。

由式（5-9）求得

$$\omega_1=\frac{\omega_m}{\sqrt{a}}=\frac{9}{\sqrt{4.2}}=4.4,\quad \omega_2=\omega_m\sqrt{a}=9\sqrt{4.2}=18.4$$

进一步算出 $T=\dfrac{1}{\omega_2}=\dfrac{1}{18.4}=0.054$，$aT=4.2\times0.054=0.227$，故校正装置传递函数为

$$G_c(s)=\frac{1+0.227s}{1+0.054s}$$

（7）校正后系统的开环传递函数为

$$G_c(s)G_o(s)=\frac{4.2\times40(s+4.4)}{(s+18.4)s(s+2)}=\frac{20(1+0.227s)}{s(1+0.5s)(1+0.054s)}$$

校正后系统的对数频率特性曲线如图 5-9 所示，从图中可看出，校正后系统相角裕度 $\gamma''=50.7^\circ$，满足设计要求。

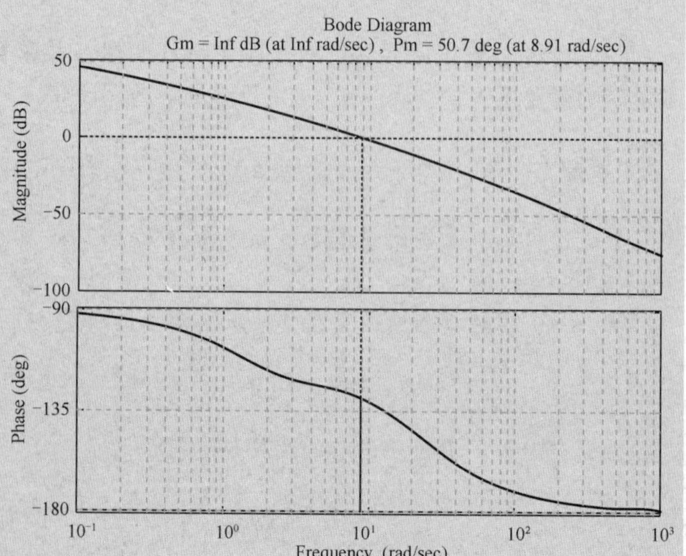

图 5-9　校正后系统的对数频率特性曲线

基于上述分析，可知串联超前校正有如下特点。

（1）串联超前校正主要对未校正系统的中频段进行校正，使校正后系统的中频段幅值的斜率为-20 dB/dec，且有足够大的相角裕度。

（2）串联超前校正会使系统动态响应速度变快。由实例 5-1 可知，校正后系统的幅值穿越频率由未校正前的 6.3 增大到 9。这表明校正后，系统的通频带变宽，动态响应速度变快；但系统抗高频噪声的能力变差。对此，在串联超前校正装置设计时必须注意。

（3）串联超前校正一般虽能较有效地改善动态性能，但未校正系统的相频特性在幅值穿越频率附近急剧下降时，由幅值穿越频率的增加而带来的系统相角滞后量，将超过由串联超前校正装置的相位超前特性引起的系统相角超前量，故此时，若用单级超前校正网络去校正，则收效不大。

（4）串联超前校正主要用于稳态性能已符合要求，需要改善动态性能的场合。

5.2.2　串联滞后校正

1. 串联滞后校正装置

图 5-10（a）所示为常用的串联滞后校正装置。如果信号源的内部阻抗为零，负载阻抗为无穷大，则其传递函数为

$$G_c(s)=\frac{U_o(s)}{U_i(s)}=\frac{1+bTs}{1+Ts} \tag{5-10}$$

令 $T=(R_1+R_2)C$ 为时间常数，$b=\dfrac{R_2}{R_1+R_2}<1$ 为分度系数，串联滞后校正装置的频率特性为

$$G_c(\mathrm{j}\omega)=\frac{1+\mathrm{j}bT\omega}{1+\mathrm{j}T\omega} \tag{5-11}$$

其对数频率特性曲线如图 5-11 所示。两个转折频率 $\omega_1=\dfrac{1}{T}$、$\omega_2=\dfrac{1}{bT}$，当 $\omega>\omega_2$ 时，$L(\omega)=20\lg b$。

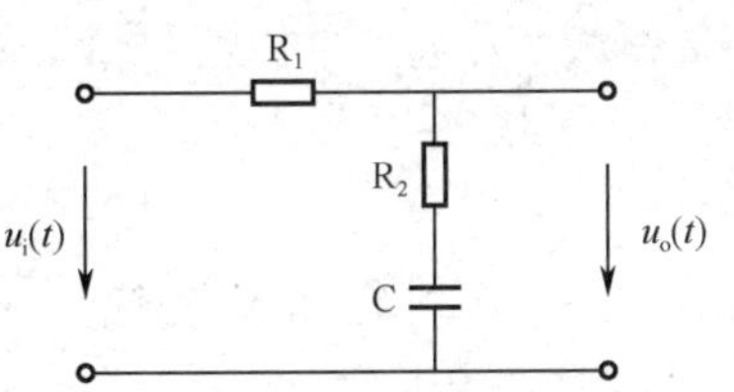

（a）RC网络图

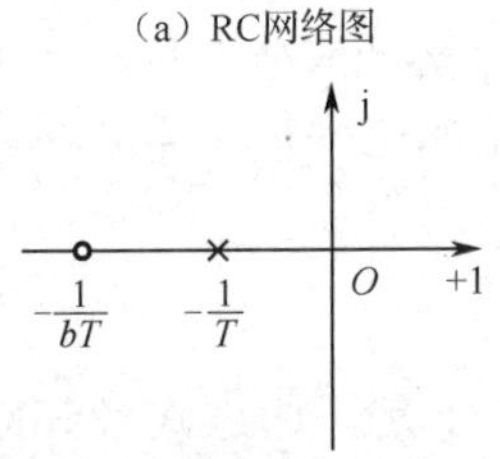

（b）零极点图

图 5-10　串联滞后校正装置

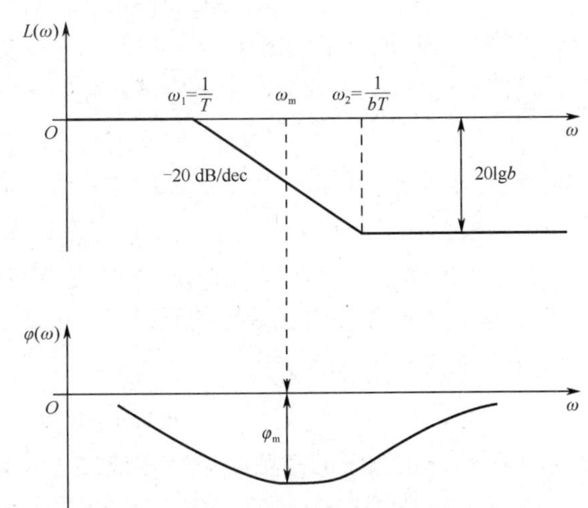

图 5-11　串联滞后校正装置的对数频率特性曲线

由图 5-11 可见，校正装置输出量的相位总滞后于输入量的相位，故称为滞后校正装置。它具有以下特点。

（1）与串联超前校正装置相比，串联滞后校正装置在 $\omega < \frac{1}{T}$ 时，对信号没有衰减作用；$\frac{1}{T} < \omega < \frac{1}{bT}$ 时，对信号有积分作用，呈滞后特性；$\omega > \frac{1}{bT}$ 时，对信号衰减作用为 $20\lg b$，b 越小，衰减作用越大。

（2）同串联超前校正装置一样，串联滞后校正装置的最大滞后角也发生在 $\frac{1}{T}$ 与 $\frac{1}{bT}$ 的几何中心，称为最大滞后角频率，计算公式为

$$\omega_{\mathrm{m}} = \frac{1}{T\sqrt{b}} \tag{5-12}$$

串联滞后校正装置的最大滞后角为

$$\varphi_{\mathrm{m}} = \arcsin\frac{1-b}{1+b} \tag{5-13}$$

（3）串联滞后校正不是利用校正装置的相位滞后特性，而是利用其高频幅值衰减的特性，使系统开环频率特性的中频段和高频段增益降低，幅值穿越频率 ω_{c} 减小，从而有可能使系统获得足够大的相角裕度。在幅值穿越频率 ω_{c} 处，串联滞后校正装置会产生一定的滞后角。为了使这个滞后角尽可能小，理论上希望 $G_{\mathrm{c}}(s)$ 的两个转折频率 ω_1、ω_2 比 ω_{c} 越小越好，但考虑实际物理实现上的可行性，一般取 $\omega_2 = \frac{1}{bT} = (0.25\sim0.1)\omega_{\mathrm{c}}$ 为宜。

2．串联滞后校正装置的设计

用频率法对系统进行串联滞后校正的一般步骤如下。

（1）首先根据稳态性能要求，确定系统开环增益 K。

（2）利用已确定的开环增益，绘制未校正系统的对数频率特性曲线，确定未校正系统的幅值穿越频率 ω_{c}、相角裕度 γ 和幅值裕度 $h(\mathrm{dB})$。

（3）选择不同的 ω_{c}''，计算或查出不同的 γ，并绘制出 $\gamma(\omega_{\mathrm{c}}'')$ 曲线。

（4）根据相角裕度 γ'' 的要求，选择校正后系统的幅值穿越频率 ω_{c}''；考虑串联滞后校正装置在新幅值穿越频率 ω_{c}'' 处会产生一定的相角滞后 $\varphi_{\mathrm{c}}(\omega_{\mathrm{c}}'')$，因此

$$\gamma'' = \gamma(\omega_{\mathrm{c}}'') + \varphi_{\mathrm{c}}(\omega_{\mathrm{c}}'') \tag{5-14}$$

式中，γ'' 为系统所要求的相角裕度；$\varphi_{\mathrm{c}}(\omega_{\mathrm{c}}'')$ 的估计值相应在-6°～-14°范围变化，一般可先取为-6°。根据式（5-14）的计算结果，在 $\gamma(\omega_{\mathrm{c}}'')$ 曲线上可查出相应的 ω_{c}''。

（5）确定串联滞后校正装置参数 b 和 T。要保证校正后系统的幅值穿越频率为上面所选的 ω_{c}''，就必须使串联滞后校正装置的衰减量 $20\lg b$ 在数值上等于未校正系统在新幅值穿越频率 ω_{c}'' 上的对数幅值 $L'(\omega_{\mathrm{c}}'')$，即

$$20\lg b + L'(\omega_{\mathrm{c}}'') = 0 \tag{5-15}$$

$L'(\omega_{\mathrm{c}}'')$ 在未校正系统的对数幅频特性曲线上可以查出，于是，通过式（5-15）可以算出 b。由已确定的 b，根据式（5-16）可以算出串联滞后校正装置的 T。注意：求得的 T 不

能过大，否则难以实现。

$$\frac{1}{bT}=(0.1\sim0.25)\omega_c'' \qquad (5\text{-}16)$$

（6）验算校正后系统的相角裕度和幅值裕度。

【实例 5-2】 系统方框图如图 5-12 所示。要求校正后系统的静态速度误差系数等于 30 s^{-1}，相角裕度不低于 40°，幅值裕度不小于 10 dB，幅值穿越频率不小于 2.3 rad/s，设计串联校正装置。

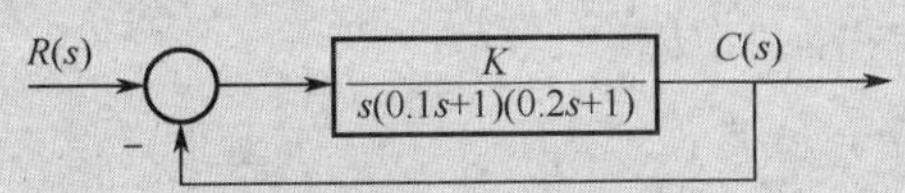

图 5-12　实例 5-2 系统方框图

解：（1）首先确定开环增益

$$K_v=\lim_{s\to0}sG(s)=K=30$$

（2）未校正系统的开环传递函数为

$$G(s)=\frac{30}{s(0.1s+1)(0.2s+1)}$$

绘制出未校正系统的对数频率特性曲线，如图 5-13 所示。

由图可得 $\omega_c=9.77\ \text{rad/s}$，$\gamma=-17.2^\circ$。很显然未校正系统不稳定，且幅值穿越频率远大于要求值。在这种情况下，采用串联超前校正是无效的。

考虑本实例对系统幅值穿越频率要求不大，故选用串联滞后校正可以满足需要的性能指标。

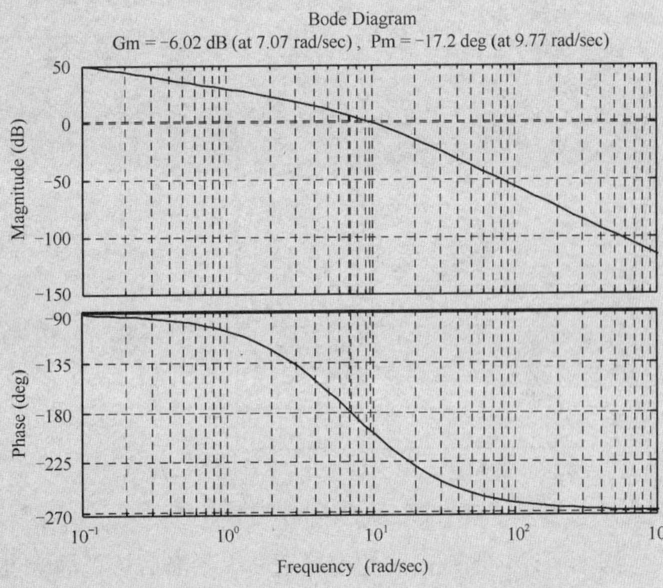

图 5-13　未校正系统的对数频率特性曲线

（3）计算 $\gamma(\omega_c'')=90^\circ-\arctan(0.1\omega_c'')-\arctan(0.2\omega_c'')$。

绘制 $\gamma(\omega_c'')$ 曲线，如图 5-14 所示。根据 $\gamma''\geqslant40^\circ$，取 $\varphi_c(\omega_c'')=-6^\circ$，由式（5-14）可得 $\gamma(\omega_c'')=\gamma''-\varphi_c(\omega_c'')=40^\circ-(-6^\circ)=46^\circ$。

在图 5-14 中可查得，当 $\omega_c''=2.7\ \text{rad/s}$ 时，$\gamma(2.7)=46.5^\circ$ 可满足要求。由于性能指标要求 $\omega_c''\geqslant2.3\ \text{rad/s}$，故 ω_c'' 可在 2.3～2.7 rad/s 范围内任取。考虑 ω_c'' 取值较大时，校正后系统响应速度较快，串联滞后校正装置时间常数 T 较小，便于实现，故选取 $\omega_c''=2.7\ \text{rad/s}$。在图 5-13 上可查出 $L'(\omega_c'')=19.4\ \text{dB}$。

（4）计算串联滞后校正装置参数。由式（5-15）可得 b=0.107，利用式（5-16）得，$\frac{1}{bT}=0.1\omega_c''$，$T=\frac{1}{0.1\omega_c''b}=34.6\ \text{s}$，$bT$=3.7 s，则串联滞后校正装置的传递函数为

$$G_c(s)=\frac{1+bTs}{1+Ts}=\frac{1+3.7s}{1+34.6s}$$

（5）验算指标（相角裕度和幅值裕度）

$$\varphi_c(\omega_c'')=\arctan(bT\omega'')-\arctan(T\omega'')=\arctan\frac{(b-1)T\omega_c''}{1+b(T\omega_c'')^2}=-5.21^\circ$$

$$\gamma''=\gamma(\omega_c'')+\varphi_c(\omega_c'')=46.5^\circ-5.2^\circ=41.3^\circ>40^\circ$$

故满足要求。

设校正后的相位穿越频率为 ω_x''，求得 $\omega_x''=6.8\,\text{rad/s}$，幅值裕度 $h(\text{dB})=-20\lg\left|G_c(j\omega_x'')G_o(j\omega_x'')\right|=12.7\,\text{dB}>10\,\text{dB}$。

从校正后系统的对数频率特性曲线（见图 5-15）可看出，校正后的相角裕度为 41.1°，幅值裕量为 12.7 dB，均满足性能指标要求，幅值和相位穿越频率分别为 2.73 rad/s 和 6.81 rad/s，都能满足要求。

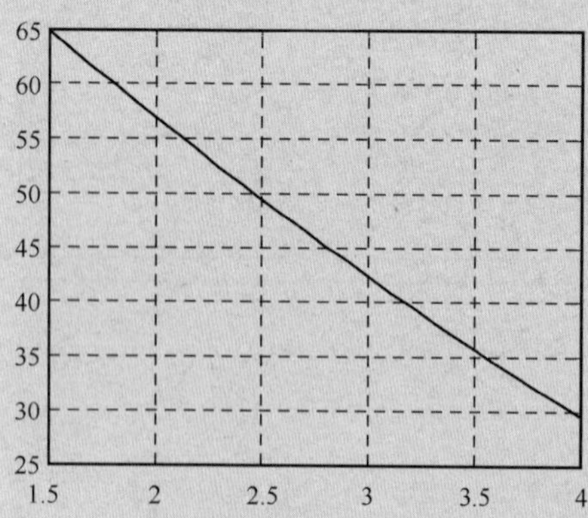

图 5-14 幅值穿越频率与相位裕量关系曲线

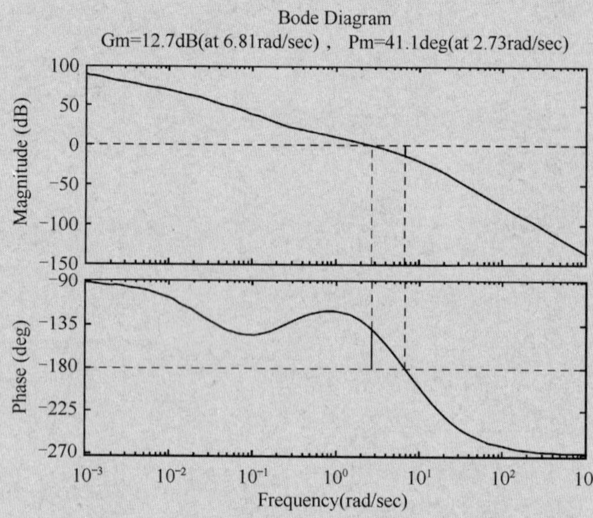

图 5-15 校正后系统的对数频率特性曲线

综上所述，比较串联超前校正和串联滞后校正的特点如下。

（1）串联超前校正是利用串联超前校正装置的相角超前特性对系统进行校正，而串联滞后校正则是利用串联滞后校正装置幅值的高频衰减特性。

（2）用频率法进行串联超前校正，旨在提高开环对数幅频渐进线在幅值穿越频率处的斜率（由−40 dB/dec 提高到−20 dB/dec）和相角裕量，并拓宽系统的通频带。通频带的变宽意味着校正后的系统响应速度变快，调整时间缩短。

（3）对于同一系统，串联超前校正的通频带一般总比串联滞后校正宽，因此，如果要求校正后系统具有宽通频带和良好的瞬态响应，则采用串联超前校正。当噪声电平较高时，显然通频带越宽的系统抗噪声干扰的能力也越差。对于这种情况，宜采用串联滞后校正。

（4）串联超前校正需要附加一个放大器，以补偿串联超前校正装置对系统增益的衰减。

（5）在系统响应速度要求不高而抑制噪声电平性能要求较高的情况下，可考虑采用串联滞后校正，在有些应用方面，采用串联滞后校正可能得出时间常数大到不能实现的结果。

（6）串联滞后校正虽然能改善系统的静态精度，但它促使系统的通频带变窄，瞬态响应速度变慢。如果要求校正后系统既有快速的瞬态响应，又有高的静态精度，则应采用串联滞后-超前校正。

5.2.3 串联滞后-超前校正

1. 滞后-超前校正装置

图 5-16（a）所示为常用的串联滞后-超前校正装置，传递函数为

$$G_c(s)=\frac{(T_a s+1)(T_b s+1)}{(T_1 s+1)(T_2 s+1)} \tag{5-17}$$

式中，$T_a=R_1C_1$；$T_b=R_2C_2$，设 $T_1>T_a$，$\frac{T_a}{T_1}=\frac{T_2}{T_b}=\frac{1}{a}$，$a>1$，则有 $T_1=aT_a$，$T_2=\frac{T_b}{a}$。

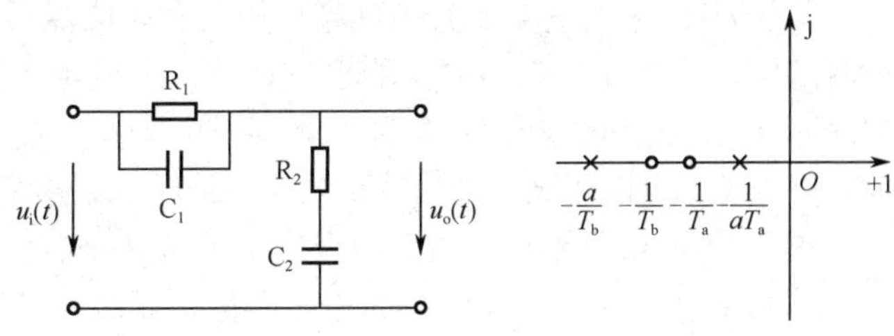

（a）RC网络图　　（b）零极点图

图 5-16　串联滞后-超前校正装置

令 $aT_a+\frac{T_b}{a}=T_a+T_b+R_1C_2$，则 a 是该方程的解。

因此式（5-17）表示为

$$G_c(s)=\frac{(T_a s+1)(T_b s+1)}{(aT_a s+1)\left(\frac{T_b}{a}s+1\right)} \tag{5-18}$$

频率特性为

$$G_c(j\omega)=\frac{(jT_a\omega+1)(jT_b\omega+1)}{(jaT_a\omega+1)\left(j\frac{T_b}{a}\omega+1\right)} \tag{5-19}$$

绘制的串联滞后-超前校正装置的对数频率特性曲线如图 5-17 所示。

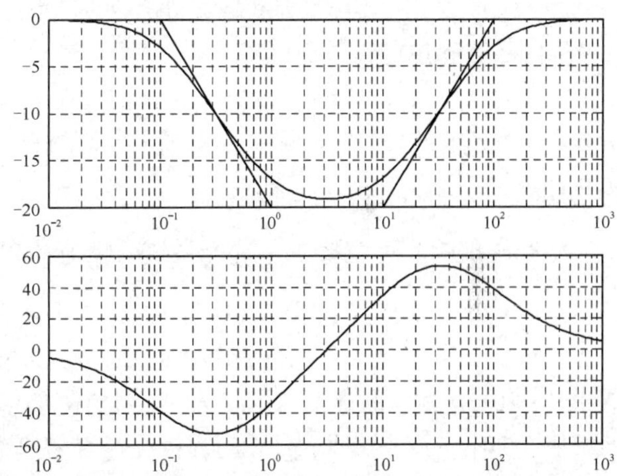

图 5-17　串联滞后-超前校正装置的对数频率特性曲线

下面求相角为零时的角频率 ω_1。

由 $\varphi(\omega_1)=\arctan(T_a\omega_1)+\arctan(T_b\omega_1)-\arctan(aT_a\omega_1)-\arctan\left(\frac{T_b}{a}\omega_1\right)$

$$=\arctan\frac{(T_a+T_b)\omega_1}{1-T_aT_b\omega_1^2}-\arctan\frac{\left(aT_a+\frac{T_b}{a}\right)\omega_1}{1-aT_a\frac{T_b}{a}\omega_1^2}=0$$

得到

$$T_aT_b\omega_1^2=1$$

则

$$\omega_1=\frac{1}{\sqrt{T_aT_b}} \tag{5-20}$$

$\omega < \omega_1$ 频段，具有相位滞后特性；$\omega > \omega_1$ 频段，具有相位超前特性。

由此得到串联滞后-超前校正的特点：可以充分发挥串联超前校正和串联滞后校正各自的优点，全面提高系统的动、稳态性能；滞后特性应设置在低频段，用来提高系统的放大系数；超前特性应设置在中频段，用来增大相角裕量及幅值穿越频率。

2．串联滞后-超前校正装置设计

串联滞后-超前校正兼有串联超前校正和串联滞后校正的优点，校正系统响应速度快，超调量小，抑制高频噪声的性能也较好。当未校正系统不稳定，且对校正后系统的动、稳态性能（响应速度、相角裕量和稳态误差）均有较高要求时，仅采用上述串联超前校正或串联滞后校正难以达到预期的校正效果。此时宜采用串联滞后-超前校正。

串联滞后-超前校正实质上综合应用了串联超前校正和串联滞后校正的特点，即利用校正装置的超前部分来增大系统的相角裕量，以改善其动态性能；利用滞后部分来改善系统的稳态性能，二者分工明确，相辅相成。

串联滞后-超前校正装置的设计步骤如下。

（1）根据稳态性能要求，确定开环增益 K。

（2）绘制未校正系统的对数幅频特性曲线，求出未校正系统的幅值穿越频率 ω_c、相角裕量 γ 及幅值裕量 h(dB) 等。

（3）在未校正系统的对数幅频特性曲线上，选择斜率从−20 dB/dec 变为−40 dB/dec 的转折频率作为超前部分的转折频率 ω_b，这样可以降低校正后系统的阶次，并且可保证中频段斜率为−20 dB/dec，并占据较宽的通频带。

（4）根据响应速度要求，选择系统的幅值穿越频率 ω_c'' 和校正装置的衰减因子 $\frac{1}{a}$；要保证校正后系统的幅值穿越频率为所选的 ω_c''，下列等式应成立：

$$-20\lg a + L'(\omega_c'') + 20\lg T_b\omega_c'' = 0 \tag{5-21}$$

式中，$-20\lg a$ 为串联滞后-超前校正装置贡献的幅值衰减的最大值；$L'(\omega_c'')$ 为未校正系统的幅值；$20\lg T_b\omega_c''$ 为串联滞后-超前校正装置超前部分在 ω_c'' 处贡献的幅值。

$L'(\omega_c'') + 20\lg T_b\omega_c''$ 可由未校正系统对数幅频特性的−20 dB/dec 延长线在 ω_c'' 处的数值确定。因此，由式（5-21）可求出 a。

（5）根据相角裕度要求，估算校正装置滞后部分的转折频率 ω_a。

（6）校验校正后开环系统的各项性能指标。

【实例 5-3】 未校正系统的开环传递函数为 $G_0(s)=\dfrac{K_v}{s\left(\frac{1}{6}s+1\right)\left(\frac{1}{2}s+1\right)}$。试设计校正装置，使系统满足下列性能指标：（1）在最大指令速度为 $180^\circ\,s^{-1}$ 时，位置滞后误差不超过 1°。（2）相角裕度为 $45^\circ\pm3^\circ$。（3）幅值裕度不低于 10 dB。（4）过渡过程调节时间不超过 3 s。

解：（1）确定开环增益。$K = K_v = 180\,s^{-1}$。

（2）绘制未校正系统的对数幅频特性曲线，如图 5-18 所示。由图可得未校正系统的幅值穿越频率 $\omega_c = 12.4$ rad/s，$\gamma = -55.1^\circ$，$\omega_x = 3.46$ rad/s，$h(\text{dB}) = -27$ dB。

表明未校正系统不稳定。

（3）校正类型选择分析。

① 本实例如果采用串联超前校正，则要将未校正系统的相角裕量从$-55^\circ \to 45^\circ$，至少选用两级串联超前网络。显然，校正后系统的幅值穿越频率将过大，可能超过 25 rad/s，系统通频带过宽，造成输出噪声电平过高；需要附加前置放大器，从而使系统结构复杂化。

② 如果采用串联滞后校正，则可以使系统的相角裕量提高到45°左右，但串联滞后校正装置时间常数太大，$\omega_c''=1$，$L'(\omega_c'')=45.1\ \text{dB}$，由$20\lg b+L'(\omega_c'')=0$计算出$b=\dfrac{1}{200}$、$\dfrac{1}{bT}=\dfrac{\omega_c''}{10}$，得到 T=2000 s，无法实现。串联滞后校正极大地减小了系统的幅值穿越频率，使得系统的响应迟缓，使响应速度指标不满足要求。

（4）设计串联滞后–超前校正。

上述分析表明，纯串联超前校正和纯串联滞后校正都不宜采用。研究图 5-18 可以发现（把−20 dB/dec 变为−40 dB/dec 的转折频率作为校正装置超前部分的转折频率ω_b），$\omega_b=2$，于是未校正系统对数幅频特性在$\omega\leqslant 6\ \text{rad/s}$区间，其斜率均为−20 dB/dec。

根据校正后$\gamma''=45^\circ$，$t_s\leqslant 3\ \text{s}$的要求，选择校正后系统的幅值穿越频率ω_c''。由于$k=2+1.5\left(\dfrac{1}{\sin\gamma}-1\right)+2.5\left(\dfrac{1}{\sin\gamma}-1\right)^2=3.05$，$t_s=\dfrac{k\pi}{\omega_c''}$得到$\omega_c''=\dfrac{k\pi}{t_s}$，又因为$t_s\leqslant 3\ \text{s}$，故校正后系统的幅值穿越频率$\omega_c''\geqslant 3.2\ \text{rad/s}$。

考虑中频段斜率为−20 dB/dec，故ω_c''应在3.2～6范围内选取。由于ω_c''以−20 dB/dec 的中频段应占据一定宽度，故选$\omega_c''=3.5\ \text{rad/s}$，相应的$L'(\omega_c'')+20\lg T_b\omega_c''=34\ \text{dB}$（可从图 5-18 得到，也可计算得出）。

由$-20\lg a+L'(\omega_c'')+20\lg T_b\omega_c''=0$得到 a=50，此时，串联滞后–超前校正装置的传递函数为

$$G_c(s)=\frac{\left(1+\dfrac{s}{\omega_a}\right)\left(1+\dfrac{s}{\omega_b}\right)}{\left(1+\dfrac{s}{\dfrac{\omega_a}{a}}\right)\left(1+\dfrac{s}{a\omega_b}\right)}=\frac{\left(1+\dfrac{s}{\omega_a}\right)\left(1+\dfrac{s}{2}\right)}{\left(1+\dfrac{50s}{\omega_a}\right)\left(1+\dfrac{s}{100}\right)}$$

（5）根据相角裕度要求，估算校正装置滞后部分的转折频率ω_a：

$$G_c(\text{j}\omega)G_0(\text{j}\omega)=\frac{180\left(1+\dfrac{\text{j}\omega}{\omega_a}\right)}{\text{j}\omega\left(1+\dfrac{\text{j}\omega}{6}\right)\left(1+\dfrac{50\text{j}\omega}{\omega_a}\right)\left(1+\dfrac{\text{j}\omega}{100}\right)}$$

校正后系统的相角裕度为

$$\gamma''=180^\circ+\arctan\frac{\omega_c''}{\omega_a}-90^\circ-\arctan\frac{\omega_c''}{6}-\arctan\frac{50\omega_c''}{\omega_a}-\arctan\frac{\omega_c''}{100}$$

$$=57.7^{\circ}+\arctan\frac{3.5}{\omega_{a}}-\arctan\frac{175}{\omega_{a}}$$

$\omega_{a}=0.78\ \text{rad/s}$，校正装置的传递函数为

$$G_{c}(s)=\frac{\left(1+\dfrac{s}{0.78}\right)\left(1+\dfrac{s}{2}\right)}{\left(1+\dfrac{50s}{0.78}\right)\left(1+\dfrac{s}{100}\right)}=\frac{(1+1.28s)(1+0.5s)}{(1+64s)(1+0.01s)}$$

校正后系统的传递函数为

$$G_{c}(s)G_{0}(s)=\frac{180(1+1.28s)}{s(1+0.167s)(1+64s)(1+0.01s)}$$

（6）验算指标。绘制出校正后系统的对数频率特性曲线，由图 5-19 可知，$\gamma''=46.4^{\circ}$，$h''=28.1\ \text{dB}$，满足要求。

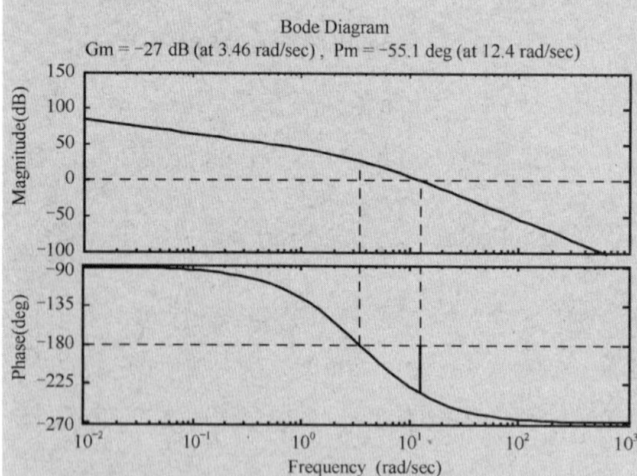

图 5-18　未校正系统的对数幅频特性曲线

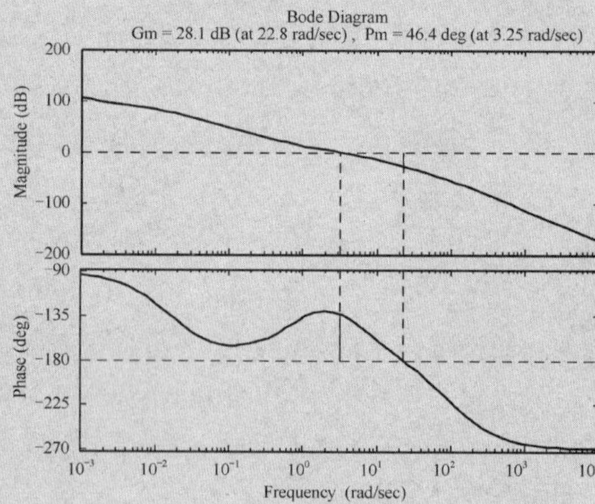

图 5-19　校正后系统的对数频率特性曲线

串联滞后-超前校正结合了串联滞后校正和串联超前校正的特点。串联超前校正可以提高系统通频带宽度，但是会降低系统抑制高频噪声的能力；而串联滞后校正可以降低系统通频带宽度，但是会降低系统响应速度。而串联滞后-超前校正既可以有效提高系统的阻尼程度与响应速度，又可以大幅度增加其开环增益，既提高了系统的动态指标，又提高了系统的稳态指标。

技能训练 16　自动控制系统的串联校正设计与实现

1．任务目标

（1）掌握串联校正装置设计的一般方法。

（2）研究串联校正装置对系统性能的影响。

（3）设计一个有源串联超前校正装置，使之满足系统动、稳态性能的要求，并使用模拟电路装置实现校正装置。

2．任务内容

（1）未校正系统的方框图如图 5-20 所示，设计相应的模拟电路，如图 5-21 所示。

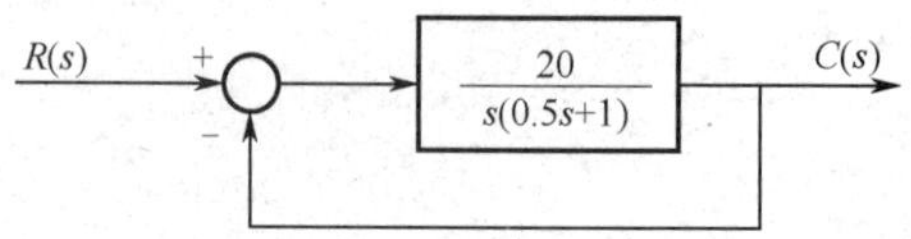

图 5-20　未校正系统的方框图

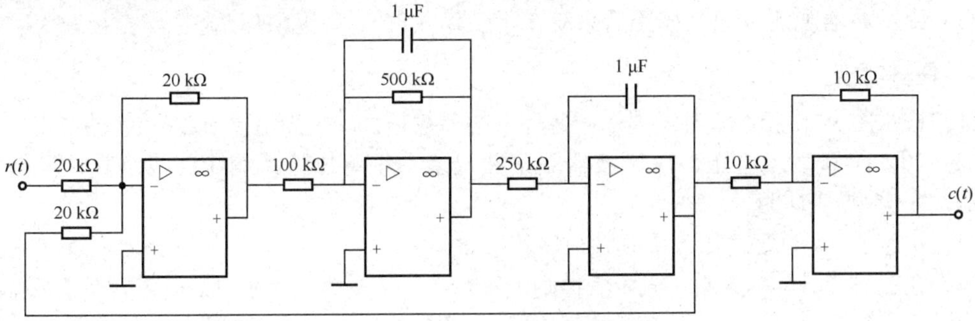

图 5-21　未校正系统的模拟电路

（2）由闭环传递函数 $\phi(s)=\dfrac{40}{s^2+2s+40} \Rightarrow \begin{cases}\omega_n=6.32\\ \zeta=0.158\end{cases} \Rightarrow \begin{cases}\sigma\%=60\%\\ t_s=4\text{ s}\\ K_v=20\text{ s}^{-1}\end{cases}$。

（3）用示波器观测并记录未校正系统在阶跃输入信号作用下的动态性能指标 $\sigma\%$、t_s。

（4）根据系统动态性能的要求，设计一个串联超前校正装置，其传递函数为

$$G_c(s)=\frac{0.5s+1}{0.05s+1}$$

其模拟电路如图 5-22 所示。要求校正后系统 K_v=20，$\sigma\%=25\%$，t_s≤1 s，校正后系统的方框图如图 5-23 所示。

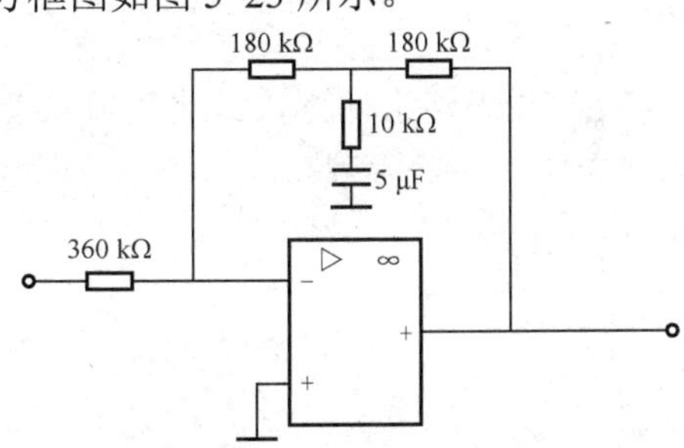

图 5-22　校正装置模拟电路

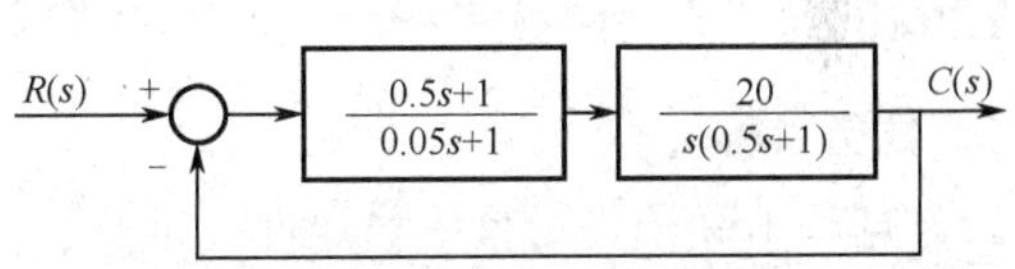

图 5-23　校正后系统的方框图

设计相应的模拟电路，如图 5-24 所示。

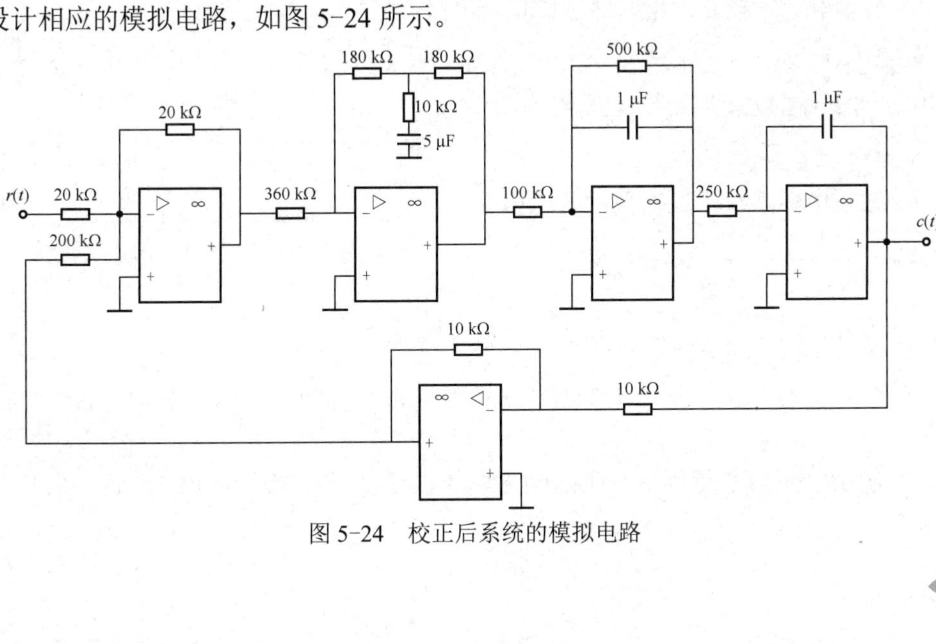

图 5-24　校正后系统的模拟电路

（5）用示波器观测并记录校正后系统在阶跃输入信号作用下的动态性能指标 $\sigma\%$ 、t_s 。

3. 任务实现

（1）按照图 5-21 接线，并核对图中各环节的参数是否完全满足图 5-20 系统的要求。

（2）加入阶跃输入电压，用示波器观察并记录系统单位阶跃响应曲线及其性能指标：超调量 $\sigma\%$ 和调节时间 t_s 。

（3）按图 5-24 的要求接入串联超前校正装置。

（4）在图 5-24 的输入端引入阶跃控制电压，并用示波器观察和记录校正后系统单位阶跃响应曲线及性能指标：超调量 $\sigma\%$ 和调节时间 t_s ，以检验系统是否完全满足预期的设计要求。

（5）具体参数及曲线记入表 5-3。

表 5-3　串联超前校正前后系统单位阶跃响应曲线及性能指标

	超调量 $\sigma\%$		调节时间 t_s		单位阶跃响应曲线
	理论值	实测值	理论值	实测值	
未校正系统					
校正后系统					

4. 拓展思考

如何使用频率法设计串联超前校正装置的传递函数，并确定组件参数。比较校正前后的单位阶跃响应曲线及性能指标，分析串联超前校正对系统性能的影响。

技能训练 17　基于 MATLAB 的串联校正设计与仿真

1. 任务目标

（1）理解串联校正对系统稳定性及过渡过程的影响。

（2）掌握利用 MATLAB 对系统的仿真。

（3）比较串联超前校正、串联滞后校正及串联滞后-超前校正的特点。

2. 任务内容

设串联校正系统的方框图如图 5-25 所示。

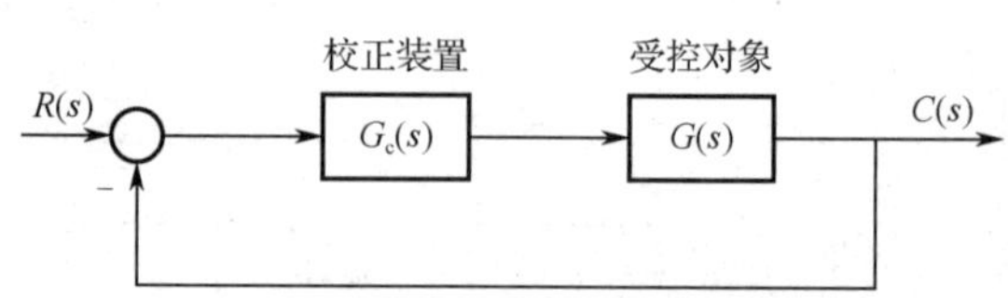

图 5-25　串联校正系统的方框图

1）串联超前校正

在图 5-25 中，系统受控对象的传递函数为 $G(s)=\dfrac{40}{s(0.2s+1)}$ ，串联超前校正装置的传递函数为 $G_c(s)=\dfrac{(0.055s+1)}{0.005s+1}$ 。仿真与分析步骤如下。

（1）绘制出未校正系统的单位阶跃响应曲线，记录且在图中标出未校正系统的时域性能 $\sigma\%$和t_s。

（2）绘制出校正后系统的单位阶跃响应曲线，记录且在图中标出校正后系统的时域性能 $\sigma\%$和t_s。

（3）绘制出校正前后系统的对数频率特性曲线，并在图中标出校正前后系统的相角裕度 γ（PM）和幅值穿越频率 ω_c；对结果进行分析。

2）串联滞后校正

在图 5-25 中，系统受控对象的传递函数为 $G(s)=\dfrac{50}{s(0.1s+1)(0.05s+1)}$，串联滞后校正装置的传递函数为 $G_c(s)=\dfrac{s+1}{6s+1}$。仿真与分析步骤如下。

（1）绘制出未校正系统的单位阶跃响应曲线，记录且在图中标出未校正系统的时域性能 $\sigma\%$ 和 t_s。

（2）绘制出校正后系统的单位阶跃响应曲线，记录且在图中标出校正后系统的时域性能 $\sigma\%$ 和 t_s。

（3）绘制出校正前后系统的对数频率特性曲线，并在图中标出校正前后系统的相角裕度 γ（PM）和幅值穿越频率 ω_c；对结果进行分析。

3）串联滞后-超前校正

在图 5-25 中，系统受控对象的传递函数为 $G(s)=\dfrac{60}{s(0.1s+1)(0.01s+1)}$，串联滞后-超前校正装置的传递函数为 $G_c(s)=\dfrac{(1.2s+1)(0.15s+1)}{(6s+1)(0.05s+1)}$。仿真与分析步骤如下。

（1）绘制出未校正系统的单位阶跃响应曲线，记录且在图中标出未校正系统的时域性能 $\sigma\%$ 和 t_s。

（2）绘制出校正后系统的单位阶跃响应曲线，记录且在图中标出校正后系统的时域性能 $\sigma\%$ 和 t_s。

（3）绘制出校正前后系统的对数频率特性曲线，并在图中标出校正前后系统的相角裕度 γ（PM）和幅值穿越频率 ω_c；对结果进行分析。

3．任务实现

（1）熟练运用 MATLAB，完成任务内容，并记录结果。

（2）比较校正前后系统的动态响应过程，总结串联超前校正、串联滞后校正及串联滞后-超前校正对系统产生的作用。

（3）完成实训报告。

4．拓展思考

（1）已知单位负反馈系统的开环传递函数为 $G_k(s)=\dfrac{K_0}{s(0.1s+1)(0.01s+1)}$，试用频率法设计串联滞后-超前校正装置，使系统满足下列性能指标：相位裕度 $\gamma>45^\circ$，静态速度误差系数 $K_v\geqslant 250$，幅值穿越频率 $\omega_c\geqslant 30$。

（2）单位负反馈系统的开环传递函数为 $G_k(s)=\dfrac{K}{s(0.1s+1)(0.25s+1)}$，设计串联校正装置，使系统达到下列指标：静态速度误差系数 $K_v\geqslant 4$，相位裕度 $\gamma>40^\circ$，幅值裕量 $h\geqslant 12\ \text{dB}$。

5.3 基本PID控制

扫一扫看本节内容思维导图

扫一扫看基本PID控制教学课件

自动控制系统的控制器通常采用比例（P）、微分（D）、积分（I）等基本控制规律，以及这些基本控制规律的组合，如比例-微分（PD）、比例-积分（PI）和比例-积分-微分（PID）来实现对受控对象的控制。

5.3.1 比例控制

扫一扫看比例控制微课视频

1．比例控制规律

比例控制的输出与输入信号之间成比例，其表达式为

$$m(t)=K_{\mathrm{p}}e(t) \tag{5-22}$$

式中，K_{p}为比例增益。比例控制器如图5-26所示。

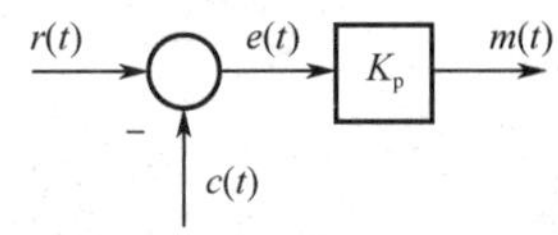

图5-26　比例控制器

2．比例控制对系统性能的影响

具有比例控制规律的控制器实际上是一个增益可调的放大器，下面举例说明比例控制对系统性能的影响。

【实例5-4】 比例控制系统的方框图如图5-27所示，图中$G_1(s)=\dfrac{K_1}{s(T_1s+1)(T_2s+1)}$为系统的固有部分，其中，$K_1=35$，$T_1=0.2\,\mathrm{s}$，$T_2=0.01\,\mathrm{s}$，将控制（校正）装置$G_c(s)$串入系统前向通道的前部，分析比例控制器对系统性能的影响。

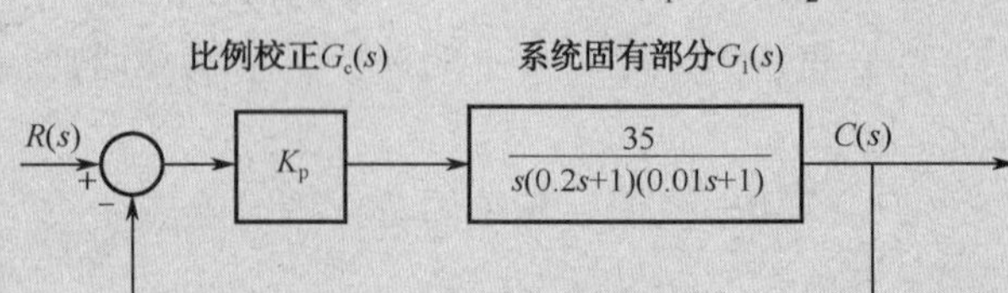

图5-27　比例控制系统的方框图

解： 由系统固有部分的开环传递函数绘制的对数频率特性曲线如图5-28中曲线Ⅰ所示，图中系统的幅值穿越频率$\omega_c=12.7\ \mathrm{rad/s}$，相角裕量为$\gamma=14.2°$，此时系统的相角裕量不大，稳定性比较差。系统的单位阶跃响应曲线如图5-29所示，从图中可看出其振荡次数达到5次，超调量达到66.9%，系统稳定性不理想。

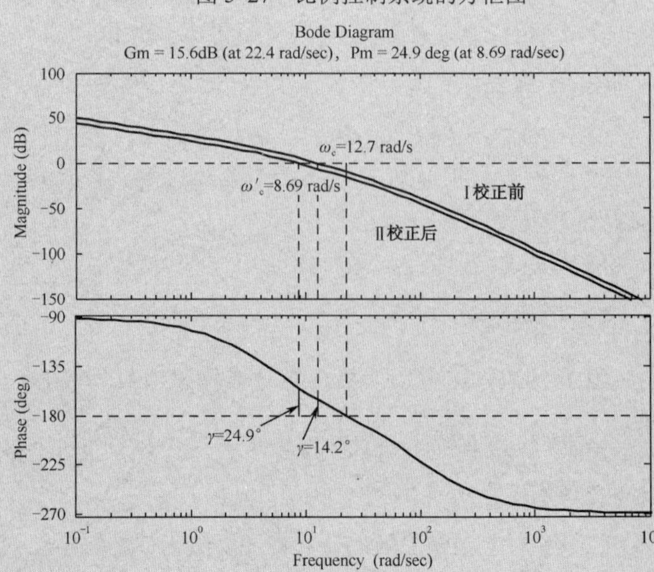

图5-28　比例控制（K_c<1）对系统性能的影响

在系统中串联比例控制器，适当降低系统的增益，取$K_{\mathrm{p}}=0.5$，则系统的开环增益$K=K_{\mathrm{p}}K_1=35\times0.5=17.5$，校正后的对数频率特性曲线如图5-28

中曲线Ⅱ所示。改变增益 K_p 后，系统的对数相频特性曲线不变，只是对数幅频特性曲线向下平移。加入比例控制器后系统的幅值穿越频率 $\omega_c' = 8.69\ \text{rad/s}$，对应的相角裕量为 $\gamma' = 24.9^\circ$，绘制校正后系统的单位阶跃响应曲线如图 5-30 所示，系统的平稳性改善，超调量降为 50%，振荡次数减为 3 次。

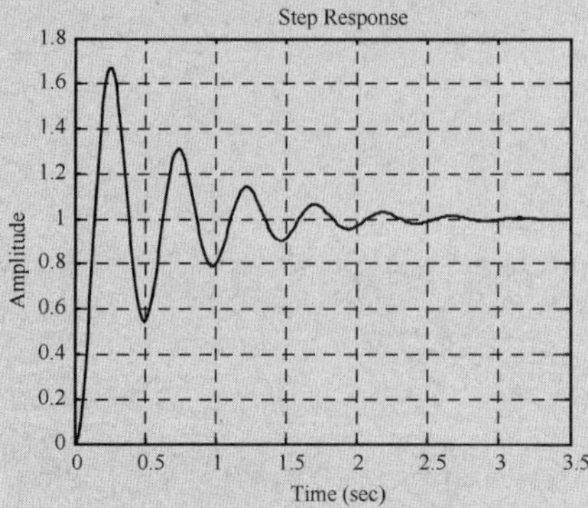

图 5-29　系统的单位阶跃响应曲线

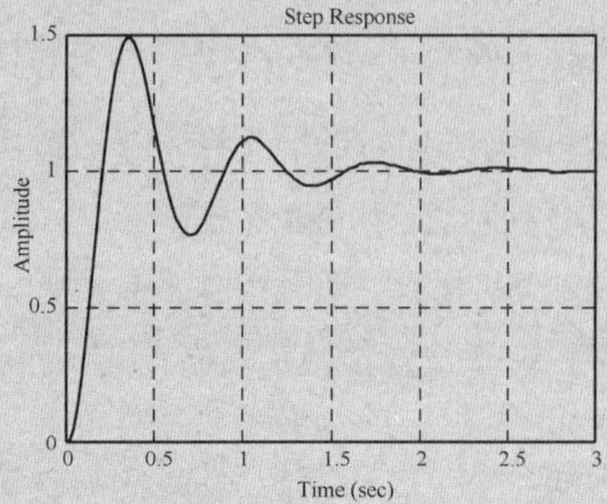

图 5-30　加入比例控制器后系统的单位阶跃响应曲线

下面分析比例增益降低对系统稳定性的影响。

由方框图可知，该闭环系统的跟随误差函数为

$$\phi_e(s) = \frac{1}{1 + \dfrac{K_p \times 35}{s(0.2s+1)(0.01s+1)}} = \frac{s(0.2s+1)(0.01s+1)}{s(0.2s+1)(0.01s+1) + 35K_p}$$

由于系统的跟随稳态误差函数为 $E_r(s) = \phi_e(s) \times R(s)$，故当取输入信号为单位速度信号时，$R(s) = \dfrac{1}{s^2}$。

这样，系统的稳态误差为

$$e_{ssr} = \lim_{s \to 0} s \times \frac{s(0.2s+1)(0.01s+1)}{s(0.2s+1)(0.01s+1) + 35K_c} \times \frac{1}{s^2} = \frac{1}{35K_p}$$

若将增益降低为原来的 $\dfrac{1}{2}$（$K_p = 0.5$），则此随动系统的速度跟随误差将增加一倍，系统的稳态精度变差。

说明： 降低系统的开环增益，将改善系统的平稳性，但会使系统的稳态精度变差。

由图 5-30 可见，虽然增益降为原来的一半，但最大超调量仍达 50%，这是由于系统含有一个积分环节和两个较大的惯性环节。因此要进一步改善系统的性能，应采用含有微分环节的控制装置（如 PD 或 PID 调节器）。一般在自动控制系统的设计中，很少单独使用比例控制，常与微分控制及积分控制一起使用。

5.3.2　比例-微分控制

扫一扫看比例-微分控制微课视频

1. 比例-微分（PD）控制规律

PD 控制输出与输入之间的表达式为

$$m(t) = K_p e(t) + K_p T_d \frac{\mathrm{d}e(t)}{\mathrm{d}t} \tag{5-23}$$

式中，T_d 为微分时间常数，相应的传递函数为

$$G_c(s)=K_p(1+T_d s) \quad (5\text{-}24)$$

PD 控制器如图 5-31 所示。

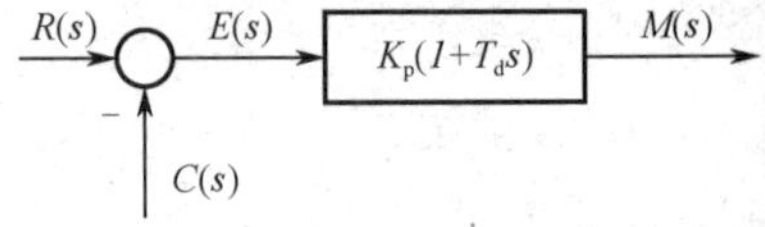

图 5-31　PD 控制器

PD 控制规律中的微分控制能反映输入信号的变化趋势，产生有效的早期修正信号。在串联校正时，可使系统增加一个 $-\dfrac{1}{T_d}$ 的开环零点，提高系统的相角裕度，有助于改善系统平稳性。

2．PD 控制对系统性能的影响

为便于分析比较，现对实例 5-4 中同一个固有系统进行研究，举例如下。

【实例 5-5】 PD 控制系统的方框图如图 5-32 所示。分析 PD 控制器对系统性能的影响。

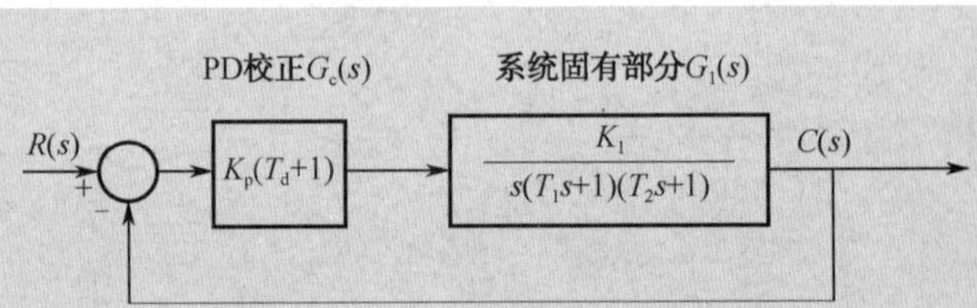

图 5-32　PD 控制系统的方框图

解： 原有系统的开环对数频率特性曲线如图 5-33 中曲线Ⅰ所示，图中幅值穿越频率 $\omega_c=12.7\ \text{rad/s}$，相角裕量为 $\gamma=14.2^\circ$，此时系统的相角裕量不大，系统稳定性比较差，系统的单位阶跃响应曲线中振荡次数达到 5 次，超调量达到 66.9%，系统稳定性不理想。

为避开增益改变对系统性能的影响，设 $K_p=1$，同样为简化起见，这里的微分时间常数取 $T_d=T_1=0.2$ s，则系统的开环传递函数变为

$$G(s)=G_c(s)G_1(s)=K_p(T_d s+1)\frac{K_1}{s(T_1 s+1)(T_2 s+1)}=\frac{K_1}{s(T_2 s+1)}=\frac{35}{s(0.01s+1)}$$

在系统中串联 PD 控制，校正后的对数频率特性曲线如图 5-33 中曲线Ⅱ所示。此时系统的幅值穿越频率 $\omega_c'=33.2\ \text{rad/s}$，相角裕量为 $\gamma'=71.6^\circ$，加入 PD 控制后，系统的相角裕量由 14.2° 增加到 71.6°，系统的稳定性有很大的改善。绘制校正后的单位阶跃响应曲线如图 5-34 所示，可看出系统的平稳性大大改善，超调量显著下降（由 66.9%降为 0.7%），其单位阶跃响应曲线变为近似单调上升曲线。同时幅值穿越频率 ω_c 由原来的 12.7 rad/s 提高到 33.2 rad/s，改善了系统的快速性。

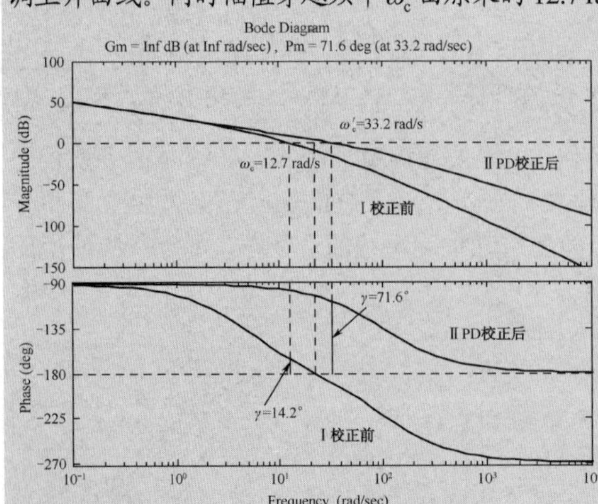

图 5-33　PD 控制对系统性能的影响

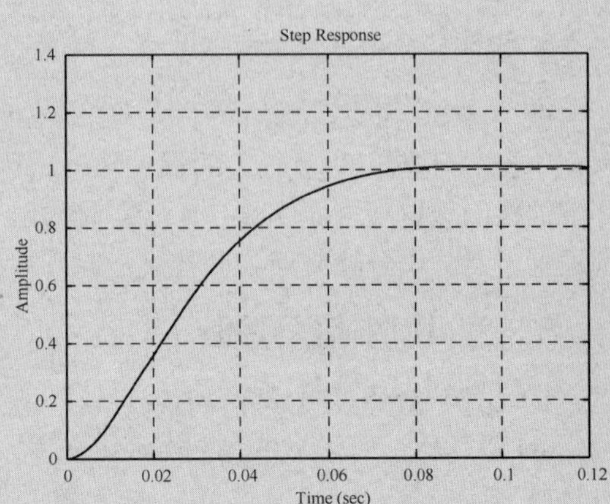

图 5-34　串入 PD 控制后系统的单位阶跃响应曲线

增设 PD 校正装置后：

（1）从低频段看，PD 校正对系统的稳态误差不产生直接影响。

（2）从中频段看，幅值穿越频率 ω_c 提高，意味着调节时间缩短，从而改善系统的快速性；相角裕度 γ 提高，意味着超调量减小，从而使系统的平稳性显著改善，这是因为 PD 环节具有相位超前作用，可以抵消惯性环节使相位滞后所带来的不良后果。

（3）从高频段看，PD 控制器使系统的高频增益增大，而很多干扰信号都是高频信号，因此 PD 校正容易引入高频干扰。

说明： PD 校正将改善系统的平稳性和快速性，但抗高频干扰性能明显下降。

因为 PD 校正使系统的相位前移，所以又称它为相位超前校正。

5.3.3　比例-积分控制

扫一扫看比例-积分控制微课视频

1. 积分控制规律

具有积分控制规律的控制器，称为积分控制器，其运动方程为

$$m(t) = K_i \int_0^t e(t)\mathrm{d}t \tag{5-25}$$

式中，K_i 为可调比例系数，相应的传递函数为

$$G_c(s) = \frac{K_i}{s} \tag{5-26}$$

积分控制器如图 5-35 所示。

当 $e(t)$ 消失后，输出信号 $m(t)$ 有可能是一个不为零的常量。在串联校正中，采用积分控制器可以提高系统型别（无差度），有利于提高系统稳态性能，但积分控制增加了一个位于原点的开环极点，使信号产生 90° 的相角滞后，对系统的稳定不利，不宜采用单一的积分控制器。

2. PI 控制规律

具有 PI 控制规律的控制器，称为 PI 控制器，其运动方程为

$$m(t) = K_p e(t) + \frac{K_p}{T_i}\int_0^t e(t)\mathrm{d}t \tag{5-27}$$

式中，K_p 为可调比例系数；T_i 为可调积分时间常数，相应的传递函数为

$$G_c(s) = K_p\left(1 + \frac{1}{T_i s}\right) \tag{5-28}$$

PI 控制器如图 5-36 所示。

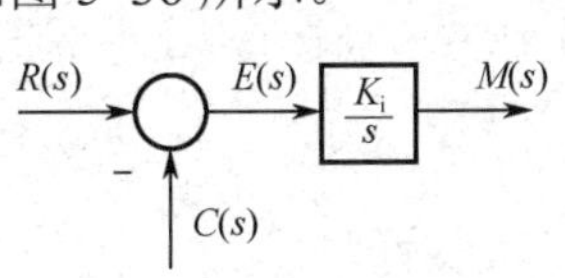

图 5-35　积分控制器

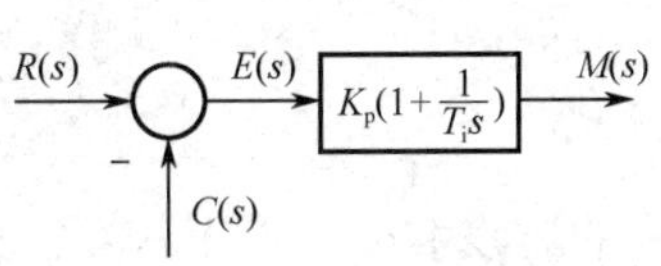

图 5-36　PI 控制器

3. PI 控制对系统性能的影响

在自动控制系统中，要实现无静差，就必须在前向通道中含有积分环节。若系统中不包

含积分环节，而又希望系统实现无静差，则系统可以串入 PI 控制器。下面举例说明。

【实例 5-6】 PI 控制系统的方框图如图 5-37 所示，图中 $G_1(s)=\dfrac{K_1}{(T_1s+1)(T_2s+1)}$ 为系统固有部分，其中，$K_1=3.2$，$T_1=0.33\ \text{s}$，$T_2=0.036\ \text{s}$，将控制（校正）装置 $G_c(s)$ 串入系统前向通道的前部，分析 PI 控制对系统性能的影响。

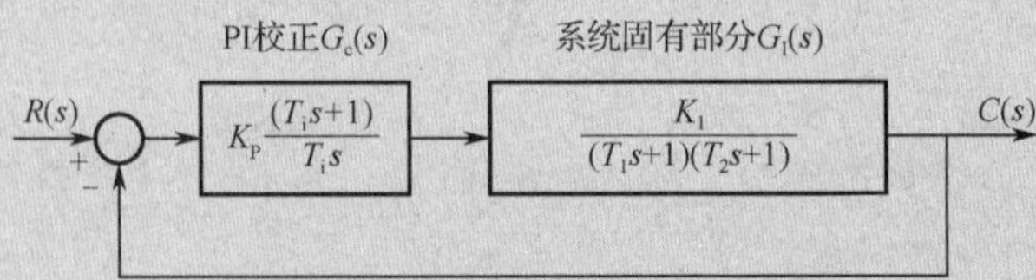

图 5-37 PI 控制系统的方框图

解： 原有系统的开环对数频率特性曲线如图 5-38 中曲线 I 所示，图中幅值穿越频率 $\omega_c=8.74\ \text{rad/s}$，相位裕量为 $\gamma=91.7^\circ$，系统平稳性好，但此系统不含有积分环节，显然是有静差系统，为实现无静差，在系统前向通道中增设 PI 控制器。其传递函数为

$$G_c(s)=K_p\frac{T_is+1}{T_is}$$

为了简单起见，取 $T_i=T_1=0.33$，取 K_p 接近于 1，现取 K_p=1.3，这样，校正后系统开环传递函数为

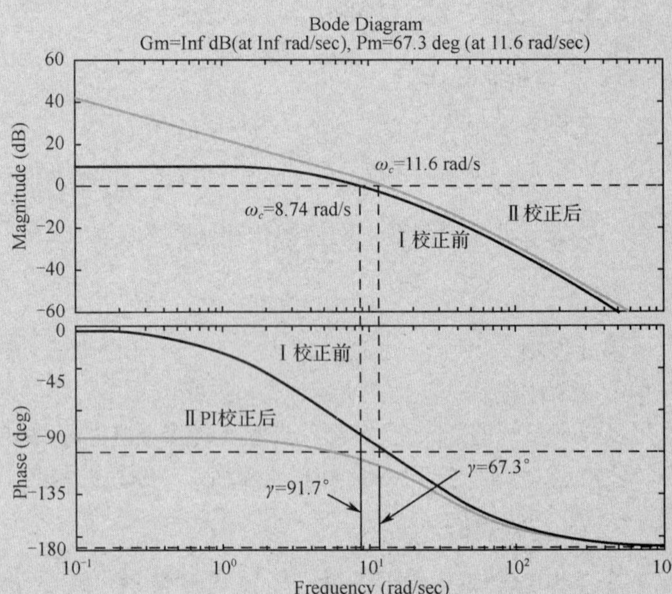

图 5-38 PI 控制对系统性能的影响

$$G(s)=G_c(s)G_1(s)=\frac{K_p(T_is+1)}{T_is}\times\frac{K_1}{(T_1s+1)(T_2s+1)}$$

$$=\frac{1.3(0.33s+1)}{0.33s}\times\frac{3.2}{(0.33s+1)(0.036s+1)}=\frac{12.6}{s(0.036s+1)}$$

其对数频率特性曲线如图 5-38 中曲线Ⅱ所示。此时系统的幅值穿越频率 $\omega_c'=11.6\ \text{rad/s}$，相位裕量为 $\gamma'=67.3^\circ$。

对照校正前后的曲线 I 和曲线Ⅱ，可见增设 PI 校正装置后：

（1）从低频段看，开环对数幅频特性曲线低频段斜率由 0 dB/dec 变为−20 dB/dec，系统由 0 型变为 I 型（也就是由不含积分环节变为含积分环节），从而实现无静差（对阶跃信号）。故系统的稳态误差减小，改善了系统稳态性能。

（2）从中频段看，由于积分环节影响，系统相角裕度减小（由 $\gamma=91.7^\circ$ 变为

$\gamma'=67.3^\circ$），系统超调量将增加，降低了系统平稳性。

（3）从高频段看，校正前后影响不大。

说明： PI 校正将明显改善系统的稳态性能，但会使系统平稳性变差。

由于 PI 校正使系统的相位后移，所以又称它为相位滞后校正。

5.3.4　比例-积分-微分控制

扫一扫看比例-积分-微分控制微课视频

1. PID 控制规律

具有 PID 控制规律的控制器，称为 PID 控制器。其运动方程为

$$m(t)=K_{\mathrm{p}}e(t)+\frac{K_{\mathrm{p}}}{T_{\mathrm{i}}}\int_0^t e(t)\mathrm{d}t+K_{\mathrm{p}}T_{\mathrm{d}}\frac{\mathrm{d}e(t)}{\mathrm{d}t} \tag{5-29}$$

相应传递函数为

$$G_{\mathrm{c}}(s)=K_{\mathrm{p}}\left(1+\frac{1}{T_{\mathrm{i}}s}+T_{\mathrm{d}}s\right) \tag{5-30}$$

在一定条件下，式（5-30）还可以写为

$$G_{\mathrm{c}}(s)=\frac{K_{\mathrm{p}}(\tau_1 s+1)(\tau_2 s+1)}{T_{\mathrm{i}}s} \tag{5-31}$$

PID 控制器如图 5-39 所示。

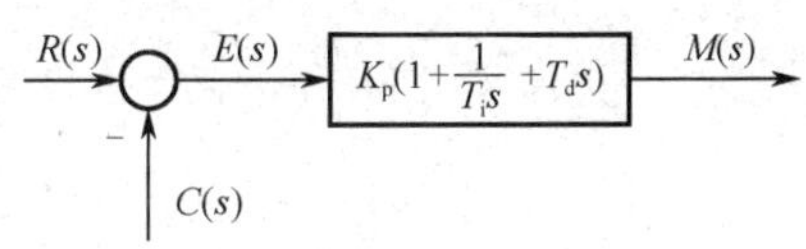

图 5-39　PID 控制器

2. PID 控制对系统性能的影响

为便于分析比较，现对实例 5-4 中同一个固有系统进行研究，举例如下。

【实例 5-7】 设 PID 控制系统的方框图如图 5-40 所示，$K_1=35$，$T_1=0.2\,\mathrm{s}$，$T_2=0.01\,\mathrm{s}$，将控制（校正）装置 $G_{\mathrm{c}}(s)$ 串入系统前向通道的前部，分析 PID 控制对系统性能的影响。

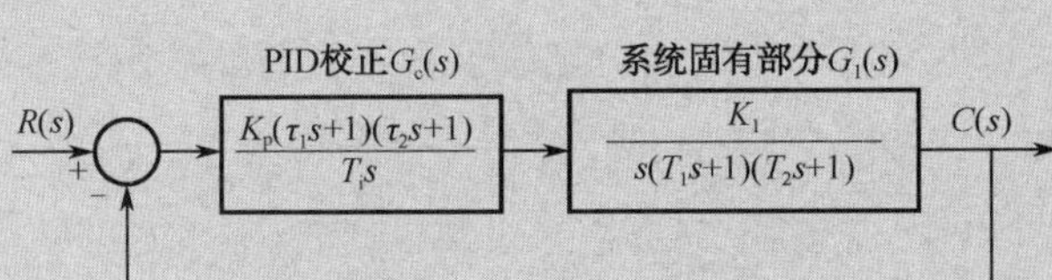

图 5-40　PID 系统的方框图

解： 原有系统的开环对数频率特性曲线如图 5-41 中曲线 I 所示，图中幅值穿越频率 $\omega_{\mathrm{c}}=12.7\,\mathrm{rad/s}$，相位裕量为 $\gamma=14.2^\circ$，此时系统的相位裕量不大，系统稳定性不理想。采用 PID 校正，校正装置传递函数为

$$G_{\mathrm{c}}(s)=\frac{K_{\mathrm{p}}(\tau_1 s+1)(\tau_2 s+1)}{\tau_1 s}$$

设 K_{p}=0.2（为避开增益改变对系统性能的影响），为简化起见，这里的微分时间常数取 $\tau_1=T_1=0.2\,\mathrm{s}$，$\tau_2=0.5\,\mathrm{s}$，积分时间常数 $T_i=T_1=0.2\,\mathrm{s}$，这样，校正后系统的开环传递函数为

$$G(s)=G_{\mathrm{c}}(s)G_1(s)=\frac{K_{\mathrm{p}}(\tau_1 s+1)(\tau_2 s+1)}{\tau_1 s}\times\frac{K_1}{s(T_1 s+1)(T_2 s+1)}=\frac{35\ (0.5s+1)}{s^2(0.01s+1)}$$

其对数频率特性曲线如图 5-41 中曲线Ⅱ所示。此时系统的幅值穿越频率 $\omega_c' = 17.4\ \text{rad/s}$，对应的相角裕度 $\gamma' = 73.6^\circ$。绘制校正后的单位阶跃响应曲线如图 5-42 所示，系统的超调量仅为 8%，调节时间变为 0.9 s。

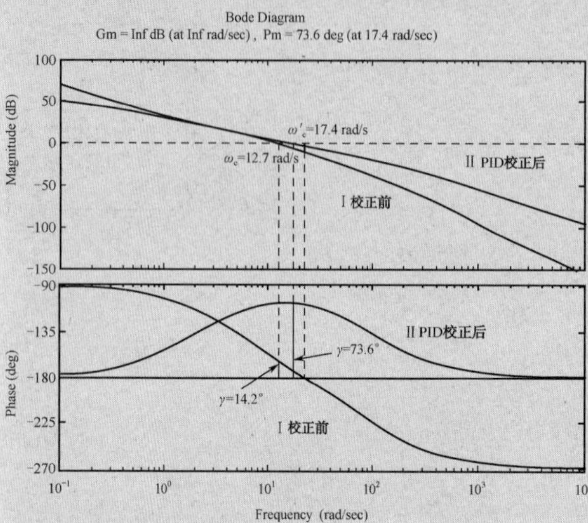

图 5-41　PID 控制对系统性能的影响

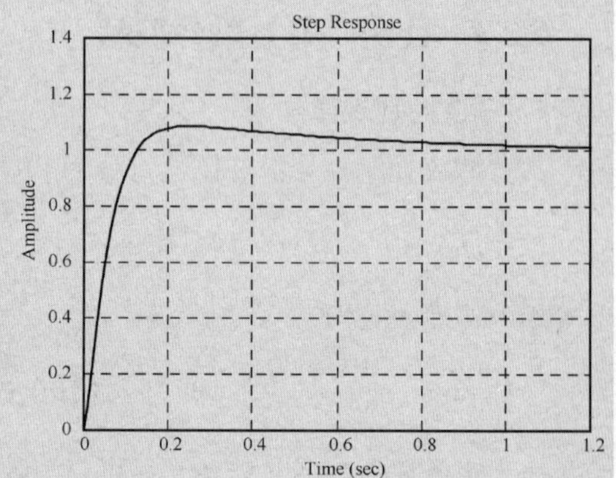

图 5-42　加入 PID 控制后系统的单位阶跃响应曲线

对照校正前后的曲线Ⅰ和曲线Ⅱ，可见增设 PID 校正装置后：

（1）从低频段看，由于积分的作用，系统开环对数幅频特性曲线低频段斜率增加 −20 dB/dec，系统由Ⅰ型提高到Ⅱ型，也就是由一阶无静差变为二阶无静差，从而显著改善系统的稳态性能。

（2）从中频段看，系统的相角裕度由 14.2° 增加到 73.6°，幅值穿越频率由 $12.7\ \text{rad/s}$ 增加到 $17.4\ \text{rad/s}$，调节时间缩短，这意味着，PID 微分的作用改善了系统动态性能（平稳性和快速性均有所改善）。

（3）从高频段看，高频增益有所增加，降低了系统的高频抗干扰性能。

说明： PID 校正兼顾了 PI 和 PD 两种控制的优势，可以取得较好的控制效果。

因为 PID 校正使系统在低频段相位后移，而在中、高频段相位前移，因此又称为相位滞后-超前校正。

技能训练 18　PID 控制器设计及其参数整定

1. 任务目标

（1）掌握 PID 控制规律及控制器实现。

（2）掌握对给定系统进行 PID 控制器参数整定的方法。

（3）掌握利用 MATLAB 对系统的 PID 设计。

2. 任务内容

1）Ziegler-Nichols 整定——响应曲线法

先测出系统处于开环状态下的对象动态特性（先输入阶跃响应，测得受控对象输出的阶跃响应曲线）。如果受控对象既无积分环节，又无共轭复数极点，则阶跃响应曲线呈 S 形，如图 5-43 所示。受控对象传递函数可近似为 $\frac{K}{Ts+1}\mathrm{e}^{-\tau s}$，根据动态特性估算出对象特征参数：受控对象的增益 K、等效滞后时间 τ 和等效时间常数 T，然后根据表 5-4 整定 PID 控制器的参数。

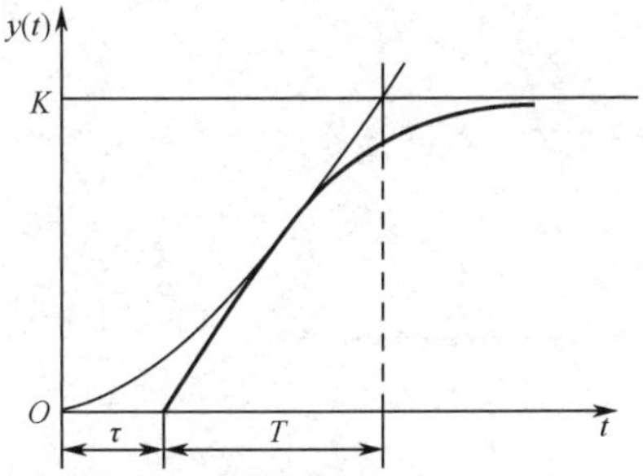

图 5-43 阶跃响应曲线

表 5-4 响应曲线法整定 PID 控制器的参数

控制器类型	K_p	T_i	T_d
P	$T/K\tau$	∞	0
PI	$0.9T/K\tau$	$\tau/0.3$	0
PID	$1.2T/K\tau$	2τ	0.5τ

【实例 5-8】 已知受控对象的传递函数为

$$G(s)=\frac{10}{(s+1)(s+3)(s+5)}$$

试设计 PID 控制器校正，并用响应曲线法整定 PID 控制器的 K_p、T_i 和 T_d，绘制校正后系统的单位阶跃响应曲线，记录动态性能指标。

解：（1）求受控对象的动态特性参数，即确定受控对象的增益 K、等效滞后时间 τ 和等效时间常数 T。

新建一个 m 文件，编写程序，程序为

```
num=10;
den=conv([1,1],conv([1,3],[1,5]));
G=tf(num,den);
step(num,den) %作开环阶跃响应曲线
K=dcgain(G)   %求对象的增益 K
```

运行程序，得到对象的增益 K=0.666 7，阶跃响应曲线如图 5-44 所示，在曲线的拐点处作切线，得到受控对象的待定参数：等效滞后时间 $\tau=0.293\ \mathrm{s}$ 和等效时间常数 $T=2.24-0.293=1.947\ \mathrm{s}$。

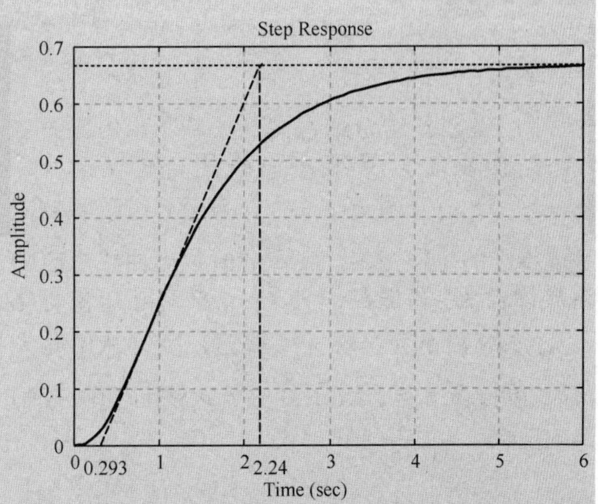

图 5-44 受控对象的开环阶跃响应曲线

（2）响应曲线法整定 PID 控制器的参数。编写程序为

```
num=10;
den=conv([1,1],conv([1,3],[1,5]));
K=0.6667;L=0.293;T=1.947;      %L 为等效滞后时间
```

```
Kp=1.2*T/(K*L)
Ti=2*L
Td=0.5*L
s=tf('s');
Gc=Kp*(1+1/(Ti*s)+Td*s);
GcG=feedback(Gc*G,1);
step(GcG)
```

运行程序，得到 $K_p=11.9605$、$T_i=0.586$、$T_d=0.1465$，校正后系统的单位阶跃响应曲线如图 5-45 所示，测出动态性能指标为 $t_r=0.439\,\text{s}$、$t_p=0.82\,\text{s}$、$t_s=4.97\,\text{s}$、$\sigma\%=55.9\%$。

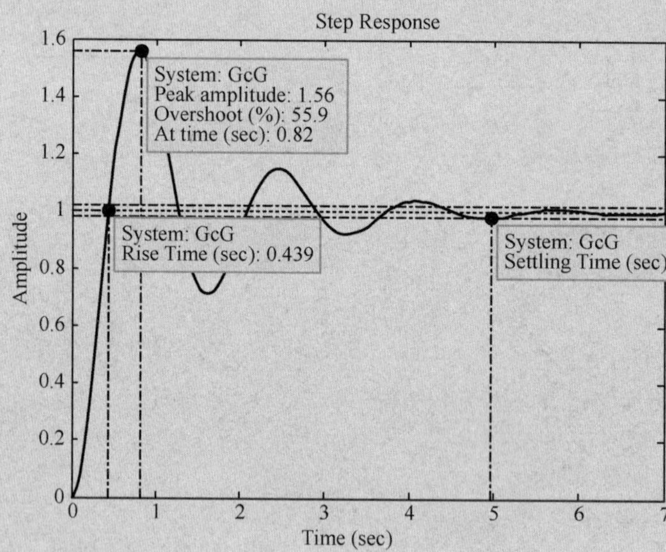

图 5-45　校正后系统的单位阶跃响应曲线

2）Ziegler–Nichols 整定——临界比例度法

先使系统只受纯比例作用，即 $T_i=\infty$，$T_d=0$。令 K_p 从零逐渐增大，直至系统阶跃响应呈现持续的等幅振荡。记下此时输出曲线对应的临界增益 K_m 和振荡周期 T_m（若无论怎么变化 K_p，系统都不会呈现持续振荡，则不能用此方法），再按表 5-5 给出的经验公式整定 PID 控制器的参数。

表 5-5　临界比例度法整定 PID 控制器的参数

控制器类型	K_p	T_i	T_d
P	$0.5K_m$	∞	0
PI	$0.45K_m$	$T_m/1.2$	0
PID	$0.6K_m$	$0.5T_m$	$0.125T_m$

3．任务实现

（1）验证实例 5-8。

（2）受控对象的传递函数仍为 $G(s)=\dfrac{10}{(s+1)(s+3)(s+5)}$，用临界比例度法整定 PID 控制器的参数，绘制系统的单位阶跃响应曲线，并与响应曲线法进行比较。

（3）将数据记入表 5-6，比较分析，得出结论。

（4）分析实践结果与数据，完成实训报告。

表 5-6　PID 控制器参数及动态响应指标记录

传递函数	$G(s)=\dfrac{10}{(s+1)(s+3)(s+5)}$				
响应曲线法	K_p		临界比例度法	K_p	
	T_i			T_i	
	T_d			T_d	
	$\sigma\%$			$\sigma\%$	
	t_p			t_p	
	t_s			t_s	

4．拓展思考

已知，在某温度控制系统中，通过实验方法获得受控对象的传递函数为

$$G_o(s)=\frac{9.1e^{-190s}}{2\,510s+1}$$

利用 MATLAB，构建该温度控制系统的数学模型，并设计一个 PID 控制器，使该温度控制系统在单位阶跃输入信号作用下达到以下性能指标要求。

（1）上升时间：t_r<500 s。

（2）超调量：$\sigma\%$<50%。

（3）调节时间（±5% 的误差带）：t_s<2500 s。

（4）稳态误差：e_{ss}=0。

知识梳理与总结

（1）为了改善系统性能，在原有系统中有目的地添加一些装置和元件，使之满足所要求的性能指标，这种方法称为系统校正。增添的装置和元件称为校正装置和校正元件。

（2）根据校正装置在系统中所处的位置不同，分为串联校正、反馈校正、前馈校正和复合校正。根据校正装置所采用的器件不同，可分为无源校正和有源校正。根据校正原理的不同，可将串联校正分为串联超前校正、串联滞后校正和串联滞后-超前校正。

（3）串联超前校正的基本原理是利用串联超前校正装置的相位超前特性来增大系统的相角裕度，以达到改善系统平稳性的目的。串联超前校正主要对未校正系统的中频段进行校正，使校正后系统的中频段幅值的斜率为-20 dB/dec，并且有足够大的相角裕度。串联超前校正会使系统的动态响应速度变快；但系统抗高频噪声性能变差。串联超前校正主要用于稳态性能已符合要求，需要改善动态性能的场合。

（4）串联滞后校正不是利用串联滞后校正装置的相位滞后特性，而是利用其高频幅值衰减的特性，使系统开环频率特性的中频段和高频段增益降低，幅值穿越频率 ω_c 减小，从而有可能使系统获得足够大的相角裕度。在系统响应速度要求不高而抑制噪声电平性能要求较高的情况下，可考虑采用串联滞后校正。在有些应用方面，采用串联滞后校正可能得出时间常数大到不能实现的结果。

（5）串联滞后-超前校正实质上综合应用了串联滞后校正和串联超前校正的特点，即利用校正装置的超前部分来增大系统的相位裕度，以改善其动态性能；利用滞后部分来改善系统的稳态性能，二者分工明确，相辅相成。

（6）自动控制系统的控制器通常采用比例（P）、微分（D）、积分（I）等基本控制规律，以及这些基本控制规律的组合，如 PI、PD 和 PID 来实现对受控对象的控制。PD 控制

器是串联超前校正装置；PI 控制器是串联滞后校正装置，引入积分环节，可提高系统的无静差度；PID 控制器是串联滞后-超前校正装置。PID 控制器参数可借助实验方法来整定，Ziegler-Nichols 整定规则有两种实施方法。

思考与练习题 5

扫一扫看思考与练习题5答案

5-1 选择题

1．若已知某串联校正装置的传递函数为 $G_c(s)=\dfrac{s+1}{0.1s+1}$，则它是一种（　　）。

A．相位超前校正　　B．相位滞后校正

C．相位滞后-超前校正　　D．反馈校正

2．若已知某串联校正装置的传递函数为 $G_j(s)=\dfrac{s+1}{10s+1}\cdot\dfrac{2s+1}{0.2s+1}$，则它是一种（　　）。

A．相位滞后校正　　B．相位超前校正

C．相位滞后-超前校正　　D．反馈校正

3．若已知某串联校正装置的传递函数为 $G_c(s)=\dfrac{s+1}{10s+1}$，则它是一种（　　）。

A．反馈校正　　B．相位超前校正

C．相位滞后-超前校正　　D．相位滞后校正

4．下列串联校正装置的传递函数中，能在 $\omega_c=1$ 处提供最大相位超前角的是（　　）。

A．$\dfrac{10s+1}{s+1}$　　B．$\dfrac{10s+1}{0.1s+1}$　　C．$\dfrac{2s+1}{0.5s+1}$　　D．$\dfrac{0.1s+1}{10s+1}$

5．常用的比例、积分与微分控制规律的另一种表示方法是（　　）。

A．PDI　　B．PDI　　C．IPD　　D．PID

6．关于 PI 控制器作用，下列观点正确的有（　　）。

A．可使系统开环传递函数的型别提高，消除或减小稳态误差

B．积分部分主要是用来改善系统动态性能的

C．比例系数无论正负、大小如何变化，都不会影响系统稳定性

D．只要应用 PI 控制规律，系统的稳态误差就为零

7．下列哪种措施对改善系统的精度没有效果（　　）。

A．增加积分环节　　B．提高系统的开环增益 K

C．增加微分环节　　D．引入扰动补偿

5-2 综合分析题

1．图 5-46 所示为一随动系统方框图，图中标出了各种可能增添的环节（从①～⑪），试说明它们的名称。

2．设单位反馈系统开环传递函数为 $G_0(s)=\dfrac{K}{s(s+1)}$，试设计一串联超前校正装置，使系统满足以下指标：

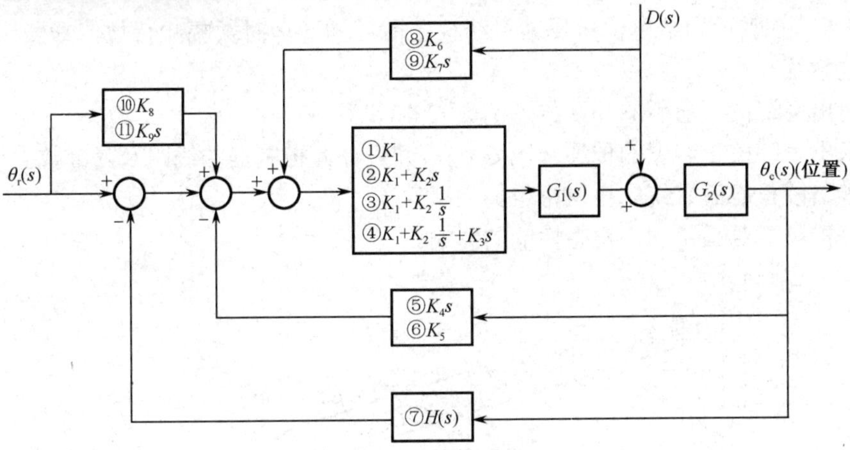

图 5-46　综合分析题 1 图

（1）相角裕度 $\gamma \geqslant 45^\circ$。

（2）在单位斜坡输入信号作用下的稳态误差 $e_{ss}(\infty) < \dfrac{1}{15}$。

（3）截止频率 $\omega_c \geqslant 7.5$。

3．已知一单位反馈最小相位控制系统，其校正前系统的开环传递函数 $G_0(s)$ 和串联校正装置 $G_c(s)$ 分别如图 5-47（a）和图 5-47（b）所示。要求：

（1）写出校正后各系统的开环传递函数。

（2）分析各 $G_c(s)$ 对系统的作用，并比较其优缺点。

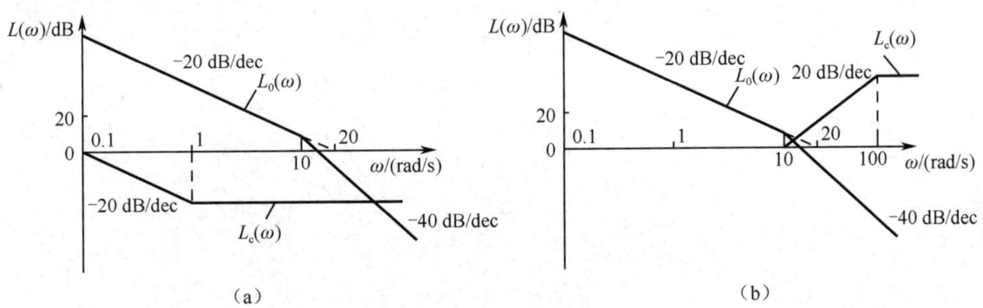

图 5-47　综合分析题 3 图

4．图 5-48 所示为采用 PD 串联校正的自动控制系统。

（1）当 $K_p = 10$，$T_d = 0.1$ 时，求相角裕度。

（2）若要求该系统截止频率 $\omega_c = 5$，相角裕度 $\gamma = 50^\circ$，求 K_p 和 T_d。

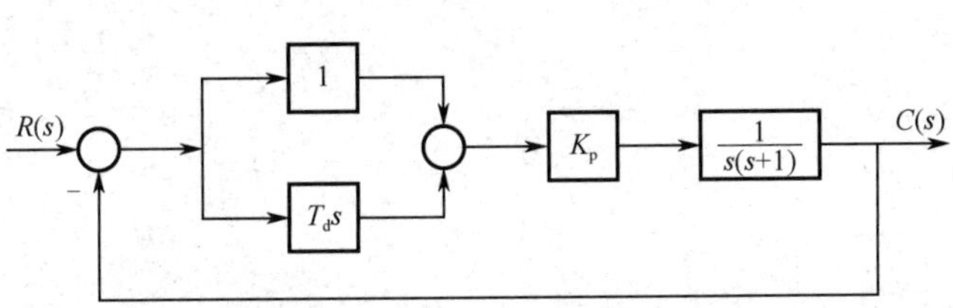

图 5-48　综合分析题 4 图

5．图 5-49 所示为某单位负反馈系统校正前后的开环对数幅频特性曲线（渐近线，此为最小相位系统）。

（1）写出系统校正前后的开环传递函数 $G_1(s)$和 $G_2(s)$。

（2）求出串联校正装置的传递函数 $G_c(s)$，并设计此控制器的线路及其参数。

（3）求出校正前后系统的相位裕量。

（4）分析校正对系统动、稳态性能的影响。

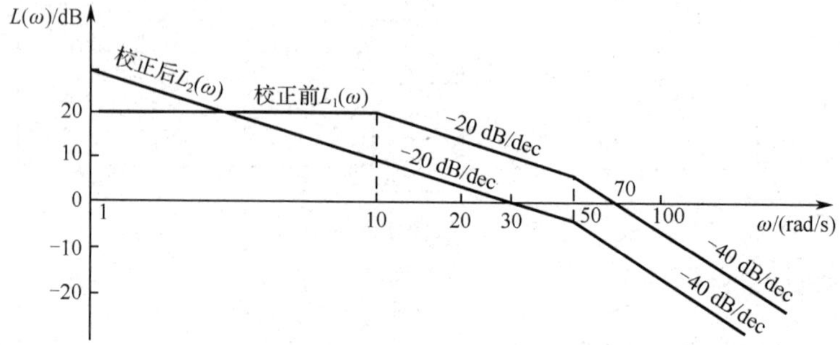

图 5-49　综合分析题 5 图